中国工程院重点咨询项目

发展饲用作物　调整种植业结构
促进西南农区草食畜牧业
发展战略研究

"发展饲用作物　调整种植业结构

促进西南农区草食畜牧业发展战略研究" 项目组　著

科学出版社

北　京

内 容 简 介

本书是中国工程院"发展饲用作物、调整种植业结构，促进西南农区草食畜牧业发展战略研究"重点咨询项目的研究成果。该成果是项目组 50余位专家学者，花了两年多时间，对广大西南农区进行了有代表性的实地考察，并查阅了大量文献资料，在实践印证的基础上形成的。

本书包括综合报告、专题报告和调研报告三个部分，不仅从战略高度论证了在西南农区构建"粮-经-饲"三元种植业结构，发展种草养畜的必要性和可行性，而且还比较详尽地分析了西南农区的种养业结构现状、发展潜力和亟待解决的问题，并从现代农业发展要求和西南农区的实际出发，提出了具体的战略构想、相关建议，以及需要进一步探讨的作物营养体杂种优势机理和新型多年生饲用作物农业生产系统的构建等科学问题，对相关决策部门有重要参考价值。

本书可供农业行政部门、大专院校师生、科研单位及种养企业和广大农业工作者参考使用。

图书在版编目（CIP）数据

发展饲用作物 调整种植业结构 促进西南农区草食畜牧业发展战略研究/
"发展饲用作物 调整种植业结构 促进西南农区草食畜牧业发展战略研究"
项目组著. —北京：科学出版社，2015
ISBN 978-7-03-041867-8

Ⅰ. ①发… Ⅱ. ①发… Ⅲ. ①农业区-牧草-栽培技术-西南地区②农业区-种植业结构-研发-西南地区 Ⅳ. ①S54②F327.7

中国版本图书馆 CIP 数据核字（2014）第 211076 号

责任编辑：罗静 刘晶 / 责任校对：刘亚琦
责任印制：肖兴 / 封面设计：北京铭轩堂广告设计有限公司

科学出版社 出版
北京东黄城根北街 16 号
邮政编码：100717
http://www.sciencep.com

北京通州皇家印刷厂印刷
科学出版社发行 各地新华书店经销

*

2015 年 1 月第 一 版 开本：787×1092 1/16
2015 年 1 月第一次印刷 印张：24 1/2
字数：560 000

定价：158.00 元
（如有印装质量问题，我社负责调换）

项目组人员名单

项目组组长：荣廷昭

成　　　员：唐祈林　杨克诚　罗承德　潘光堂　高世斌　黄玉碧
　　　　　　徐刚毅　赖松家　陈文宽　张新全　卢艳丽　曹墨菊
　　　　　　文心田　兰　海　周树峰　吴元奇　刘　坚　周伦理
　　　　　　林海建　李芦江　牟锦毅　兰明建　肖小余　张新跃
　　　　　　刘代银　白史且　梁南山　蒋小松　吴佳海　蔡一鸣
　　　　　　田志清　申小云　毕玉芬　单贵莲　尼玛扎西　金涛
　　　　　　黄　勇　杨普化

项目顾问组人员名单

项目顾问组组长：尹伟伦

成　　　员：向仲怀　戴景瑞　傅廷栋　盖钧镒　刘　旭　南志标
　　　　　　朱有勇

项目协调组人员名单

项目协调组组长：牟锦毅
项目协调组副组长：韩忠诚　祝　均　郑有良　任光俊
成　　　员：肖小余　富　刚　游晓峰　张新跃　黄玉碧

综合报告各章执笔人员名单

第一章　　唐祈林　罗承德
第二章　　唐祈林　吴元奇　罗承德
第三章　　周树峰　杨克诚
第四章　　高世斌　李芦江
第五章　　卢艳丽　曹墨菊
第六章　　陈文宽　杨　春
第七章　　潘光堂　李芦江　杨克诚
第八章　　兰　海　杨克诚　林海建

专题组人员名单

专题一　　调整种植业结构，促进四川农区种草养奶牛产业持续发展战略研究

——以四川省洪雅县为例

组长　　潘光堂
成员　　杨克诚　梁南山　张瑞珍　罗承德　唐祈林
　　　　周树峰　兰　海　卢艳丽　林海建　李芦江
　　　　蒋　伟　曹墨菊　刘　坚
执笔　　潘光堂　李芦江　杨克诚

专题二　　四川农区肉牛养殖饲草料资源利用现状及发展对策

组长　　赖松家
成员　　杨克诚　梁南山　唐祈林　卢艳丽　周树峰
　　　　陈仕毅　刘永红

执笔　赖松家　陈仕毅

专题三　四川农区肉用山羊养殖饲草料资源利用现状及发展对策

组长　徐刚毅

成员　王晓平　陈文宽　杨克诚　唐祈林　周树峰

　　　兰　海　杨　春

执笔　徐刚毅　王晓平

专题四　四川省家兔养殖饲草料现状及发展对策

组长　杨克诚　周树峰

成员　潘光堂　林海建　赖松家　唐祈林　兰　海

　　　卢艳丽

执笔　周树峰　林海建

专题五　四川省丘陵区种草养肉山羊产业发展战略研究

——以四川省简阳市、乐至县为例

组长　陈文宽

成员　杨克诚　徐刚毅　唐祈林　周树峰　兰　海

　　　杨　春　吴元奇

执笔　陈文宽　杨　春

专题六　发展饲用作物、调整种植业结构，促进贵州农区草食畜牧业持续健康发展战略研究

组长　吴佳海

成员　陈瑞祥　王普昶　张　文　龙忠富　赵相勇

　　　蔡一鸣　熊先勤　文克俭　田志清　申小云

　　　蒙祖云

执笔　吴佳海

专题七　发展饲用作物、调整种植业结构，促进云南农区

　　　　草食畜牧业持续健康发展战略研究

　　组长　毕玉芬

　　成员　单贵莲　陈　功　罗富成

　　执笔　毕玉芬

专题八　实施生态功能置换，发展西藏农区种草养畜战略研究

　　组长　尼玛扎西

　　成员　兰　海　周树峰　林海建　卢艳丽　金　涛

　　　　　刘亚西　龙　海　杨克诚　黄玉碧

　　执笔　周树峰　尼玛扎西　金涛

专题九　我国西南农区发展饲用作物，调整种植业结构综合效价评估

　　组长　陈文宽

　　成员　杨　春　冉瑞平　张社梅　张红芬

　　执笔　陈文宽　杨　春

专题十　西南农区发展新型多年生饲用作物的可行性与展望

　　组长　唐祈林

　　成员　周树峰　吴元奇　张红芬

　　执笔　唐祈林

专题十一　发达国家饲用作物生产现状、发展趋势及启示

　　组长　卢艳丽

　　成员　曹墨菊　兰　海　周树峰　唐祈林

　　执笔　卢艳丽

调研组人员名单

调研一　四川省宣汉县、大安区种草养肉牛调研报告

　　组　长　赖松家

　　成　员　唐祈林　周树峰　陈仕毅　郭　超

　　执笔人　周树峰

调研二　四川省简阳市种草养羊调研报告

　　组　长　陈文宽

　　成　员　杨　春　吴元奇　王云飞　汤　浦　米雪娇
　　　　　　段　婷

　　执笔人　陈文宽　杨　春　王云飞

调研三　四川省乐至县种草养羊调研报告

　　组　长　徐刚毅

　　成　员　杨克诚　周树峰　兰　海　唐祈林　陈文宽
　　　　　　王　哲

　　执笔人　周树峰

调研四　四川省洪雅县种草养奶牛调研报告

　　组　长　潘光堂

　　成　员　杨克诚　罗承德　唐祈林　周树峰　兰　海
　　　　　　卢艳丽　林海建　蒋　伟

　　执笔人　兰　海　林海建

调研五　贵州省种草养畜典型县调研报告

　　组　长　杨克诚　吴佳海

成　员　唐祈林　徐刚毅　赖松家　高世斌　周树峰

执笔人　吴佳海　高世斌

调研六　四川省西充县种草养畜调研报告

组　长　卢艳丽

成　员　杨克诚　梁南山　周树峰　唐祈林

执笔人　卢艳丽

调研七　四川省家兔养殖饲草料调研报告

组　长　周树峰

成　员　林海建　卢艳丽　王　哲　赖松家　兰　海
　　　　潘光堂　陈文宽　唐祈林　徐刚毅　郭　超

执笔人　周树峰　林海建　赖松家

调研八　西藏自治区种草养畜调研报告

组　长　兰　海

成　员　金　涛　周树峰　林海建　卢艳丽　杨克诚
　　　　黄玉碧　刘亚西

执笔人　周树峰　金　涛

调研九　重庆市云阳县种草养畜调研报告

组　长　唐祈林

成　员　杨克诚　高世斌　周树峰　蒋　伟　张红芬
　　　　郑名敏

执笔人　唐祈林

调研十　云南省石林县种草养畜调研报告

组　长　唐祈林

成　员　杨克诚　徐刚毅　赖松家　周树峰　张红芬

执笔人　唐祈林　张红芬

审稿组人员名单

荣廷昭　　杨克诚　　罗承德　　潘光堂　　唐祈林　　高世斌

特约审阅人员名单

赵文欣　　郭晓明

参加人员名单

虞　洪　　杨春华　　彭　燕　　马　啸　　曾玉清　　李梦璐　　李华雄　　刘永红
余志江　　冯云超　　左艳春　　袁书鸿　　岳玲玲　　江　川　　孙福艾

此外，在项目综合报告形成过程中，重庆市畜牧科学研究院黄永富院长、西南大学玉永雄教授、云南农业大学毛华明教授、贵州省扶贫办蒙祖云副处长等也提出了宝贵的修改意见，在此一并表示衷心的感谢。

序

　　本书是荣廷昭院士主持的中国工程院重点咨询项目"发展饲用作物、调整种植业结构，促进西南农区草食畜牧业发展战略研究"的结题报告。这份报告写得很有内涵，很有分量，更重要的是很切合我国农业发展的时代需求。

　　20世纪80年代以来，随着我国改革开放的深入发展，人民的食物结构发生了深刻变化。当我们还在议论我国动物性食品是否应该大幅度提高的时候，社会发展的脚步却不予理会，径直大步前进。现在人粮和畜食比重，如以食物单位统一计算，我们吃的每1个单位口粮要搭配2.5个单位的饲料。这就是说，饲料需求为口粮需求的2.5倍。如果说西方的食物结构中动物性食品过多，影响健康，不妨与我们的东方邻居——韩国和日本做一比较。我国现在的动物性食品，只相当于日本20世纪60年代的水平，相当于韩国80年代的水平。而日本人预期寿命是世界第一；过去日本青年平均身高远比中国低，由于日本人营养改善，2000年前后比中国人高出1cm。中国经过30年的食物结构改革，现在两国青年身高已经基本持平。可见动物性食品比重增加，无论从寿命还是健康来看，都是值得肯定的。而目前日本和韩国的动物性食品比重还在缓慢上升。根据日本和韩国的发展趋势，预期今后一个时期，我国动物性食品比重还将继续升高，因此，我国对饲料的需求压力，在相当长的一段时期内将有增无减。

　　我国食物结构改革带来的饲料压力，"以粮为纲"的传统耕地农业势将难以应对。作为饲料，牧草的营养体无论以能量计还是以蛋白质计，其产量都数倍于作物籽实生产。何况我国有些地方，如西南岩溶地区，日照不足，植物营养体生产的优势远大于籽实生产。我国食物安全的前途应该在保证粮食安全的基础上，大力发展牧草种植和草食家畜。这是时代赋予我国农业的重大任务。

　　荣廷昭院士作为作物育种专家，饱学深思，深知我国农业面临的严峻处境。他率领的团队，多年来对西南地区多年生牧草育种进行了深入广泛的探索，获得巨大成就。他们培育的牧草型多年生饲草玉米，不仅产量高、品质好，达到世界领先水平，更具有西南岩溶山区保持水土的优良性能。然而，他和他的学术集体并不满足于已经取得的成就。从这份研究报告中可以看出，他们在作物遗传育种领域，新开辟了满足农区草食畜牧业发展所需饲草料的牧草育种方向，更进一步对我国西南地区农业结构和布局做了深入探索。

本课题组提出将传统"粮-经"二元结构改革为"粮-经-饲"三元结构，以充分发挥我国土地资源的生态和生产效益。但这只解放了农业生态系统的植物生产潜力。他们没有就此止步，通过对当前农业生态系统进一步诊断，发现当地的"粮-猪"农业系统，粮食作物种植面积占作物种植总面积的 65%，饲用植物只占 5%，显然有失偏颇。于是建议将"粮-猪"农业加以改造，增大草地-草食家畜的比重，建立足够强大的动物生产层面。走到这一步，不仅解决了我国目前的食物生产与食物需求错位的重大危机，还全面带动了产品加工与流通，构建了完整的产业链，基本体现了循环经济和生态农业的主要目标。

为了实现这一目标，课题组根据当地的土地资源、气候资源、生物资源和社会劳动力特色，更进一步提出将我国西南岩溶山区划分为各具特色的生态生产功能区，并提出分为 2020 年和 2030 年两步走的战略目标及相应的具体措施。我们必须着重指出，本课题提出在不同生态生产功能区建立试验示范区的建议，是一个具有历史意义的重大步骤。这个试验示范区将引草入田，以草地农业为中心，做出全面规划，实现草粮结合、草林结合、草果结合、草棉结合、草蔗结合及草菜结合等诸多方面的系统耦合，使农业的多种元素各得其所，这就走进了草地农业系统的核心领域，在国家的金融、财政、信贷、财政补贴和奖励等系列保证措施的支持下，实现我国农业结构改革的历史性转变，最终建成生态安全、食物安全、农民增收、社会持续稳定发展的现代化农业。这正是笔者多年来苦苦追求而没有达到的梦想。

我们将乐见本课题提出的建立饲用作物西南研发中心早日落成，给这一历史性尝试提供全面科技支撑。

　　虽然本项咨询项目起步于西南地区，但它昭示了我国农业未来的光明前景。

　　荣廷昭院士率领的团队做了值得尊敬的贡献。

任继周

2014 年 7 月 25 日于北京

前　　言

自改革开放以来，我国经济和社会发展取得了长足进步，人民生活水平普遍提高，食物消费结构发生了重大变化，对口粮的直接需求逐年减少，对肉、蛋、奶等动物性食品需求不断增加，这就必然要求与之对应的畜牧业有一个快速的发展。国家已把推动种草养畜，发展节粮型畜牧业提高到发展农村经济，改善生态环境，保持社会稳定的重要战略地位。然而，由于我国长期受到"以粮为纲"传统发展模式的影响，种植业和畜牧业的结构并不协调，很不适应这一形势发展的要求。再从农业现代化的进程来看，发达的畜牧业是现代农业的重要标志之一，而发达畜牧业建设的重点之一则是大力发展草食畜牧业。面对消费需求的变化和农业现代化的要求，以及传统牧区生态环境日益恶化、亟待保护和恢复的现状，发展饲用作物，调整种植业结构，推进农区草食畜牧业发展已成为我国农业可持续发展必须解决的重大战略问题。但是，如何推动草食畜牧业的发展？过去主要关注的是广大牧区，国内任继周、旭日干等曾做过许多研究，而对于农区能否通过种植饲用作物来发展草食畜牧业，仍然是亟待解决的突出问题。

2012 年 6 月，中国工程院在前期调研的基础上，经反复酝酿，正式启动了《发展饲用作物、调整种植业结构，促进西南农区草食畜牧业发展战略研究》重点咨询项目，项目依托四川农业大学，由荣廷昭院士主持。为加强对项目的宏观决策与指导，成立了由中国工程院尹伟伦院士任组长，向仲怀、戴景瑞、傅廷栋、盖钧镒、刘旭、南志标和朱有勇院士为成员的项目顾问组。由四川省农业厅牵头，四川省委农村工作委员会、四川省科学技术厅、四川省畜牧食品局、四川省农科院和四川农业大学参加组成了项目协调组。

项目最初设置了"西南不同生态功能区发展饲用作物的策略"、"农牧结合种养互促的模式与运行机制"和"加快发展饲用作物，调整种植业结构的政策研究"三个课题，经过一段时间的实践，发现三个课题之间交叉、重复，进而调整为分区域和专题开展工作，并根据咨询研究的需要，在四川、重庆和西藏等地布置了数据采集试验，把咨询研究与实践印证结合进行，先后共有西南地区五省（自治区、直辖市）50 余位专家直接参与项目的研究。通过前期工作，形成调研报告 10 篇，专题报告 11 篇。期间，项目组曾 3 次向工程院农业学部和项目顾问专家组汇报工作进展及取得的阶段性成果，争取他们的指导与帮助。后期，项目组根据各位专家领导的意见，在典型调研、专题研究的基础上，经文献查阅、资料分析和总结提炼，形成项目综合报告初稿，再次征求西南地区有关专家、基层领导和种养企业（大户）的意见，修订完善后形成本综合报告。

综合报告首先论证了西南农区发展饲用作物、调整种植业结构的战略意义；分析了西南农区种植业、养殖业现状，发展饲用作物、调整种植业结构的潜力及存在的主要问题；探讨了发达国家发展饲用作物的经验与启示；评估了西南农区发展饲用作物、调整种植业结构的效价。

基于上述分析和对发展趋势的基本判断，综合报告提出了西南农区发展饲用作物、调整种植业结构的总体思路、基本原则、战略目标、战略重点及对策措施，重点实施"粮-经-饲"三元结构优化战略，适度规模推进战略和科技创新驱动战略，推动种养业结构调整和饲用作物的发展，实现农业的"转型、升级、提质、增效"。根据以上战略目标和战略重点，提出了六项对策措施：一是提高认识、更新观念，引领西南农区种草养畜产业的发展；二是根据生态特点科学区划，因地制宜发展饲用作物；三是按照养殖功能区类型合理布局，因需制宜发展饲用作物；四是加强饲用作物新类型、新品种研发，提高国产突破性品种的自给率；五是强化石漠化地区新建草地的科学管护与合理利用，实现可持续发展；六是完善种草养畜科技推广体系，提升从业人员科技水平。

最后，根据西南农区发展饲用作物、调整种植业结构的战略构想，项目组建议将"调整种植业结构，发展种草养畜"纳入国家农业可持续发展战略规划，像种粮养猪一样予以扶持。据此，提出以下五项建议：一是制订西南农区种草养畜产业发展规划；二是建立饲用作物西南研发中心；三是按生态功能建设国家级现代种养结合示范区；四是加大饲用作物种植基地基础设施建设的投入；五是构建扶持饲用作物发展的政策体系。

此外，本咨询项目凝练出的营养体杂种优势机理和新型多年生饲用作物农业系统构建等方面的重大科学问题，可供后续研究；实行把咨询研究与印证试验相结合的研究方法是有效的，可供类似咨询项目参考。

在项目实施过程中，承蒙中国工程院农业学部和以尹伟伦院士为组长的项目顾问组院士及其他多位院士的直接指导，同时得到了重庆、四川、云南、贵州、西藏等地区相关部门领导、专家的大力支持与帮助，在项目组全体专家同仁的通力合作下，本项目才得以顺利进行，完成了拟定任务，在此一并致以崇高的敬意和由衷的感谢。特别要感谢的是，我国现代草原科学奠基人之一的任继周院士专门为本咨询研究报告作了序。此外，在报告撰写过程中，还参阅了多位专家学者的著述，也表示诚挚的谢意。

荣廷昭

2014 年 8 月 1 日于成都

目　　录

第二部分　专题报告

第三部分　调　研　报　告

第一部分　综　合　报　告

第一章　西南农区发展饲用作物、调整种植业结构的战略意义

　　本咨询报告所讲的"饲用作物"是指人类有意识栽培，以收获营养体为主，作为家畜饲用的各种作物的总称。它在一个国家种植业或大农业中的地位，与畜牧业在国民经济中的发达程度直接相关。作为地形复杂、气候多变、生态环境多样、作物籽粒产量低而不稳的广大西南丘陵山地农区，大刀阔斧地调整种植业结构，发展饲用作物，加快"粮-经"二元结构向"粮-经-饲"三元结构转型，促进草食畜牧业持续健康发展具有十分重要的意义，是方向性和战略性问题。

一、发展饲用作物、调整种植业结构是保障粮食安全的重要战略途径

　　长期以来，在食物总量中粮食占有绝大部分比重，我国的"粮食安全"问题一直被列为政府的重大战略之一，2014 年"中央一号文件"又把保障粮食安全列为我国重中之重的头等大事。在中国人"吃饭"主要靠自己解决的压力下，我国粮食产量虽实现了前所未有的"十连增"，但目前粮食供需仍处于"紧平衡"状态。更不容忽视的是，在未来相当长的一段时期内，人口持续增长将导致粮食需求总量保持刚性增长；食物结构的变化会导致粮食的间接消费量大幅增加；加上城镇化的快速发展使大量农民从粮食生产和供应者转变为粮食净消费和购买者，粮食供需形势会发生很大的变化（冯志强，2002）。

　　如果仅就人们对谷物的消费而论，目前我国口粮消费已降低至农村居民人年均 170.74kg，城镇居民仅 80.71kg，比我国人均粮食占有量 400kg 低得多（闫琰等，2013）。但是，饲料用粮和工业用粮则不断攀升。抛开单纯的工业用粮不说，仅以饲料用粮而论，据《中国工程院院士建议》2013 年第 18 期

的文章显示，如以"粮食当量"计算，我国饲料是口粮的 2.5 倍（任继周等，2013）。还有资料指出，近年来我国畜牧业每年消耗饲料粮接近粮食总产量的40%（张大龙，2011）。然而，如此高的比例仍不能满足畜牧业发展的需求，2010 年我国能量饲料缺口达 630 万 t，蛋白质饲料缺口达 3800 万 t（饶应昌和谭鹤群，2000），若按《中国人民膳食结构和养殖业发展规划》预计，到2020 年我国能量饲料缺口将达 1700 万 t，蛋白质饲料缺口更高，达 4800 万 t，何况还有其他转化等工业用粮。由此可见，仅以吃饱饭来衡量粮食安全是不够的，至少也应扩展到人们获取赖以生存所需食物的方方面面，才能正确认识我国粮食安全的严峻性，找出正确的破解途径。

　　过去，在讨论粮食安全问题时，没有注意把人的口粮和饲料用粮分开，因此一提到保障粮食安全，想到的办法就是拼命扩大粮食作物播种面积，把不少并不具备生产粮食比较优势，甚至劣质土地用来种植粮食作物，以保障饲料粮的供应。另外，发展畜牧业又以耗粮型为主，更加重了饲料用粮的负担。因此，讨论粮食安全问题，必须区别对待人的口粮和饲料用粮。从我国西南农区实际情况出发，我们认为，用发展饲用作物来促进草食畜牧业发展，将畜牧业中的一部分从耗粮型中解脱出来，才能从根本上减少饲料用粮对粮食安全造成的威胁。要发展饲用作物就面临一个调整种植业结构的问题。因为我们的耕地是有限的，现今饲用作物种植面积所占份额太小，不足以承担发展草食畜牧业的重任，只有将原来种植粮食作物和经济作物的耕地调整部分种植饲用作物，饲用作物才有发展空间。这样做是否可行？会不会造成与粮争地？我们认为不仅可行，而且必要。因为，在我国西南农区，由于地形复杂、气候多变、生态环境多种多样，特别是许多丘陵、山地土质瘠薄、阴雨寡照，以生产籽粒为主的粮食作物产量低而不稳，生产潜力也不大，不具比较优势，不如改种利用营养体为主的饲用作物更能发挥资源优势。同时，还有相当一部分现在种植经济作物和果树的耕地，因产值不高或生产过剩，可以调整出来种植饲用作物。

　　按照上述新观念、新思维，根据因地制宜、发挥优势的原理，进一步优化种植业结构，调整部分耕地或利用休闲田土发展优质高产饲用作物，实施

"藏粮于草"、建"绿色粮仓",促进草食畜牧业发展,不仅不会成为保障粮食安全的负担,反而有助于突破传统思维定势,跳出就粮食问题解决粮食问题的怪圈,开辟一条新的保障粮食安全的重要战略路径。

二、发展饲用作物、调整种植业结构是优化资源配置的重要战略取向

农业生产具有地域性,农业发展规划、区域布局最重要的是因地制宜。从优化区域分工、发挥比较优势的角度来看,我国今后保障粮食安全的核心支撑点会更加集中地分布在粮食主产区和商品粮基地县。目前,我国三大粮食主产区分布在东北、黄淮海和长江中下游,而全国九大商品粮基地主要在三江平原、松嫩平原、太湖平原、江淮地区、江汉平原、鄱阳湖平原、洞庭湖平原、成都平原、珠江三角洲。一般而论,一个区域要成为粮食主产区应具备一定的条件,不仅需要地理、土壤、气候、技术等条件适合种植粮食作物,而且粮食产量要高、种植比例要大,除区内自身消费外还能够大量调出商品粮。但就整个西南地区来看,虽然成都平原位于四川,但所占面积不大,更多的是丘陵、山地和高原,加上我国西南多数农区常年虽热量充足,但阴雨寡照,光照相对不足,不利于作物籽粒生长发育,产量较低,在粮食生产方面不具有优势。恰巧这种生态条件却适宜以利用营养体为主的饲用作物生长,何况好的饲用作物的饲用品质并不比普通粮食差。有关资料表明,优质牧草的粗蛋白含量远高于小麦和大米,种 1 亩(1 亩≈666.67m²)地的优质牧草作饲料,其营养源相当于3~5 亩地的小麦,而蛋白质则多出 4~8 倍(任继周等,2013)。因此,在粮食主产区重点支持和鼓励发展粮食产业,而在种植粮食不具有比较优势的西南农区适当调整种植业结构,发展饲用作物,实施"宜粮则粮"、"宜草则草"战略,促进草食畜牧业发展,达到"以草换肉"、"以草换奶"的目标,不仅有利于保障国家食物安全、有效解决因饲料短缺带来的"人畜争粮"矛盾,还有利于优化区域分工,提高资源配置效率。

三、发展饲用作物、调整种植业结构是提高比较效益的重要战略渠道

解决几亿农民的生活水平步入小康是全面建成小康社会的关键和重点，促进农民提高生活水平的核心是不断增加农民的收入，而提高农民收入的根本途径要靠发展产业。从整体上看，我国西南农区的工业化、城镇化水平还比较低，从事农牧业生产仍是农民家庭收入的重要组成部分。如果不调整农业结构，沿袭仅在有限耕地上种粮的生产方式，虽在一定程度上保证了农民吃粮问题，但难以尽快使农民增收致富。大力发展草食畜牧业，不仅顺应了人们食物消费结构升级换代对动物性食品消费增加的趋势，而且与耗粮型畜牧业相比，更有助于提供生态安全的畜产品，更有利于提高比较效益，促进农民增收致富。资料表明，世界上发达国家草地畜牧业单位面积产值较种植业产值高出 1～8 倍，养殖业产值占农业总产值的 50%以上，高者达 70%以上（洪绂曾，2000）。任继周院士在我国云贵石漠化地区的多年试验证明，种草养畜较之于单纯粮食生产可提高收益 2～3 倍（任继周，2012）。据项目组在四川奶牛养殖强县洪雅的调研，发展种草养畜不仅比种植粮食作物经济效益高，而且也比耗粮型畜牧业收益好，增收致富快。因此，根据西南农区生态特点和生产条件，发挥资源禀赋优势，兼顾经济、社会、生态效益协调发展，因地制宜发展"种草养畜"产业，延伸与拓展产业链，提高附加值，是实现农业增效、农民增收、产业增值、企业增益、社会发展与稳定最现实、有效的途径。

四、发展饲用作物、调整种植业结构是改善长江上游生态环境的重要战略选择

生态效益是农业可持续发展的重要保证与必要条件，国土与环境是生态文明建设的空间载体。我国西南农区地处长江上游，生态脆弱，建设长江上游生态屏障是关乎长江中下游生态安全的长远大计。大部分西南丘陵山地多熟制农区，生产条件较差，加之长期不合理的耕作与利用，造成大面积水土流失，土壤肥力严重下降，农业生产往往靠大量施用化肥、农药来维持，不仅效益低下，而且由化肥和农药造成的污染严重。有关资料显示，我国耕地总量仅占世界耕地总量的 9%，但所耗费的化肥和农药的总量却分别占全世

界耗费量的 35%和 20%，单位面积化肥、农药的平均用量比全世界平均水平高 2.5~5 倍，每年遭受残留农药污染的作物面积已达 12 亿亩（蒋高明，2011）。此外，西南农区还有相当部分的岩溶地区，石漠化现象严重，生态脆弱，并有进一步恶化趋势（任继周，2012）。据国土资源部和国家林业局调查结果，仅 1987~1999 年，西南岩溶地区石漠化面积就从 9.09 万 km^2 增加到 11.35 万 km^2，净增 2.26 万 km^2，平均每年增加 1883.33km^2，年增长率达 2.07%。饲用作物尤其是多年生饲用植物，具有覆盖面大、抗逆性强、能较好涵养水土等优点。西南农区通过调整种植业结构，发展饲用作物，减少对土地的扰动，发挥其保持水土、提高地力的作用，必将在很大程度上改变农区水土流失、土壤肥力严重下降、耕地石漠化等状况。同时，通过对中低产田土"种草—养畜—产粪—肥地"循环生态系统的构建，将种植的牧草和收获的秸秆等经家畜过腹还田，既可减少温室气体排放，改善空气质量，又可增加土壤有机肥料，改良、培肥土壤，减少化肥、农药用量，降低环境污染，实现土地、肥料等资源的循环利用，促进有机农业的发展，有利于构建西南农区自然生态系统的良性循环。

另外，在西南农区发展饲用作物，也有利于减轻牧区的生态压力。长期以来，由于自然灾害和过度放牧等诸多因素的影响，牧区草原退化、草场沙化日渐加剧。据原四川省畜牧食品局发布的《2009 年草原资源与生态监测报告》，四川省草原沙化面积已达 21 万 hm^2，未沙化的草原退化也很严重，鲜草产量已从 20 世纪 80 年代的 6.3t/hm^2 下降到 4.56t/hm^2（四川省畜牧食品局，2009）。另外，西藏也有一半以上的草原草场严重退化，10%的草场明显沙化，全区已经退化而不能放牧的草场面积达 0.11 亿 hm^2（金涛和尼玛扎西，2011）。草原草场严重退化的形势，决定了在现有生产技术水平下，牧区进一步发展草食畜牧业已经没有潜力，当务之急是抓紧生态环境修复与治理，实施退牧还草。为了既能修复和保护牧区生态环境，又能满足人们日益增长的动物性食品需求，必然要发展草食畜牧业的替代区域。西南农区发展饲用作物具有水、肥、光、热利用率高，生长速度快，生物产量高等优势，是承载这一任务的最佳替代区域。在该区发展饲用作物，调整种植业结构，不仅可以减少整个畜牧业发展对粮食的依赖，而且还可以通过"生态功能置换"，减轻草原草山过度放牧带来的生态压力，有利于牧区生态环境的修复与治理。

因此，在西南农区发展饲用作物，调整种植业结构，不仅有利于改善农区的生态环境，还有利于减轻牧区的生态压力，是改善长江上游生态环境的重要战略选择。

第二章 西南农区种养业结构及饲草料资源的现状

发达的畜牧业是现代农业的重要标志之一。现代畜牧业建设的重点之一是大力发展草食畜牧业，而饲用作物又是发展草食畜牧业的物质基础。近30年来，虽然我国西南农区的种养业得到了长足发展，但还不能适应食物结构变化的需要。探明该区种养产业结构及饲草料资源现状，分析发展饲用作物、调整种植业结构的可行性，对促进西南农区草食畜牧业持续健康发展具有重要意义。

一、农牧业产值比例

自改革开放以来，西南各省（自治区、直辖市）同全国一样，农业总产值在大幅度增加，至2010年，重庆、四川、贵州、云南、西藏农业总产值分别达到1007.50亿元、4017.20亿元、946.30亿元、1746.70亿元和97.70亿元（表2-1），占全国同期农业总产值的比例分别为1.51%、6.02%、1.42%、2.62%和0.15%。2010年重庆、四川、贵州、云南、西藏畜牧业产值分别达到326.60亿元、1705.20亿元、304.20亿元、588.80亿元和48.90亿元，占全国同期畜牧业产值的比例分别为1.57%、8.19%、1.46%、2.83%和0.23%。

表2-1　1980～2010年西南地区农牧业产值比例　　　　单位：亿元

地区	年份	农林牧渔总产值	绝对产值				构成比例/%			
			农业	林业	牧业	渔业	农业	林业	牧业	渔业
全国	1980	1 802.91	1 344.25	79.78	346.73	32.15	74.56	4.43	19.23	1.78
	1985	3 391.53	2 279.80	188.68	796.94	126.11	67.22	5.56	23.50	3.72
	1990	7 186.64	4 481.74	330.27	1 964.07	410.56	62.36	4.60	27.33	5.71
	1995	20 340.86	11 884.63	709.94	6 044.98	1 701.31	58.43	3.49	29.72	8.36
	2000	24 915.76	13 873.59	936.52	7 393.08	2 712.57	55.68	3.76	29.67	10.89
	2005	38 365.81	19 613.37	1 425.54	13 310.78	4 016.12	51.12	3.72	34.69	10.47
	2006	41 224.25	21 549.13	1 602.01	13 640.15	4 432.96	52.27	3.89	33.09	10.75
	2007	47 104.02	24 658.87	1 861.64	16 124.93	4 458.58	52.35	3.95	34.23	9.47
	2008	55 984.40	28 044.20	2 153.20	20 583.60	5 203.40	50.09	3.85	36.77	9.29
	2009	58 065.30	30 611.10	2 359.40	19 468.40	5 626.40	52.72	4.06	33.53	9.69

续表

地区	年份	农林牧渔 总 产 值	绝对产值				构成比例/%			
			农业	林业	牧业	渔业	农业	林业	牧业	渔业
全国	2010	66 784.70	36 941.10	2 595.50	20 825.70	6 422.40	55.31	3.89	31.18	9.62
重庆*	2000	412.63	244.74	10.82	141.99	15.08	59.31	2.62	34.41	3.65
	2005	651.57	358.30	19.97	249.50	23.80	54.99	3.06	38.29	3.65
	2006	625.43	340.95	22.31	240.31	21.86	54.51	3.57	38.42	3.50
	2007	710.32	401.48	25.92	264.48	18.44	56.52	3.65	37.23	2.60
	2008	860.00	465.50	29.30	344.10	21.10	54.13	3.41	40.01	2.45
	2009	900.60	522.80	34.10	319.40	24.30	58.05	3.79	35.47	2.70
	2010	1 007.50	623.30	30.40	326.60	27.20	61.87	3.02	32.42	2.70
四川	1980	155.13	110.73	4.57	39.20	0.63	71.38	2.95	25.27	0.41
	1985	301.30	200.65	17.90	80.04	2.71	66.59	5.94	26.56	0.90
	1990	606.97	363.19	24.08	209.60	10.10	59.84	3.97	34.53	1.66
	1995	1 520.31	886.98	45.22	558.52	29.59	58.34	2.97	36.74	1.95
	2000	1 413.29	785.37	49.13	541.54	37.25	55.57	3.48	38.32	2.64
	2005	2 415.81	1 037.20	69.94	1 230.18	78.49	42.93	2.90	50.92	3.25
	2006	2 556.40	1 075.08	76.75	1 317.41	87.16	42.05	3.00	51.53	3.41
	2007	3 316.70	1 316.60	87.20	1 827.10	85.80	39.70	2.63	55.09	2.59
	2008	3 845.40	1 607.50	97.90	2 036.30	103.70	41.80	2.55	52.95	2.70
	2009	3 634.40	1 806.10	112.50	1 596.70	119.10	49.69	3.10	43.93	3.28
	2010	4 017.20	2 069.30	112.90	1 705.20	129.80	51.51	2.81	42.45	3.23
贵州	1980	32.94	24.01	2.11	6.73	0.09	72.89	6.41	20.43	0.27
	1985	62.01	39.22	5.36	17.04	0.39	63.25	8.64	27.48	0.63
	1990	128.39	78.19	7.94	41.30	0.96	60.90	6.18	32.17	0.75
	1995	344.85	224.16	15.29	102.54	2.86	65.00	4.43	29.73	0.83
	2000	412.98	279.62	18.04	110.67	4.65	67.71	4.37	26.80	1.13
	2005	563.06	335.53	23.91	194.21	9.41	59.59	4.25	34.49	1.67
	2006	600.52	354.58	25.85	207.64	12.45	59.05	4.30	34.58	2.07
	2007	660.61	392.20	27.77	231.60	9.04	59.37	4.20	35.06	1.37
	2008	802.60	464.80	35.60	291.70	10.50	57.91	4.44	36.34	1.31
	2009	831.00	501.50	36.90	281.50	11.10	60.35	4.44	33.87	1.34
	2010	946.30	587.30	41.00	304.20	13.80	62.06	4.33	32.15	1.46
云南	1980	44.16	31.43	2.79	9.75	0.19	71.17	6.32	22.08	0.43
	1985	80.65	52.02	7.90	20.33	0.40	64.50	9.80	25.21	0.50
	1990	193.30	119.64	18.26	54.01	1.39	61.89	9.45	27.94	0.72
	1995	474.47	299.48	40.54	127.19	7.26	63.12	8.54	26.81	1.53
	2000	680.86	416.36	49.75	201.49	13.26	61.15	7.31	29.59	1.95
	2005	917.50	559.32	105.53	229.68	22.97	60.96	11.50	25.03	2.50
	2006	1 161.97	630.19	142.59	362.89	26.30	54.23	12.27	31.23	2.26
	2007	1 303.60	683.80	156.00	438.40	25.40	52.45	11.97	33.63	1.95
	2008	1 562.60	780.90	183.60	570.00	28.10	49.97	11.75	36.48	1.80

续表

地区	年份	农林牧渔总产值	绝对产值				构成比例/%			
			农业	林业	牧业	渔业	农业	林业	牧业	渔业
云南	2009	1 666.60	850.70	196.10	577.80	42.00	51.04	11.77	34.67	2.52
	2010	1 746.70	925.60	184.20	588.80	48.10	52.99	10.55	33.71	2.75
西藏	1980	4.95	2.31	0.08	2.56	0.00	46.67	1.62	51.72	0.00
	1985	9.45	4.31	0.23	4.91	0.00	45.61	2.43	51.96	0.00
	1990	15.90	7.35	0.29	8.25	0.01	46.23	1.82	51.89	0.06
	1995	35.90	17.79	0.72	17.38	0.01	49.55	2.01	48.41	0.03
	2000	51.21	26.36	1.31	23.53	0.01	51.47	2.56	45.95	0.02
	2005	65.65	25.48	10.11	30.05	0.01	38.81	15.40	45.77	0.02
	2006	67.86	31.80	2.84	33.04	0.18	46.86	4.19	48.69	0.27
	2007	77.24	39.49	2.73	34.91	0.11	51.13	3.53	45.20	0.14
	2008	85.80	43.70	2.80	39.00	0.30	50.93	3.26	45.45	0.35
	2009	90.70	39.10	7.10	44.30	0.20	43.11	7.83	48.84	0.22
	2010	97.70	46.10	2.50	48.90	0.20	47.19	2.56	50.05	0.20

*重庆 1997 年设立为直辖市。

数据来源：《中国农业年鉴 1981~2011》。

　　从重庆、四川、贵州、云南 1980~2010 年农牧产值相对比例可以看出，种植业比例在逐步下降，畜牧业比例在不断提高，到 2010 年牧业产值占农业总产值的比例分别为 32.42%、42.45%、32.15% 和 33.71%。可见，这个地区的养殖业已从改革之初的家庭副业发展到占农业总产值的 1/3 左右。但是，世界上发达国家畜牧业产值所占比例多为 50% 以上，高者达 70% 以上，西南地区畜牧业在农业中所占比例仍然偏小，与发达国家相比，尚有较大差距。

二、种植业、养殖业结构

（一）种植业结构

　　种植业是农业的基础，一方面为人们提供最基本的粮食需求保障，另一方面又是养殖业发展的饲料基础，其双重属性决定了它的重要性。

　　从 1980~2010 年西南地区农作物种植面积变化情况（表 2-2）可以看出，这一时期各省（自治区、直辖市）粮食作物面积所占比例同全国一样均在下降，1980~1985 年是粮食作物种植比例降速较快的时段，1985 年后降速变缓，到 2010 年，重庆、四川、贵州、云南和西藏粮食作物占农作物种植面积比例分别为 66.87%、67.51%、62.17%、66.41% 和 70.83%，与 1980 年相比较，四川、贵州、云南和西藏分别减少 23.94、26.15、26.35 和 24.41 个百分点。经济作物种植面积占农作物种植面积比例呈稳步增长趋势，到 2010 年，重庆、四川、贵州、云南和西藏经济作物种植面积占农作物种植面积比例分别为 29.55%、28.59%、29.45%、28.30%和 20.83%，与 1980 年相比较，四川、贵州、云南和西藏分别增加 20.04、17.77、21.06 和 16.07 个百分点。其他作物（含饲用作物）种植面积占农作物种植面积比例也同全国变化趋势一样，所占比例相对均较小，且年度间波动较大，总趋势是种植面积略有下降。到 2010 年，重庆、四川、贵州、云南和西藏其他作物的种植面积占农作物种植面积比例分别为 3.58%、3.90%、8.38%、5.29%和 8.34%。从以上分析可看出，西南农区种植业结构仍主要是"粮-经"二元结构。

表 2-2　1980～2010 年西南地区农作物种植面积　　　　单位：百万 hm^2

地区	年份	农作物种植总面积	种植面积			构成比例/%		
			粮食	经济	其他	粮食	经济	其他
全国	1980	145.61	116.47	15.92	13.22	79.99	10.93	9.08
	1985	143.63	108.85	22.38	12.40	75.79	15.58	8.63
	1990	148.37	113.47	21.42	13.48	76.48	14.44	9.09
	1995	149.88	110.06	22.47	17.35	73.43	14.99	11.58
	2000	156.42	108.46	23.33	24.63	69.34	14.91	15.75
	2005	155.48	104.28	43.78	7.42	67.07	28.16	4.77
	2006	157.02	105.49	44.27	7.26	67.18	28.19	4.63
	2007	153.46	105.64	41.01	6.81	68.84	26.72	4.44
	2008	156.26	106.79	43.44	6.03	68.34	27.80	3.86
	2009	158.64	108.99	43.97	5.68	68.70	27.72	3.58
	2010	160.68	109.88	44.75	6.05	68.38	27.85	3.77
重庆*	2000	3.59	2.77	0.32	0.50	77.16	8.91	13.93
	2005	3.44	2.50	0.77	0.17	72.67	22.38	4.95
	2006	3.47	2.49	0.80	0.18	71.76	23.05	5.19
	2007	3.14	2.20	0.75	0.19	70.06	23.89	6.05
	2008	3.22	2.22	0.84	0.16	68.94	26.09	4.97
	2009	3.31	2.23	0.94	0.14	67.37	28.40	4.23
	2010	3.35	2.24	0.99	0.12	66.87	29.55	3.58
四川	1980	10.88	9.95	0.93	0.00	91.45	8.55	0.00
	1985	11.77	9.39	1.52	0.86	79.78	12.91	7.31
	1990	12.47	9.83	1.51	1.13	78.83	12.11	9.06
	1995	12.84	9.93	1.43	1.48	77.34	11.14	11.52
	2000	9.60	6.85	1.28	1.47	71.35	13.33	15.32

续表

地区	年份	农作物种植总面积	种植面积			构成比例/%		
			粮食	经济	其他	粮食	经济	其他
四川	2005	9.48	6.56	2.40	0.52	69.20	25.32	5.48
	2006	9.67	6.58	2.58	0.51	68.05	26.68	5.27
	2007	9.28	6.45	2.35	0.48	69.50	25.32	5.18
	2008	9.44	6.43	2.59	0.42	68.11	27.44	4.45
	2009	9.48	6.42	2.67	0.39	67.72	28.16	4.12
	2010	9.48	6.40	2.71	0.37	67.51	28.59	3.90
贵州	1980	2.74	2.42	0.32	0.00	88.32	11.68	0.00
	1985	3.02	2.21	0.56	0.25	73.18	18.54	8.28
	1990	3.57	2.54	0.67	0.36	71.15	18.77	10.08
	1995	4.20	2.86	0.74	0.60	68.10	17.62	14.28
	2000	4.69	3.15	0.76	0.78	67.16	16.20	16.64
	2005	4.80	3.07	1.32	0.41	63.96	27.50	8.54
	2006	4.85	3.11	1.32	0.42	64.12	27.22	8.66
	2007	4.46	2.82	1.22	0.42	63.23	27.35	9.42
	2008	4.62	2.92	1.29	0.41	63.20	27.92	8.88
	2009	4.78	2.98	1.38	0.42	62.34	28.87	8.79
	2010	4.89	3.04	1.44	0.41	62.17	29.45	8.38
云南	1980	3.87	3.59	0.28	0.00	92.76	7.24	0.00
	1985	4.00	3.32	0.46	0.22	83.00	11.50	5.50
	1990	4.49	3.62	0.52	0.35	80.62	11.58	7.80
	1995	4.95	3.64	0.79	0.52	73.54	15.96	10.50
	2000	5.79	4.24	0.83	0.72	73.23	14.34	12.43
	2005	6.05	4.25	1.44	0.36	70.25	23.80	5.95
	2006	6.14	4.27	1.49	0.38	69.54	24.27	6.19
	2007	5.80	3.99	1.41	0.40	68.79	24.31	6.90
	2008	6.06	4.10	1.55	0.41	67.66	25.58	6.76
	2009	6.34	4.20	1.71	0.43	66.25	26.97	6.78
	2010	6.43	4.27	1.82	0.34	66.41	28.30	5.29
西藏	1980	0.21	0.20	0.01	0.00	95.24	4.76	0.00
	1985	0.21	0.19	0.01	0.01	90.48	4.76	4.76
	1990	0.21	0.19	0.01	0.01	90.48	4.76	4.76
	1995	0.22	0.19	0.02	0.01	86.36	9.09	4.55
	2000	0.23	0.20	0.02	0.01	86.96	8.70	4.34
	2005	0.24	0.18	0.04	0.01	78.26	17.39	4.35
	2006	0.23	0.17	0.04	0.02	73.91	17.39	8.70
	2007	0.23	0.17	0.04	0.02	73.91	17.39	8.70
	2008	0.24	0.17	0.05	0.02	70.83	20.83	8.34
	2009	0.24	0.17	0.05	0.02	70.83	20.83	8.34
	2010	0.24	0.17	0.05	0.02	70.83	20.83	8.34

* 重庆 1997 年设立为直辖市。

数据来源：《中国农业年鉴 1981～2011》。

（二）养殖业结构

改革开放以来，由于优良畜禽品种和先进饲养技术的引入，特别是饲料工业的飞速发展，以及防疫和财政补贴体系等方面的完善，西南地区同全国一样，养殖业尤其养猪业一直处于蓬勃发展的态势。从 1980～2010 年西南地区养殖业变化情况（表 2-3）可以看出，西南地区是我国养猪的重点区域，占全国养猪总量 1/5 以上份额，其中云南养猪总量翻了 3 倍，贵州翻了 2 倍以上，西藏作为典型的牧区也翻了近 2 倍。到 2010 年，重庆、四川、贵州、云南养猪头数分别达到 3568.4 万头、12 336.2 万头、3305.0 万头和 5728.6 万头，依次占全国的 3.15%、10.90%、2.92% 和 5.06%。过去 30 年间，西南各省（自治区、直辖市）草食畜牧业发展也较快。2010 年，重庆、四川、贵州、云南牛羊头数分别达到 536.9 万头、4488.1 万头、1098.2 万头和 2623.7 万头，饲养数量较 1980 年翻了近一倍。西南农区正逐渐成为新兴的草食家畜（肉牛、肉羊等）养殖区。西藏作为典型牧区，草食家畜牛羊饲养数量也在逐年增加。

表 2-3　1980～2010 年西南地区养殖情况　　　单位：万头（万只）

地区	年份	耗粮型（猪）			节粮型（牛、羊）						
		总量	出栏	存栏	牛羊总量	牛			羊		
						总量	出栏	存栏	总量	出栏	存栏
全国	1980	50 403.8	19 860.7	30 543.1	30 472.8	7 499.8	332.2	7 167.6	22 973.0	4 241.9	18 731.1
	1985	57 014.8	23 875.2	33 139.6	29 807.9	9 138.5	456.5	8 682.0	20 669.4	5 081.0	15 588.4
	1990	67 231.8	30 991.0	36 240.8	41 310.1	11 376.7	1 088.3	10 288.4	29 933.4	8 931.4	21 002.0
	1995	92 218.2	48 049.1	44 169.1	59 578.5	15 355.5	3 049.7	12 305.8	44 223.0	16 537.3	27 685.7
	2000	97 354.8	52 673.3	44 681.5	66 335.7	16 831.1	3 964.8	12 866.3	49 504.6	20 472.7	29 031.9
	2005	116 433.4	66 098.6	50 334.8	87 515.5	19 445.1	5 287.6	14 157.5	68 070.4	30 804.5	37 265.9
	2006	117 491.1	68 050.4	49 440.7	89 411.3	19 547.1	5 602.9	13 944.2	69 864.2	32 967.6	36 896.6
	2007	100 497.8	56 508.3	43 989.5	69 089.7	14 954.3	4 359.5	10 594.8	54 135.4	25 570.7	28 564.7
	2008	107 307.9	61 016.6	46 291.3	69 279.3	15 022.1	4 446.1	10 576.0	54 257.2	26 172.3	28 084.9
	2009	111 534.6	64 538.6	46 996.0	70 531.2	15 328.7	4 602.2	10 726.5	55 202.5	26 732.9	28 469.6
	2010	113 146.4	66 686.4	46 460.0	70 651.3	15 343.2	4 716.9	10 626.4	55 308.1	27 220.2	28 087.9
重庆*	2000	3 431.0	1 821.0	1 610.0	531.1	202.6	38.5	164.1	328.5	167.9	160.6
	2005	3 749.6	1 993.3	1 756.3	825.5	221.4	54.2	167.2	604.1	300.5	303.6
	2006	3 576.6	1 968.3	1 608.3	918.6	223.6	58.7	164.9	694.8	346.5	348.3
	2007	3 206.1	1 783.2	1 422.9	383.7	130.9	36.5	94.4	252.8	131.5	121.3
	2008	3 465.2	1 898.7	1 566.5	423.7	144.6	41.0	103.6	279.1	149.6	129.5

续表

地区	年份	耗粮型（猪）			节粮型（牛、羊）						
					牛羊总量	牛			羊		
		总量	出栏	存栏		总量	出栏	存栏	总量	出栏	存栏
重庆*	2009	3 607.2	2 003.1	1 604.1	475.2	166.3	46.9	119.4	308.9	166.6	142.3
	2010	3 568.4	2 010.5	1 557.9	536.9	177.2	49.1	128.1	359.7	191.3	168.4
四川	1980	8 273.6	3 127.3	5 146.3	1 509.3	48.7	48.7	—	1 460.6	372.0	1 088.6
	1985	10 385.4	4 469.1	5 916.3	2 144.8	984.7	45.1	939.6	1 160.1	283.3	876.8
	1990	12 648.0	6 108.5	6 539.5	2 271.9	1 078.2	70.2	1 008.0	1 193.7	247.8	945.9
	1995	14 869.8	7 778.9	7 090.9	3 091.2	1 288.2	172.3	1 115.9	1 803.0	592.3	1 210.7
	2000	10 556.0	5 774.9	4 781.1	3 571.7	1 211.8	209.0	1 002.8	2 359.9	1 038.3	1 321.6
	2005	12 849.8	7 105.0	5 744.8	4 323.5	1 412.5	262.1	1 150.4	2 911.0	1 323.7	1 587.3
	2006	13 228.4	7 471.4	5 757.0	4 418.7	1 419.1	271.4	1 147.7	2 999.6	1 409.1	1 590.5
	2007	11 306.5	6 010.7	5 295.8	4 486.1	1 233.4	248.4	985.0	3 252.7	1 542.2	1 710.5
	2008	11 757.2	6 431.4	5 325.8	4 515.1	1 236.6	249.6	987.0	3 278.5	1 557.7	1 720.8
	2009	12 037.5	6 915.5	5 122.0	4 541.2	1 241.0	251.8	989.2	3 300.2	1 576.3	1 723.9
	2010	12 336.2	7 178.3	5 157.9	4 488.1	1 220.2	255.8	964.4	3 267.9	1 609.4	1 658.5
贵州	1980	1 321.2	425.5	895.7	260.1	6.9	6.9	—	253.2	51.4	201.8
	1985	1 774.5	630.0	1 144.5	692.0	496.0	10.1	485.9	196.0	48.6	147.4
	1990	2 154.9	800.0	1 354.9	847.8	613.6	23.5	590.1	234.2	56.5	177.7
	1995	2 652.4	1 044.8	1 607.6	1 030.9	708.2	58.9	649.3	322.7	101.5	221.2
	2000	2 967.2	1 164.5	1 802.7	1 216.8	709.5	51.4	658.1	507.3	165.5	341.8
	2005	3 426.5	1 453.6	1 972.9	1 624.9	896.3	103.1	793.2	728.6	280.3	448.3
	2006	3 722.0	1 526.4	2 195.6	1 701.3	927.8	113.2	814.6	773.5	309.4	464.1
	2007	2 994.1	1 445.4	1 548.7	972.8	588.3	75.2	513.1	384.5	162.2	222.3
	2008	3 148.6	1 561.1	1 587.5	1 017.3	607.6	84.2	523.4	409.7	178.5	231.2
	2009	3 214.1	1 596.1	1 618.0	1 074.3	631.2	92.1	539.1	443.1	190.1	253.0
	2010	3 305.0	1 688.7	1 616.3	1 098.2	638.4	96.6	541.8	459.8	198.7	261.1
云南	1980	1 837.0	524.0	1 313.0	813.4	13.9	13.9	—	799.5	52.7	746.8
	1985	2 444.0	740.7	1 703.3	1 547.2	748.1	16.0	732.1	799.1	75.2	723.9
	1990	2 962.3	897.4	2 064.9	1 597.3	795.4	27.9	767.5	801.9	79.5	722.4
	1995	3 663.2	1 368.1	2 295.1	1 721.4	851.0	64.9	786.1	870.4	151.7	718.7
	2000	4 620.4	2 033.3	2 587.1	2 202.2	979.0	124.2	854.8	1 223.2	330.3	892.9
	2005	5 335.3	2 733.6	2 601.7	2 254.4	1 009.2	207.1	802.1	1 245.2	268.3	976.9
	2006	5 520.7	2 902.5	2 618.2	2 562.5	1 008.7	226.3	782.4	1 553.8	616.3	937.5
	2007	4 993.7	2 536.1	2 457.6	2 373.2	951.6	225.9	725.7	1 421.6	595.8	825.8
	2008	5 370.7	2 701.7	2 669.0	2 437.8	942.6	236.2	706.4	1 495.2	651.9	843.3
	2009	5 560.7	2 824.5	2 736.2	2 559.9	995.2	252.6	742.6	1 564.7	687.1	877.6
	2010	5 728.6	2 961.8	2 766.8	2 623.7	1 015.2	268.5	746.7	1 608.5	730.6	877.9
西藏	1980	26.1	6.5	19.6	2 073.6	23.3	23.3	—	2 050.3	225.0	1 825.3
	1985	18.9	5.7	13.2	2 443.1	533.3	34.3	499.0	1 909.8	283.3	1 626.5
	1990	24.2	7.8	16.4	2 543.6	549.2	43.6	505.6	1 994.4	317.5	1 676.9

续表

地区	年份	耗粮型（猪）			节粮型（牛、羊）						
		总量	出栏	存栏	牛羊总量	牛			羊		
						总量	出栏	存栏	总量	出栏	存栏
西藏	1995	29.3	9.5	19.8	2 758.5	599.7	61.2	538.5	2 158.8	388.7	1 770.1
	2000	37.1	13.6	23.5	2 708.1	606.3	80.1	526.2	2 101.8	437.5	1 664.3
	2005	49.1	18.9	30.2	2 920.0	738.6	106.1	632.5	2 181.4	483.1	1 698.3
	2006	50.3	18.3	32.0	2 970.3	759.0	108.0	651.0	2 211.3	508.5	1 702.8
	2007	40.8	15.3	25.5	2 972.9	738.9	116.6	622.3	2 234.0	526.9	1 707.1
	2008	45.2	14.6	30.6	2 965.9	767.9	123.4	644.5	2 198.0	520.1	1 677.9
	2009	45.2	14.7	30.5	2 859.6	658.8	13.7	645.1	2 200.8	526.3	1 674.5
	2010	44.6	15.0	29.6	2 939.4	737.5	127.2	610.3	2 201.9	545.8	1 656.1

*重庆 1997 年设立为直辖市。

"—"表示无数据。

数据来源：《中国农业年鉴 1981～2011》。

从西南地区肉类生产结构（表 2-4）演变趋势看，2010 年重庆、四川、贵州、云南、西藏五省（自治区、直辖市）猪肉产量所占比例分别为 76.68%、74.96%、82.69%、75.45%和 5.20%（表 2-4），牛羊肉产量所占比例分别为 4.52%、8.25%、8.60%、13.32%和 94.00%。西藏是典型的牧区，养猪一直较少，而牛羊肉产量所占比例高。近年来，重庆、四川、贵州、云南四省（直辖市）的猪肉产量所占比例虽在逐年下降，但仍高于全国同期比例；而牛羊肉产量比例总体处于上升趋势，不过一直低于全国同期水平。可见，西藏除外的西南四省（直辖市）养殖业结构均以耗粮型生猪为主体。

表 2-4　1980～2010 年西南地区肉类生产结构　　　　　　单位：万 t

地区	年度	肉类总产量	猪肉	牛肉	羊肉	禽肉	其他	构成比例/%		
								猪肉	牛羊肉	禽肉及其他
全国	1980	—	1 134.07	26.87	44.48	—	—	—	—	—
	1985	1 929.50	1 645.70	46.70	59.30	160.20	17.60	85.29	5.49	9.22
	1990	2 856.70	2 280.80	125.60	106.80	322.90	20.60	79.84	8.14	12.02
	1995	5 260.09	3 648.37	415.36	201.52	934.66	60.18	69.36	11.73	18.91
	2000	6 124.60	4 031.40	532.80	274.00	1 207.50	78.90	65.82	13.17	21.01
	2005	7 743.10	5 010.60	711.50	435.50	1 464.30	121.20	64.71	14.81	20.48
	2006	8 051.40	5 197.20	750.00	469.70	1 506.60	127.90	64.55	15.15	20.30
	2007	6 865.70	4 287.80	613.40	382.60	1 447.57	134.33	62.45	14.51	23.04
	2008	7 278.74	4 620.50	613.17	380.35	—	—	63.48	13.65	22.87

续表

地区	年度	肉类总产量	猪肉	牛肉	羊肉	禽肉	其他	构成比例/%		
								猪肉	牛羊肉	禽肉及其他
全国	2009	7 649.70	4 890.80	635.50	389.40	1 594.90	139.10	63.93	13.40	22.67
	2010	7 925.80	5 071.20	453.10	398.90	1 656.10	346.50	63.98	10.75	25.27
重庆*	2000	153.60	132.10	4.40	1.90	14.20	1.00	86.00	4.10	9.90
	2005	178.00	143.80	5.80	3.60	22.20	2.60	80.79	5.28	13.93
	2006	177.10	142.10	6.30	4.00	22.00	2.70	80.24	5.82	13.94
	2007	159.30	130.30	4.20	1.60	20.12	3.08	81.80	3.64	14.56
	2008	177.43	140.65	5.19	1.78	—	—	79.27	3.93	16.80
	2009	187.70	146.50	5.90	2.10	28.50	4.70	78.05	4.26	17.69
	2010	192.50	147.60	6.30	2.40	31.00	5.20	76.68	4.52	18.80
四川	1980	—	164.27	3.56	3.69	—	—	—	—	—
	1985	301.20	276.60	4.10	3.20	16.00	1.30	91.83	2.42	5.75
	1990	442.80	396.70	6.90	3.70	33.20	2.30	89.59	2.39	8.02
	1995	625.74	526.29	18.69	8.26	67.91	4.59	84.11	4.31	11.58
	2000	555.50	419.10	23.80	16.20	87.90	8.50	75.45	7.20	17.35
	2005	653.60	513.70	28.50	20.00	70.30	21.10	78.60	7.42	13.98
	2006	690.80	541.30	29.60	21.00	75.50	23.40	78.36	7.32	14.32
	2007	564.20	408.50	28.60	23.80	77.02	26.28	72.40	9.29	18.31
	2008	591.52	436.24	28.68	24.00	—	102.60	73.75	8.91	17.34
	2009	632.80	474.20	28.90	24.30	81.80	23.60	74.94	8.41	16.65
	2010	656.60	492.20	29.40	24.80	84.60	25.60	74.96	8.25	16.79
贵州	1980	—	25.47	0.47	0.73	—	—	—	—	—
	1985	50.50	47.30	0.80	0.50	1.90	0.00	93.66	2.57	3.77
	1990	74.40	68.00	2.40	0.90	2.90	0.20	91.40	4.44	4.16
	1995	105.54	93.18	5.53	1.80	4.60	0.43	88.29	6.95	4.76
	2000	123.80	104.80	7.00	4.20	7.30	0.50	84.65	9.05	6.30
	2005	167.50	136.70	12.50	5.50	12.00	0.80	81.61	10.75	7.64
	2006	175.00	140.80	13.80	6.00	13.50	0.90	80.46	11.31	8.23
	2007	150.60	125.60	9.50	2.80	11.71	0.99	83.40	8.17	8.43
	2008	161.46	134.60	10.22	3.04	—	—	83.36	8.21	8.43
	2009	169.60	140.10	11.40	3.20	13.50	1.40	82.61	8.61	8.78
	2010	179.10	148.10	12.00	3.40	14.10	1.50	82.69	8.60	8.71
云南	1980	—	29.24	1.02	0.64	—	—	—	—	—
	1985	59.40	54.40	1.40	1.00	2.60	0.00	91.58	4.04	4.38
	1990	78.50	71.00	2.50	1.30	3.70	0.00	90.45	4.84	4.71

续表

| 地区 | 年度 | 肉类总产量 | 猪肉 | 牛肉 | 羊肉 | 禽肉 | 其他 | 构成比例/% | | |
								猪肉	牛羊肉	禽肉及其他
云南	1995	128.21	111.57	6.30	2.58	7.31	0.45	87.02	6.93	6.05
	2000	204.90	172.60	12.80	5.80	12.60	1.10	84.24	9.08	6.68
	2005	298.60	244.20	21.70	10.10	20.60	2.00	81.78	10.65	7.57
	2006	322.00	260.60	24.20	11.40	23.40	2.40	80.93	11.06	8.01
	2007	266.10	203.60	24.80	10.20	25.17	2.33	76.51	13.15	10.34
	2008	288.29	219.58	26.12	11.47	—	—	76.17	13.04	10.79
	2009	304.60	230.80	28.00	12.10	30.80	2.90	75.77	13.16	11.07
	2010	321.40	242.50	29.90	12.90	33.20	2.90	75.45	13.32	11.23
西藏	1980	—	0.24	2.09	2.42	—	—	—	—	—
	1985	7.10	0.30	3.40	3.40	—	—	4.23	95.77	0.00
	1990	8.80	0.50	4.40	3.90	—	—	5.68	94.32	0.00
	1995	11.55	0.56	6.17	4.82	—	—	4.85	95.15	0.00
	2000	15.00	0.80	8.50	5.70	—	—	5.33	94.67	0.00
	2005	21.50	1.20	12.80	7.50	—	—	5.58	94.42	0.00
	2006	22.80	1.20	13.50	8.10	—	—	5.26	94.74	0.00
	2007	23.74	1.20	14.20	8.20	0.14	0.00	5.05	94.36	0.59
	2008	23.78	1.21	14.19	8.28	—	—	5.09	94.49	0.42
	2009	24.00	1.20	14.20	8.40	0.10	0.10	5.00	94.17	0.83
	2010	25.00	1.30	14.80	8.70	0.10	0.10	5.20	94.00	0.80

*重庆 1997 年建直辖市。

"—"表示无数据。

数据来源：《中国农业年鉴 1981～2011》。

三、饲草料资源开发利用现状

（一）草山草坡

西南地区重庆、四川、贵州和云南四省（直辖市）草山草坡面积分别为 215.8 万 hm^2、642.9 万 hm^2、428.7 万 hm^2 和 1346.3 万 hm^2。本地区具有较好的水、热资源，植物区系复杂，其中以热性草丛类和热性灌草丛类面积最大，分别占草地总面积的 21.5%和 24.4%；其次为暖性草丛类和暖性灌草丛类，分别占草地总面积的 4.5%和 13.6%；其他几类草地面积都较小。

该地区饲用植物丰富多样，草丛草地和亚高山草甸草地的饲用植物通常以多年生禾草为主，野生饲草虽然较多，但营养物质含量较低，且难以消化。天然草山草坡的主要利用方式是放牧和刈割野生饲草，因受人口分布、劳动力、交通和生态保护等因素的制约，贫困偏远地区海拔 700m 以上的草地基本未能利用，而农户集中居住点附近的零星草地则已利用过度。天然草山草坡真正能利用的仅占 1/3 左右，资源总体可利用效率低。

（二）作物秸秆

按照西南五省（自治区、直辖市）各类作物产量（表 2-5）与秸秆比折算，2011 年重庆、四川、贵州、云南、西藏秸秆理论产量分别为 1077.8 万 t、3477.7 万 t、905.8 万 t、2543.0 万 t 和 44.7 万 t（表 2-6），约占全国年平均总秸秆理论资源量的 13%。其中，2011 年粮食作物秸秆理论资源量分别为 1010.9 万 t、3070.7 万 t、776.2 万 t、1719.1 万 t 和 35.2 万 t；油料作物分别为 62.3 万 t、372.8 万 t、112.6 万 t、83.4 万 t 和 9.5 万 t；甘蔗秸秆分别为 4.6 万 t、34.2 万 t、17.0 万 t 和 740.5 万 t。由于受多种因素制约，目前西南农区真正用于饲养草食家畜的秸秆数量大多低于 10%。

表 2-5　2008～2011 年西南地区农作物产量　　　　　单位：万 t

| 地区 | 类型 | 年份 | | | |
		2008	2009	2010	2011
重庆	粮食作物	1 153.2	1 137.2	1 156.1	1 126.9
	经济作物	57.1	63.7	65.7	69.1
四川	粮食作物	3 140.0	389.9	3 222.9	3 291.6
	经济作物	397.6	1 131.6	394.5	398.9
贵州	粮食作物	1 158.0	1 168.3	1 112.3	876.9
	经济作物	180.1	182.2	151.9	156.9
云南	粮食作物	1 518.6	1 576.9	1 531.0	1 673.6
	经济作物	2 017.9	1 905.1	1 884.8	2 066.1
西藏	粮食作物	95.0	90.5	91.2	93.7
	经济作物	6.0	5.8	5.9	6.4
西南五省（自治区、直辖市）总量	粮食作物	7 064.8	7 167.5	7 113.5	7 062.7
	经济作物	2 658.8	2 546.7	2 502.8	2 697.5
全国总量	粮食作物	52 870.9	53 082.1	54 647.7	57 120.8
	经济作物	17 467.9	16 413.9	16 166.8	16 824.9

数据来源：《中国农业年鉴 2009～2011》。

注：经济作物包括棉花、油料、糖料、烟叶、麻类，而茶、桑、水果等木本经济作物未包括在内。

表 2-6　2008～2011 年西南地区主要农作物秸秆理论产量　　　　　单位：万 t

地区	类型	年份			
		2008	2009	2010	2011
重庆	粮食作物	1 034.3	1 016.3	1 032.2	1 010.9
	油料作物	47.4	54.7	60.1	62.3
	甘蔗	4.4	4.5	4.6	4.6
四川	粮食作物	2 971.9	2 996.9	3 025.3	3 070.7
	油料作物	332.4	349.0	358.1	372.8
	甘蔗	45.4	36.6	36.4	34.2
贵州	粮食作物	1 096.8	1 106.5	1 056.5	776.2
	油料作物	95.7	111.4	83.6	112.6
	甘蔗	28.0	25.1	20.4	17.0
云南	粮食作物	1 550.0	1 620.0	1 555.0	1 719.1
	油料作物	41.0	67.8	44.6	83.4
	甘蔗	740.5	686.9	682.9	740.5
西藏	粮食作物	36.0	34.6	34.5	35.2
	油料作物	9.0	8.7	8.8	9.5
	甘蔗	0.0	0.0	0.0	0.0
西南五省 （自治区、直辖市）总量	粮食作物	6 688.9	6 774.4	6 703.5	6 612.1
	油料作物	525.5	591.6	555.1	640.5
	甘蔗	818.2	753.1	744.2	796.3
	小计	8 032.6	8 119.1	8 002.8	8 048.9
全国总量	粮食作物	54 310.7	54 485.0	56 149.3	58 827.9
	油料作物	3 087.1	3 362.0	3 342.8	3 430.7
	甘蔗	4 841.9	4 507.9	4 320.8	4 462.9
	小计	62 239.7	62 354	63 812.9	66 721.5

数据来源：《中国农业年鉴 2009～2012》。

注：农作物秸秆产量是根据各作物的产量与其秸秆比计算而得，秸秆产量=农作物产量/秸秆比。秸秆比参考王晓玉等（2012）：粮食作物中，稻谷 1.11，小麦 0.91，玉米 0.83，豆类 0.625，薯类 2；油料作物中，花生 0.8，油菜 0.67，芝麻 0.46；甘蔗中，甘蔗梢 4，甘蔗渣 7.14。

（三）农产品加工副产物

农产品加工副产物主要包括稻壳、玉米芯、花生壳、菜籽饼、棉籽壳、甘蔗渣、甜菜渣、酒糟等。此外，还有其他植物性食品加工过程中产生的副产物，如胡萝卜渣、葡萄皮、苹果渣等。重庆、四川、贵州、云南、西藏五省（自治区、直辖市）2007～2009 年主要农产品副产物年平均产量分别为 149.16 万 t、433.46 万 t、183.55 万 t、492.48 万 t 和 0.4 万 t（表 2-7）。除西藏外，西南四省（直辖市）年均生产的大田作物加工副产物都在百万吨以上，这些副产物可作饲料加工原材料，将其进行优质化处理，作为草食家畜饲料的补充。

表 2-7 2007～2009 西南地区主要农产品副产物年平均产量　　单位：万 t

农副产物	地　区				
种　类	重庆	四川	贵州	云南	西藏
稻壳	97.04	281.04	86.39	116.97	0.1
玉米芯	48.31	119.24	84.59	99.49	0.3
花生壳	2	15.3	1.68	1.29	—
棉籽壳	—	1.2	0.06	—	—
甘蔗渣	1.81	16.65	10.83	274.73	—
甜菜渣	—	0.01	—	0.006	—
总量	149.16	433.46	183.55	492.48	0.4

"—"表示无数据。

数据来源：《中国农业年鉴 2008～2010》。

第三章　西南农区发展饲用作物、调整种植业结构的潜力

随着畜牧业结构调整以及传统牧区生态保护发展战略的实施，我国农区草食畜牧业的发展必然成为今后的重要增长方向。在此背景下，探讨西南农区发展饲用作物、调整种植业结构的潜力，对促进西南农区草食畜牧业的持续健康发展具有重要的意义。

一、市场需求巨大

从西南五省（自治区、直辖市）发展规划看，到"十二五"末，该区牛、羊存栏总量将分别达 5940 万头和 6900 万只，较"十一五"末分别增长 198.6% 和 149.3%，年均增速达 39.7% 和 29.9%[①]。按当前我国肉食品生产水平，至"十二五"末，西南农区需增加饲草料 1.59 亿 t，才能实现规划目标。根据 FAO 数据，从消费结构看，2009 年发达国家和组织（美国、欧盟、加拿大、澳大利亚）人均牛羊肉和奶类消费量为 30.1kg 和 73.6kg，而同期我国人均消费量仅为 7.7kg 和 27.5kg。按 2010 年西南五省（自治区、直辖市）2.04 亿人口为基数（国家统计局，2011），以发达国家牛羊肉和奶类消费标准的 1/2 计算，到 2020 年需增加牛羊肉和奶类总量分别为 0.020 亿 t 和 0.026 亿 t，需要增加饲草料 2.24 亿 t。到 2030 年，以发达国家牛羊肉和奶类人均消费标准 2/3 计算，则该区需增加牛羊肉和奶类总量为 0.032 亿 t 和 0.054 亿 t，需要增加饲草料 3.57 亿 t。另外，随着我国人口的不断增加，对牛羊肉和奶类消费总量也会相应增加，对饲草料的需求总量必然更大。

从现有饲草料的来源情况看，据有关资料，西南农区籽实作物秸秆理论产量为 8050 万 t，由于受采收、运输等条件的限制，平均利用率为 10%

---

① 数据来源为西南各省（自治区、直辖市）"十二五"发展规划畜牧业部分。参照周道玮和孙海霞（2010）的方法，本文中每只牛（羊）年需青干草量、每头奶牛年产奶量、换算成羊单位后的出栏率和出栏每个羊单位产肉量分别为 5t（0.5t）、3t、33% 和 13.7kg。

左右，实际利用量为 805 万 t；农产品加工副产物 1259.1 万 t，按 80% 利用率计算，实际利用量为 1000 万 t；饲用作物种植面积粗略估算为 15.6 万 hm²，按 35t/hm² 青干草产量计算，最多可生产 546 万 t；另有草山草坡 2633.7 万 hm²，据遥感监测数据（徐斌等，2007），全区青干草理论产量为 7100 万 t，考虑到分布、交通、生态保护等因素的影响，能利用的仅占 1/3 左右，可用生产量为 2400 万 t。据此计算，当前西南农区每年实际可利用青干草总量为 4751 万 t，而西南农区"十二五"末牛羊的年饲草需求量将达 6420 万 t，目前饲草料各类来源仅能满足 74.0%，缺口高达 1669 万 t。从该区可提供饲草料的构成看，作物秸秆和草山草坡占 67.5%，农产品加工副产物占 21.0%，人工栽培饲用作物仅占 11.5%。可见，当前西南农区发展草食家畜主要依靠作物秸秆和草山草坡。随着现代畜牧业的发展，过度依赖作物秸秆和草山草坡，缺少优质饲草料的传统养殖模式，难以达到标准化、规模化的要求，优质饲草料市场需求潜力巨大。

从青干草料的市场供需情况看，由于气候等因素的影响，西南农区生产青干草较为困难，为满足草食畜牧业发展需要，各养殖企业大都依靠外调或进口青干草。位于四川省洪雅县的现代牧业、新希望等大型奶牛养殖企业粗饲料来源中，90% 以上的青干草需从我国北方外调或者直接从国外进口，每年分别外购羊草 1 万 t、苜蓿 0.45 万 t。另外，因为对青干草的需求不断增加，也导致价格一路攀升。苜蓿占我国进口青干草总量的 95% 左右，当前我国苜蓿 50% 依赖国外进口。2008 年我国进口苜蓿平均到岸价格为 280.08 美元/t，2013 年升至 371.36 美元/t，而进口量由 1.96 万 t 升至 75.56 万 t，增加了近 38 倍（表 3-1）。

表 3-1 2008～2013 年我国苜蓿青干草进口情况

年份	进口量/万 t	进口额/万美元	平均到岸价/（美元/t）
2008	1.96	308.16	280.08
2009	7.66	2 043.41	282.25
2010	22.72	6 147.68	270.61
2011	27.56	10 361.25	332.67
2012	44.22	17 394.27	385.33
2013	75.56	28 059.98	371.36

数据来源：中国畜牧业信息网 http://www.caaa.cn/show/newsarticle.php?ID=290222。

二、自然气候优势明显

四川、云南、贵州、重庆的大部分农区为亚热带湿润季风气候。本区热量资源丰富，除高寒山区外，全年大于 10℃积温达 4500～6000℃，无霜期 300 天以上；年降水量可达 1000mm 左右；雨热同季、冬暖春早，但大部地区日照率在 35%以下，为全国多云中心（荣廷昭等，2003），对利用以营养体为主的饲用作物具有明显的自然气候优势。因此，调整部分耕地种植饲用作物不仅可能，而且也是合算的。例如，四川省洪雅县 2011 年 4 月中旬播种饲草玉米，在 90 天左右的生育期内，亩产鲜草 7t，收获后种植黑麦草，在冬春两季可刈割 3～4 次，亩产鲜草 5～6t；又如，在四川省自贡市，采用夏季种植多年生牧草'桂牧 1 号'和冬季种植黑麦草的间套作方式，年亩产鲜草 13t，表明利用本区自然气候条件发展饲用作物具有明显优势。

西藏高原农区位于雅鲁藏布江、年楚河和拉萨河流域。该区气候的突出特点是光照资源丰富，全年日照时数 3000h 以上，年均日照率达 70%，全区年均降水量 400mm 左右，5～9 月平均温度在 13℃左右，但气温日较差达 15℃左右，雨热同期（尼玛扎西等，2009），对饲用作物光合产物的积累，提高饲草的营养品质非常有利，适合喜光的 C4 类饲用作物生长，容易通过增加种植密度获得高产。西藏农牧科学院充分利用这一优势，2012 年在该区白朗县种植青贮玉米的密度高达 1.3 万株/亩，每亩可收获优质鲜草 8～10t，是典型的例证。

综上所述，西南农区的自然气候具有利于饲用作物生产的明显优势，部分地区的高产栽培示范结果，也初步证明发展饲用作物的巨大潜力。

三、结构调整空间广阔

（一）部分坡耕地适合退耕还草

西南五省（自治区、直辖市）位于长江等重要江河上游，地貌以丘陵山地为主，坡耕地比重大。据资料统计（表 3-2），重庆、四川、贵州、云南 15°～25° 坡耕地分别为 80.79 万 hm²、164.59 万 hm²、153.76 万 hm² 和 221.14

万 hm^2，分别占各省（直辖市）耕地总面积的 31.4%、24.2%、30.4% 和 33.7%；25° 以上坡耕地为 41.53 万 hm^2、66.01 万 hm^2、98.89 万 hm^2 和 85.31 万 hm^2，分别占各省（直辖市）耕地总面积的 16.1%、9.7%、19.5% 和 13.0%。四省（直辖市）大于 15° 坡耕地总面积达 912.02 万 hm^2，占全国该类坡耕地总面积的 48.0%。

表 3-2　我国西南五省（自治区、直辖市）坡耕地面积　　　单位：万 hm^2

省（自治区、直辖市）	2°~6°坡耕地		6°~15°坡耕地		15°~25°坡耕地		>25°坡耕地	
	面积	占耕地比例/%	面积	占耕地比例/%	面积	占耕地比例/%	面积	占耕地比例/%
重庆	40.76	15.8	82.31	32.0	80.79	31.4	41.53	16.1
四川	108.76	16.0	228.43	33.6	164.59	24.2	66.01	9.7
贵州	66.95	13.2	157.65	31.1	153.76	30.4	98.89	19.5
云南	85.55	13.0	187.93	28.6	221.14	33.7	85.31	13.0
西藏	6.70	19.2	6.12	17.5	3.91	11.2	1.27	3.6

数据来源：中国科学院地理科学与资源研究所，人地系统主题数据库（土地资源数据库）。

西南农区坡耕地地形破碎、坡度陡、土层浅、土质松、保水差、肥力低，一般无灌溉条件，多为中、低产田土，经逐年翻耕，水土流失严重（胡腾云，2011），不适合粮经作物生产。其中，25° 以上坡耕地已退耕还林，15°~25° 坡耕地仍主要种植粮经作物，如果通过一定的农田基本建设，采取"林-草"、"果-草"或建人工多年生常绿草地等相结合的方式，将其中 15% 左右不适宜粮经作物生产的坡耕地用于发展对土地耕作较少、枝叶覆盖面大的饲用作物，其面积可达 90 余万 hm^2，发展空间较大。例如，贵州省普安县利用退耕坡耕地种草，采取放养和圈舍相结合的方式养殖肉山羊，项目区户均年增收 8100 元，实现了环境保护和农民增收的双赢。四川省乐至县利用不宜种粮的坡耕地，采取宽带种植方式，夏季种植多年生牧草，冬季种植黑麦草，取得了良好的经济和生态效益。

（二）大面积冬闲田土和撂荒地可增种饲用作物

我国西南农区水、热资源丰富，在水稻等农作物收获后，尚有大量水、热资源未充分利用，使得部分地区耕作制度具有"三季不足、两季有余"或者"两季不足、一季有余"的特点，从而形成部分土地在秋收之后至第二年播种前被闲置的状况，冬闲期在 2～6 个月不等（当年 9 月至翌年 2 月）。贵州、云南、四川、重庆以冬闲田土为主的农闲田可利用总面积近 500 万 hm²（表 3-3），但总的利用率较低，除四川利用率较高（50.2%）外，贵州、云南、重庆利用率分别为 20.4%、25.8% 和 12.7%，全区尚有 347.31 万 hm² 处于闲置。此外，伴随着我国产业结构调整和农村劳动力的转移，种粮效益相对较低，很多地区都存在耕地撂荒问题。据调研结果初步估算，四川、云南、贵州、重庆地区耕地撂荒率在 5% 以上，总面积约达 120 万 hm²。

表 3-3　2007 年我国西南四省（直辖市）农闲田面积*　　　单位：万 hm²

省（直辖市）	农闲田可利用面积	农闲田已利用面积	
		农闲田已利用面积	占可利用面积比例/%
贵州	213.33	43.5	20.4
云南	104.40	27.01	25.8
四川	153.95	77.30	50.2
重庆	26.95	3.41	12.7
合计	498.63	151.32	30.4

*农闲田主要包括秋冬闲田、果园隙地、四边地及其他。
数据来源：皇甫江云等（2012）。

　　通过选用合适的饲草品种，研发"粮-草"、"经-草"等多种栽培模式，建立新型的草田轮作制度，可提高冬闲田土利用率，有效减少土地撂荒，扩大饲用作物在种植业结构中的比重。若上述各省（直辖市）的冬闲田土利用率在现有基础上提高 10%，能增加近 50 万 hm² 农田种草，加上前述 120 万 hm² 撂荒地，可以增加总面积 170 万 hm²，按每公顷产鲜草 60t 的保守估算，全区可增草 1.02 亿 t，生产潜力巨大。

（三）轮作及间套种植饲用作物潜力大

　　耕地复种指数是耕地集约化利用程度的评价指标，间套作是增加耕地复种指数的重要措施，可有效提高光、热、土等自然资源的利用效率。我国西南农区热量条件好，无霜期长，总积温高，水分充足，具备提高复种指数的基础。大部分地区是多熟制，具备一年二季、一年三季或二年三季的耕作条件。据相关数据（表 3-4），2006 年重庆、四川、贵州和云南耕地复种指数分别为 252.0%、254.5%、253.8% 和 230.4%，平均为 247.7%，虽然高于全国同期的 128.0%，但与理论值相比仍相差 38.1%，可见西南农区耕地复种指数仍有较大的提升潜力，其中最大的为云南，其次是四川、重庆和贵州，可挖潜力分别为 45.2%、42.0%、40.4% 和 25.0%。若上述各省（直辖市）复种指数在现有基础上提高 5%，用来种植饲用作物，则相当于再造 100 万 hm^2 农田，实现增草 400 万 t。

表 3-4　2006 年西南四省（直辖市）耕地复种指数理论可挖潜力

省（直辖市）	2006 年耕地复种指数/%	耕地复种指数理论潜力/%	可挖掘潜力/%
重庆	252.0	292.4	40.4
四川	254.5	296.5	42.0
贵州	253.8	278.8	25.0
云南	230.4	275.6	45.2
平均	247.7	285.8	28.2

数据来源：赵永敢等（2010）。

西南农区是利用轮间套作种植的传统区域，在提高复种指数方面，积累了较为丰富的经验，并进行了一些富有成效的尝试。通过调整"粮-粮"、"粮-经"间套或"粮-饲"、"经-饲"间套或"粮-饲"、"经-饲"轮作等，可以扩大饲用作物种植面积，实现粮草、经草双增。四川省洪雅县中堡镇史华村，通过发展"经-饲"带状立体复合种植技术，获得了显著的经饲双增效应。四川农业大学经多年研究，构建的"玉米-大豆带状复合种植"技术，在玉米不减产的情况下，可实现一季双收，并改善高蛋白饲料短缺的局面。

（四）优化经营模式能扩大饲用作物比例

随着农业投入增加、政策扶持加大、科技贡献率提高和规模经营的发展，粮油作物单产将进一步提高，而畜牧结业构的优化必将减少对粮食的消耗，影响粮食供给和需求两个方面的变化，为在现有粮油作物生产面积中，调整一定比例的耕地资源发展饲用作物创造了必要的条件，提供了一定的空间。按当前四川、云南、贵州、重庆四省（直辖市）耕地面积 2100 万 hm^2 计算，在保证粮食总产量不减少的情况下，若平均调出 2%～3% 的耕地发展饲用作物，则每年可增加 40 万～60 万 hm^2 种草农田，按每公顷产鲜草 120t 估算，至少每年可增草 4800 万～7200 万 t。

第四章　西南农区发展饲用作物、调整种植业结构存在的主要问题

早在 20 世纪 80 年代，就有专家提出通过调整种植业结构、发展饲用作物，促进畜牧业发展的建议。国务院 1992 年颁布的《我国中长期食物发展战略与对策》明确指出，要将传统的粮食和经济作物二元结构，逐步转变为粮食作物、经济作物、饲料作物三元结构，提出要对饲料作物生产制定相对稳定和高效的扶持政策。但几十年过去，我国种植业仍然基本上是"粮-经"二元结构，饲用作物的发展并没有达到预期效果，生产技术水平和产业化程度仍较低，无法满足畜牧业特别是现代草食畜牧业快速发展的需求（四川省农业厅，2014）。因此，有必要从思想观念、扶持政策、模式机制、科技支撑、服务体系方面，深入剖析发展饲用作物产业存在的关键问题，为今后科学制定相关发展规划及政策措施提供参考依据。

一、思想观念方面

（一）传统农耕思想根深蒂固，主观上对种草养畜重视不够

我国"植谷即农"为特征的农耕体系历史悠久，创造了举世闻名的中华农业文明，为传统农业的发展作出了重要贡献。然而，由此形成的以粮食生产为主体的农耕意识，也一直是制约我国传统农业向现代农业转变的观念障碍（任继周和张志和，2002）。新中国成立初期，由于经济发展水平低、农业资源有限、农业生产条件落后，解决吃饭问题面临着巨大的困难和挑战。在这种特殊背景下，传统农耕意识被进一步增强。20 世纪 50 年代后期，把"以粮为纲"作为全国农业生产指导方针，一直持续到 80 年代，为提高我国特定历史条件下的粮食生产能力作出了重要贡献。后来，随着经济发展和人民生活水平的提高，"以粮为纲"虽然不再以政府文件形式出现，但是"以粮为纲"

的传统观念及其思想，依然存留于各级农业行政管理体系中。多数地方政府仅把抓主要粮食作物生产业绩列为工作考核目标，对发展饲用作物、调整种植业结构存有思想顾虑。

在"以粮为纲"等传统农业观念的惯性思维束缚下，我国种植业结构未能及时适应食物结构的变化。种植业长期沿袭"粮-经"二元结构，口粮与饲料粮功能划分不清，形成我国农区"粮-猪"型为主体的传统种养模式，从主观上影响了对发展饲用作物应有的科学认识。事实上，20 世纪 80 年代中期以后，我国粮食的供给基本上结束了短缺状态，进入口粮供求基本平衡、丰年有余的新阶段，近年来还实现了"十连增"的佳绩。从食物消费结构看，人均口粮消费量在 1990 年后呈下降趋势，2011 年人均粮食直接消费量农村居民为 170.74kg、城市居民仅有 80.71kg。然而，在种植业结构中，粮食作物生产面积的比例并没有随着口粮消费比例的下降而同步调整。自 2000 年以来，粮食作物播种面积仍年均保持在 68.0%左右，而饲用作物种植面积并没有随畜牧业发展对饲草料需求的增加而同步增长，青饲料多年来在种植业结构中所占比例一直低至 1.4%左右。这种不合理的种植业结构，不仅制约草食畜牧业的发展，也给粮食安全带来了隐患。

（二）猪肉为主的肉类消费习惯，客观上影响了种草养畜的发展需求

由于历史文化传统、经济发展水平、民族饮食习惯等诸多因素的影响，我国居民形成了以猪肉为主的肉类消费观念。目前，全国猪肉消费总量超过世界猪肉产量的 50%，四川更是生猪生产和猪肉消费大省，猪肉在肉食结构中所占比例超过 74%。与此对应的情况是，我国养殖业长期维持以生猪养殖为主体的耗粮型结构。以 2011 年统计数据为例（表 4-1），全国肉类产品总量 7957.8 万 t，其中猪肉产量就占了 63.5%，牛羊肉产量仅占 13.1%。与国外相比，我国草食畜产品在肉类产品中的比例尚有较大差距，西南地区尤为突出。

表 4-1　2011 年国内主要畜产品生产结构及其与部分发达国家的比较

类别	肉类 /万 t	猪肉		牛肉		羊肉		鲜奶	
		/万 t	/%	/万 t	/%	/万 t	/%	/万 t	/（kg/人）
中国	7957.8	5053.1	63.50	647.5	8.14	393.1	4.94	3810.7	28.28
重庆	196.3	148.6	75.70	6.7	3.41	2.6	1.32	8.0	2.74
四川	651.2	484.8	74.45	28.9	4.44	23.9	3.67	71.7	8.91
贵州	180.0	148.3	82.39	12.0	6.67	3.4	1.89	4.9	1.41
云南	324.4	243.9	75.18	30.7	9.46	13.0	4.01	56.6	12.22
西藏	26.1	1.4	5.36	14.8	56.70	8.6	32.95	29.8	98.35
美国	4246.3	1033.1	24.33	1198.8	28.23	7.63	0.18	8901.5	289.75
德国	835.9	561.6	67.19	117.0	14.00	4.04	0.48	3033.6	368.47
日本	315.8	126.7	40.12	50.0	15.83	0.02	0.01	747.4	58.81
法国	569.5	215.7	37.88	150.2	26.37	12.7	2.23	2534.9	393.50

注：国外数据来自联合国粮农组织（FAO）。

在消费观念决定市场导向的客观条件下，我国畜牧业长期维持以生猪养殖为主的耗粮型结构，这反过来又加剧了种植业结构调整的难度，使养殖业与种植业形成一种不协调的农牧依存关系，客观上制约了饲用作物的发展需求，同时也增加了确保粮食安全的难度。因此，在我国经济发展到较高水平时，适度引导居民树立科学合理的肉类消费观念，不仅可以为优化畜牧业结构创造条件，也对保障食物安全和提高国民营养健康水平具有重要意义。

二、政策扶持方面

（一）缺乏扶持优惠政策，难以提高发展种草养畜产业的积极性

国家和地方政府对于粮猪等产业制定有完整的产业支持和扶持政策，但对农区种草养畜基本没有财政扶持优惠政策，同时在土地使用、信贷融资、科技支撑、保险保障和税收减免，以及业绩奖励等方面也缺少国家层面的相关优惠扶持政策，种草养畜没有能像种粮养猪一样得到应有的重视和扶持。例如，在种植业领域，种粮补贴专项政策实施以来，补贴措施逐步规范、补贴力度不断加大，四川省自 2004 年启动实施到 2014 年最高类别种粮直接补贴标准已增至 100 元/亩。饲用作物没有得到与主要粮食作物同等的优惠政策，各级政府在制定种植业优惠政策时，仍然是以粮为主、粮草有别，存在种粮

有直补、种草少补甚至不补的现象，导致一些地区甚至出现部分种草农户因能领取种粮直补而放弃种植饲用作物的现象。同样，在畜牧业领域内，针对生猪产业发展的政策，自 2007 年起就逐步建立起了涵盖良种补贴、猪舍改造、防疫管理、粪污处理和贷款贴息等系列配套措施。然而，对肉牛、肉羊、兔等草食家畜扶持政策力度不够，除了中央财政安排的良种补贴外，其他方面的补贴明显不足，尤其缺少生产性补贴。在劳动力价格和其他生产资料不断上涨的情况下，政府扶持不够必然严重影响发展种草养畜产业的积极性。

（二）土地经营管理创新不够，影响饲用作物的适度规模生产

饲用作物的适度规模生产可以集成技术、资本、市场要素的配置，有利于促进饲用作物产业链形成，提高生产的标准化和生产效率，加快畜牧业向现代化发展。土地成片经营是实现饲用作物适度规模生产的前提。西南地区人均耕地面积仅为 1.2 亩，且土地零碎分散（表 4-2）。由于我国小农户经营基础是土地家庭承包责任制，每个农户对所承包的土地经营权拥有自主性，因此集中成片规模发展饲用作物时，规模生产组织者不可避免地需要与多个农户进行协商与合作，但各农户在经营意向、经济收入来源、劳动力供给等方面存在较大的差异，很难达成一致意见。据项目组调研结果，养殖企业或养殖大户即使能以土地流转等方式从分散农户租到土地，也会经常遭遇租地价格过高、地租上涨、合同中途变更等不确定因素，从而影响发展饲用作物生产的积极性，制约饲用作物种植规模的扩大和生产效率的提高。党的十八届三中全会以后，国家进一步规范了对土地流转的政策，鼓励农民将土地承包经营权在公开市场上向专业大户、家庭农场、农民合作社、农业企业流转，发展多种形式的规模经营。然而，课题组在调研中也发现，西南农区近年来在实施土地流转过程中仍然面临一些实际问题。例如，不同农业项目间的经济效益存在较大差异，产业项目间存在激烈竞争；农业基础设施较好的区域土地流转成本过高，偏远和农业基础设施较差的山区与深丘区，又存在土地撂荒现象。国家若不对发展饲用作物给予土地流转方面的政策优惠，种草养畜产业难以规模化发展。因此，仍需因地制宜，创新土地流转机制，对与种

养直接相关的基础性产业项目给予重点扶持，提高土地流转积极性，促进饲用作物适度规模生产。

表 4-2　2011 年全国及西南地区农村住户人均各类土地经营面积　单位：亩

类别	经营耕地	经营山地	园地	养殖水面
全国	2.30	0.49	0.11	0.04
重庆	1.27	0.33	0.03	0.02
四川	1.15	0.46	0.25	0.02
贵州	1.10	0.73	0.03	—
云南	1.56	1.32	0.22	—
西藏	1.79	—	0.01	—

（三）国家投入严重不足，吸引社会资本投入不够

农业是基础产业，也是弱势产业。纵观世界发达国家农业发展历程，都把加大农业投入放到十分重要的战略地位。2013 年中央农村工作会议也明确指出，坚持"工业反哺农业、城市支持农村"的方针，着力解决我国当前的"三农"问题。种草养畜产业是现代农业的重要组成部分，具有生产周期较长、自然风险大、对规模和投资的要求相对较高等特点，仅靠农民自发投入是远远不够的。因此，必须加大国家投入，才能促进种草养畜产业的持续健康发展。然而，长期以来，我国对农业的投入一直不足，尤其是在种草养畜产业的基础设施、示范推广平台、人员培训和服务体系建设等方面更显不足。另外，社会资本也是增加种草养畜产业投入的重要资金渠道。但是，由于法律法规不健全、优惠政策和激励机制不完善、国家前期投入不足、融资平台搭建不够，难于吸引社会资本投入种草养畜产业；即使有少量投资，也主要集中于产后阶段和营销领域，未能充分发挥社会资本推动种草养畜产业发展的重要作用。

三、模式机制方面

（一）农牧统筹与协同管理没有真正落实到位

种草养畜贯穿种植业到养殖业的产业链，因此在制定种草养畜产业的发展规划与政策时，需要农牧行政管理职能间的高度统筹与协调。但是，我国

现行的农业行政管理体制,对种植业和养殖业的管理分属于不同的行政职权。其中,对种植业的管理主要由农业(粮经生产)职能部门负责,对养殖业的管理主要由牧业(畜牧兽医)职能部门负责。这种农、牧行政职能分离的管理体制,从中央到地方都有不同程度的体现,导致在制定有关发展规划时,出现条块分割、管理缺位,甚至各自为政的问题。例如,在制订有关畜牧业及饲料工业发展相关规划时,缺乏把发展饲用作物和草食畜牧业作为一个整体的规划;同样,在制定种植业发展及提高粮食生产能力有关发展规划时,也缺乏把发展饲用作物与适应草食畜牧业增长相结合的统筹考虑。

事实上,一些地区的农、牧行政管理部门在机构设置上就处于对等、独立的政府机构或直属事业部门,导致行政部门之间难以建立农、牧协调联动的管理机制。有些地区虽然从组织形式上进行了农、牧部门间的机构整合,但在具体工作中,农牧协同的职能转变并没有真正落实到位,实际工作仍以农、牧两线独立进行。因此,在农、牧分管的行政管理体制下,难以把饲用作物的产前、产中和产后环节作为一个有机整体进行统筹考虑,也无法制定以产业链条为基础的系统规划与政策扶持。

(二)种养结合模式不完善

种养结合模式是指在一定时期、一定区域内形成相对固定的种养结合生产方式,具有一定的典型性、科学性、区域性和可推广性。科学的种养结合模式必须以保护生态和可持续发展为前提,统筹种植业与养殖业协调发展,实现对农业资源的高效利用和取得最佳的经济效益。因此,分析当前主要种养结合模式存在的问题,可为进一步推进种草养畜产业的可持续发展提供决策思路。

西南地区生态复杂、农业生产条件和经济发展水平参差不齐,各地在实践中探索形成了一些种养结合模式,虽然各具优势,但也存在以下尚需完善的问题。①产业化和组织化程度低。目前西南农区种草养畜模式中,散养经营比重过大,家庭农场、专业大户等新型经营主体数量不足。散户经营由于规模小且分散,不易有效组织和采用先进种养技术,抗风险能力弱,规模效益低。并且，已有的专业合作社大都经济实力不强，制度不健全，内部运作不规范，存在只讲形势、不求质量，只管建立、轻视经营等现象。②种养分离问题。"公司＋农户"已成为西南农区加快种草养畜产业发展的重要模式。这种模式下，公司主要承担养殖角色，农户承担更多的是种植角色，种养只是在生产和利用上实现了结合，并未完全从土地、肥料等资源循环利用上实现内在的有机结合，其结果往往导致养殖场带来环境污染和资源浪费，而种植农户则存在收入不稳定等双重问题。此外，以贵州"晴隆模式"为代表的特殊生态种养结合型模式，虽实现了石漠化地区农村扶贫和生态维护的有机结合，但也存在如何通过自身优化进一步扩大规模、提高种草养畜比较效益，实现可持续发展等问题（任继周和黄黔，2011）。

（三）种养结合运行机制不健全

导致目前种养结合不紧密的原因，从运行机制看，主要有以下几个方面。①法律法规不完善，保障机制不健全。调研中发现，一些养殖企业与饲用作物种植基地农户之间没有在技术服务、产品订购、价格保护等方面签订正式的合同或协议，双方缺少法律约束。有的即使签订了供需协议，但当市场供求关系发生改变时，也时常出现降价收购或抬价拒售的违约情况。在双方利益没有得到有效保护的前提下，饲用作物生产受到很大影响，形成种不供养或种大于养的问题。②缺少利益联结再分配机制。饲用作物生产和草食家畜养殖同属一个产业链条。养殖业处于产业链的下游，具有产业主导性和效益获取优先性，但是目前缺少把饲用作物生产和养殖业整合为一个利益共同体的效益再分配机制，特别是缺少把种草养畜产业链终端所获利益进行再分配或补偿到发展饲用作物的机制。此外，无论是政策扶持还是配套资金投入在产业链的分配上，均有不同程度的重养轻种倾向。养殖企业投资一般都集中于养殖场基础设施建设和畜禽品种引进等项目，而对饲用作物基地建设及其生产设备投资则少之又少。同时，生产饲用作物的农户在饲用作物的收购价格和利益分配上，也处于相对弱势的地位，导致种养经营主体的利益失衡。③政策引导与监管机制不够。在农、牧分管的体制下，缺少农牧联动的行政统筹协调机制，从而无法形成有利于种养结合的政策引导。同时，政府对资助产业项目的监管较为薄弱，存在重立项、轻监管问题，部分养殖企业在项目实施过程中没有把提升饲用作物持续发展、养殖污染面源处理、资源循环利用能力等投资大而见效慢的项目内容落到实处。

四、科技支撑方面

（一）种草养畜协调发展前瞻性研究不够，必要理论指导和技术储备不足

过去，农区畜牧业的重点是生猪养殖，对草食畜牧业发展的前瞻性研究重视不够，未能形成西南农区种草养畜产业发展的科技支撑体系。在科技人才方面，总量不足，而且无高层次领军人才，尤其缺乏从事饲草加工储藏的专业技术人才。在理论方面，对西南农区种草养畜科学规划、生产经营模式及运行机制等所需理论研究积累不够。在技术方面，缺少对新型饲用作物、农业机械、收储加工等的技术储备。在研发平台方面，西南地区从事饲用作物科技研发机构相对分散、力量薄弱，缺少涵盖种质创新、品种选育、种子生产、栽培模式、收储加工和机械化应用等的综合科技创新研发平台，难以形成具有产业化推广潜力的综合集成技术体系，不能满足农区草食畜牧业发展的要求。

（二）新型饲用作物发掘和突破性品种选育研究滞后，难以适应生产需求

突破传统饲用作物和牧草的范畴，发掘饲用作物新类型，是促进种草养畜产业发展的重要措施。近年来，在以饲草玉米、饲用桑、饲用大豆、饲用油菜、饲用苎麻、能饲兼用高粱等为代表的新型饲用作物品种研发方面，已取得了初步的成效，但仍缺少优质、高产、抗逆、耐刈割的多年生饲用作物新类型，离解决西南农区种草养畜产业发展对饲草的实际需求还存在一定的差距。

另外，饲用作物突破性新品种缺乏，不能满足种草养畜发展需要。以牧

草品种为例，尽管至 2012 年底，全国已审定各类牧草品种 453 个，但真正的育成品种仅有 171 个，并且适宜西南地区的优良豆科饲用作物品种尤显不足（马金星等，2011）。当前生产上主推牧草品种的适应性相对较差，主要表现为耐热性或耐寒性不够，限制了品种在生长季节间的衔接。青贮专用玉米品种收获期含水量偏高，干物质达不到加工要求。现有市场销售的牧草种子来源以进口为主，据近几年海关统计资料，我国对各类牧草种子进口量逐年增加，2012 年我国进口紫花苜蓿种子 1549.5t、黑麦草种子 1.3 万 t。资料显示，在四川，除销售的燕麦种子为完全国产外，其余类牧草种子进口量高达 72%（毛培胜，2012）。

此外，饲用作物科技成果的中试、孵化等转化平台建设不足，也影响了饲用作物新类型、新品种的示范和推广应用。列如，近年来四川省培育的'川单青贮 1 号'、'雅玉青贮 8 号'等青贮专用玉米和新型"饲草玉米"，由于示范力度不够，没有得到及时有效的推广应用。

（三）适合西南农区的中小型农机具研发应用不够，制约饲用作物集约化经营

随着城镇化和工业化的快速推进，我国农业劳动力不断转移，农业用工成本上升，农业比较效益下降，加快提升饲用作物农业机具研发应用水平，是现代饲用作物产业发展的必然趋势。长期以来，由于适合西南农区的中小型农机具研发不够，制约了饲用作物生产的机械化水平（马国玉等，2011）。从 2011 年所用农业机械动力来看，全国为 9.8 亿 kW，西南五省（自治区、直辖市）总计动力仅占全国的 9.7%。以四川省洪雅县为例，饲用作物种植除在土地耕作环节初步实现机械化外，其他环节均属传统的手工操作，距种、管、收全程机械化还有相当大的距离。

导致西南农区饲用作物中小型农机具研发应用滞后的原因，除了小规模农业生产组织形式的制约外，还有以下几个方面。①西南地区农业生产条件复杂多样。西南农区 95% 以上的耕地分布在丘陵山区，地形地貌复杂，土地零碎分散，坡耕地比重很大，耕作制度多样，在一定程度上制约了农业机械

的研发与应用。②农机农艺融合技术研发难度相对较大。首先，饲用作物种类较多，不同类型的饲用作物在播种、管理和收储阶段具有不同的要求。其次，不同家畜及饲喂模式对饲用作物的收获利用也具有一定的特殊性，涉及青饲料、青贮、青干草加工等多种用途，增加了农机农艺融合技术研发的难度。③研发饲用作物中小型农机具积极性不高。饲用作物中小型农机具研发投入大、周期长，预期投资回报率较低，在研发、生产和购置补贴方面国家投入不足的情况下，很难调动研发的积极性。

（四）加工技术研发落后，导致粗饲料生产工业化与商品化程度低

饲用作物产品的工业化与商品化是推动种草养畜产业适度规模发展的关键环节。由于青干草制作、混合青贮、储藏运输等产品加工技术研发滞后，导致西南地区饲用作物大都被用作青饲，饲用作物产品工业化程度不高。同时，由于缺乏产品加工质量标准，饲用作物以初级加工为主，产品类型单一，整体质量不高，更缺少有影响力的品牌，导致西南农区饲用作物产品商品化程度低（张英俊等，2011）。这不仅制约该区草食家畜的规模化、标准化养殖，而且还造成资源浪费和生产成本的增加。

五、农业社会化服务体系方面

建立覆盖全程、综合配套、便捷高效的社会化服务体系是推进种草养畜产业实现规模化生产和集约化经营的重要支撑。经过多年的发展，西南农区社会化服务体系已经有了一定的基础，但还不能满足种草养畜产业适度规模发展的需求，主要表现为以下几个方面。①社会化服务组织不健全。基层政府农业公共服务机构方面，西南五省（自治区、直辖市）农区的多数县（区）没有专门的饲用作物管理或技术推广机构，现有农牧技术推广部门缺乏种草养畜科技人员，服务能力弱，并且存在体制不顺、机制不活和保障不足等问题。乡镇农业服务机构地处农村，条件差、待遇低，很难稳定现有队伍和引进新的人才，存在人员配备不齐和队伍老化等问题。经营性服务组织总体实力不强、竞争力不足，还面临服务利润低、用工劳动力短缺和风险控制难等

问题。②专业合作组织数量少、规模小。以四川省为例，虽有农民专合组织3万余家，但与饲用作物或牧草专业相关的合作社数量极少，而且在实际运行中也未能从技术推广、行业自律、维权保障、市场开拓和增强话语权等方面发挥其应有的作用，不能有效承担其社会化服务角色。③服务内容单一、专业化程度低。相对于传统的粮食作物生产，种草养畜农户对技术、金融、保险、市场和经营管理等信息的需求具有更高的多元化和专业化要求。但无论是现有的基层农业服务组织还是农业经营性服务组织的功能和专业都比较单一，往往只注重产前、产中服务，忽视产后服务。并且，在涉及产品质量安全、金融、保险和土地流转等方面的服务能力更显不足。④龙头企业服务功能发挥不够。总体而言，西南地区现有种草养畜龙头企业与农民合作组织或基地农户没有形成真正利益联结机制，对基地农户开展农资供应、农机作业、技术指导、疫病防治、市场信息、储运加工、产品营销等各类服务功能发挥不够。

第五章 发达国家饲用作物发展概况及主要启示

我国饲用作物产业起步比发达国家晚，优质饲草料主要依靠进口，解决日益增长的饲草料需求是我国应该考虑和重视的战略问题。发达国家经过长期的探索和实践，已经形成多种适合各自国情的牧草产业模式，分析发达国家牧草产业的发展现状，可为我国发展饲用作物、调整种植业结构，促进草食畜牧业持续健康发展提供重要的借鉴与启示。

一、发展概况

（一）美国和加拿大

美国、加拿大的共同特点是土地资源丰富，畜牧业产值占农业总产值的50%～60%，且绝大部分畜牧业产值由人工种植的牧草转化而来；而天然草场的管理相对比较粗放，载畜量较低。

美国是畜牧业大国，牧草产业高度发达，目前采用以苜蓿（*Medicago sativa*）为主，多种牧草相搭配的多元化牧草生产体系。牧草生产有三个主要区域，即西部干旱和半干旱地区、南部湿润亚热带地区和东北部湿润寒温带地区，分别以天然放牧草原、暖季型牧草和冷季型牧草为主。放牧曾经是美国饲养奶牛的主要方式之一，但现在放牧比例逐渐下降，多数牧场采用放牧结合青干草饲喂、全部饲喂青干草，或利用青贮饲料。

玉米（*Zea mays*）和苜蓿是美国主要种植的饲草料。玉米是第一大农作物，种植面积达 3900 万 hm^2，其产量占世界玉米总产量的 40%左右。美国玉米生产全过程已实现机械化和自动化，生产的玉米主要用于饲料工业、深加工、种子和出口 4 个方面，总产量的 85%用于国内消费，15%用于出口。苜蓿产业也是美国最重要的产业之一，种植面积仅次于玉米和大豆，与小麦种植面积相当。目前，苜蓿种植面积保持在 850 万 hm^2 左右，每年苜蓿青干草总产量大约在 6400 万 t（USDA，2011），美国已成为世界苜蓿种植面积最大的国家。同时,美国也是牧草种子的主要出口国,全世界有 75% 的牧草种子从美国进口。近几十年来,美国青贮饲料产业发展迅速,从 20 世纪 60 年代到 70 年代末期,青贮玉米增加 70%,青贮牧草增加 3 倍以上。美国在扩大青贮饲料种植的同时,注重提高青贮加工工艺,发展青贮机械,减少青贮加工过程的营养损失,最大限度保存饲草料营养。

加拿大地广人稀,畜牧业的发展和美国具有同样的特点,重视资金及技术的投入,建立大规模综合型农场,重视人工种草。加拿大人工草地面积相当于天然草原面积的 21%(Canada Yearbook,2011),人工草地依据不同的环境播种不同的草种,多为禾本科和豆科混播。加拿大的混播技术十分发达,已开发出一些用于牧草混播的软件,对实现高产和提高草地利用率发挥了重要作用。目前,加拿大除了大力发展人工草地外,还在农牧区建立了 133 多万 hm^2 的饲料基地。

美国和加拿大利用自身国土面积广阔的优势,发展大规模的牧草产业,提高生产效率,生产的牧草和草种除了满足国内需求外,还大量出口到国际市场,为本国带来了巨大的经济效益。

(二)澳大利亚和新西兰

澳大利亚和新西兰都是草地资源丰富的国家,澳大利亚草原面积比耕地面积大 9 倍,新西兰草原面积比耕地面积大 15 倍。这类国家的农业以牧为主,草原畜牧业比较发达,畜牧业产值远大于农作物产值,且 90% 以上的畜牧业产值是由牧草转化而来的。这两国的畜牧业在经过多年的科技和资金投入后,已逐步发展并形成以天然草地或者人工草场为基础,以草定畜,围栏放牧,资源、生产和生态相协调的现代化可持续发展草地畜牧业模式。

澳大利亚的畜牧产业高度依赖于国际市场,是世界上羊毛出口的第一大国(澳大利亚农业概况,2009)。澳大利亚大约有一半的土地用于牧羊,按照其地理气候因素,因地制宜,可分为粗放型、农牧兼营型和集约饲养型三种模式。澳大利亚发展低成本草地畜牧业,充分利用天然草地,同时进行退化草地植被重建,并在气候适宜地区建立人工牧场,通过制定严格的载畜量,保证牧场可持续发展。

新西兰 60%以上的国土为人工草地，主要饲养牛和羊，是世界上草地畜牧业比较发达的国家之一。在建立人工草场时，根据当地的土壤及气候条件选育最适合的牧草品种，最大限度地提高单位面积的牧草生产量。为确保一年中各个季节产草量的平衡，新西兰人工草场多用冷季型黑麦草和喜温暖气候的三叶草混播，比例一般为 7∶3。除了这两种主要牧草，还兼种苜蓿、甘蓝等，作为调节和补充饲草淡季的饲料。

新西兰的人工牧场普遍实行围栏放牧和划区轮牧。草量多的夏季，充分利用天然草地，草量相对较少的春、秋季在人工草地放牧。澳大利亚和新西兰草地经营的现代化水平及草原放牧畜牧业生产水平都居于世界首位。他们已将现代信息技术用于草地系统的管理，在宏观上对草地的生态、生产、经济进行评估，最大限度地优化生产投入、产量和效益。

（三）欧盟

法国、英国、荷兰、奥地利、德国等欧盟成员，土地面积较小，牧业经济属于集约经营型。这些国家的共同特点是草原面积比耕地面积略小，但畜牧业产值大于种植业产值，60%的畜牧业产值由牧草转化而来。这类国家资本和技术实力雄厚，在发展畜牧业经济过程中，选择了以机械作业为主、资本密集和技术密集的集约化家庭农场发展道路。

法国是西欧最大的农业生产国，畜牧业在法国农业中占有非常重要的地位。法国牧草面积占国土总面积的 23.5%。草场中永久性草地面积占农业用地面积的 40%（周禾，1995）。永久性草地主要分布于山区及自然条件比较恶劣的地区，管理经营比较粗放，生产力也较低。与永久性草地相比较，人工栽培牧草的面积还不到永久性草地的 50%，但其所能提供的饲草料总量却与前者近乎等同。近 40 年，法国青贮玉米的种植面积逐年增加，目前已稳定在 150 万 hm² 左右，占饲草料种植总面积的 8%。濒临大西洋的整个西部畜牧业生产区中，20%的饲草料来源是青贮玉米；诺曼底及法国东部的某些饲草料种植区，青贮玉米所提供的饲草料资源份额也高达 10%。

发达的家庭牧场是法国畜牧业的主体。近年来，农业机械逐渐普及，养殖业从原来的零星饲养开始向企业化、专业化饲养方向转变，高度发达的牧草产业为养殖业的发展提供了保障，其中牧草生产的区域化和专业化、经营管理的集约化、生产手段的机械化等发挥了重要作用，同时也有赖于牧草及饲用作物新品种的大量推广和栽培管理新技术的应用。畜牧业是荷兰国民经济的主导产业，占农业总产值的 70%左右。国内用于种植牧草和饲用玉米的土地面积约占全国农业用地面积的 67%。荷兰对牧草实行与经济作物、粮食作物一样的精耕细作，草地几乎全为人工草地，主要种植黑麦草和苜蓿，其中 70%的人工草地用于放牧，30%用于制作青贮和青干草。荷兰十分重视良种选育和培养草地专门技术管理人才，有完整的良种繁育体系和专门的草地技术管理学校。畜牧业也是英国农业中的重要产业，产值约占农业总产值的2/3。英国牧场面积接近全国总面积的一半，为畜牧业服务的饲草料种植面积又占了全国耕地面积的一半。其他欧盟国家，如德国、意大利、奥地利，也是采用以家庭农场为主的畜牧业经营方式，生产规模较大，机械化程度高，管理方法科学，实现了种植、养殖、生产、经营一体化，并具有完整的生产科研体系和完善的法律法规。此外，欧盟国家都非常重视青贮玉米的加工和利用，广泛使用青贮饲料，每年青贮玉米种植面积约占玉米种植面积的 80%。

（四）日本和韩国

日本境内多山，耕地面积小，过去粮食单产不高，生产的粮食仅够居民果腹，没有多余的耕地生产饲草，畜牧业一直不发达。随着粮食单产大幅度提升，再加上居民膳食结构的调整，对畜产品的需求增多，催生了日本国内的饲草料产业。

20 世纪初期，日本改变完全依赖天然草地放牧的做法，开始大力推广人工种植割草地和放牧草地。北海道是日本重要的畜产品基地，产量居日本前列，共有 60 万 hm² 的草地及人工草场，占全国牧草总面积的 80%左右，每年可生产 2000 万 t 饲草料，其中青贮饲料占 31%。

目前，日本的畜群饲养主要以户养为主，并辅以多种经营形式。日本人多地少，耕地面积有限，且草地资源不丰富，但是在牧草专用地面积几乎没有变化的情况下，畜牧业却在快速发展，饲草料供不应求的矛盾越来越突出，目前60%以上的草料靠进口。日本针对饲草料不能自给这一严重问题，采取了各种有效措施。首先，广辟饲料来源并加以合理利用，种植高产的饲用作物，大力开发饲料稻。其次，日本的青贮技术发达，除了牧草，还可将农副产品和食品加工副产物进行青贮。此外，日本的机械产业高度发达，饲草播种到收获全程已经基本实现机械化，避免了各个环节对牧草造成的不必要损失，节约了人力资源，提高了生产效率。

韩国畜牧业面临着和日本相似的问题，耕地面积小，国内农业用地面积为180万hm^2，占国土面积的18.6%，永久性草场面积仅5.8万hm^2，饲料构成中的植物性原料缺乏，75%需要从国外进口。从20世纪60年代开始，韩国几乎已经变成纯粹的农产品进口国，农产品进口在饲料和饲料原材料的供应中发挥着重要的作用。

二、基本做法

（一）重视发展草业经济

发达国家重视发展草业经济，人工牧草已成为种植业的第一大产业。美国和加拿大人工牧草面积所占比例高达40%，法国、英国、新西兰等国家50%以上的耕地种植牧草。人工牧草单位面积合成的生物量多，经济效益高，且产业链长，增加了追加值和附加值。饲用谷物在发达国家中占谷物总面积的50%以上，是种植业的第二大产业。近年，欧美等国青贮玉米种植面积逐年增加，成为主要饲用作物之一。牧草产业发达国家的牧草生产除了满足国内需求，还大量出口。例如，美国苜蓿草粉和草捆每年的出口金额已超过5000万美元，国内草产品以及畜牧产值相加可达到上千亿美元，草地农业已成为美国农业的主要组成部分，为美国带来了巨大的经济效益。

（二）根据养殖业发展需求调整种植业结构

发达国家以养殖业为主导进行农业结构调整，形成了种植业和养殖业良性循环。为了满足养殖业对饲草料的需求，其种植业结构已发生显著变化。美国为了支撑养殖业发展，努力扩大在国际上有竞争力的玉米生产，促进高粱、燕麦的发展并转化为饲料。2012 年美国饲料用作物的种植面积和产量不断创出新高，玉米种植面积约为 3900 万 hm^2，大豆种植面积为 3079 万 hm^2，牧草种植面积基本维持在 2005 万 hm^2，人工草场在全部草地面积中的比重已达 15%。种植业在欧洲农业中一定程度上是从属于畜牧业的，其主要任务是保证畜牧业有可靠的饲料基地。欧洲畜牧产值一直维持在占农业总产值的 50% 以上。在所占比例不到 50% 的种植业中，生产结构也随着养殖业发展与产业化经营的进程不断优化，人工草场和青贮玉米面积迅速增加。

（三）通过规模化促进饲草种植的现代化

规模化是种植业实现集约化经营、标准化生产和产业化开发的基础，发达国家已把推进适度规模经营作为发展现代农业的理性选择，20 世纪 60 年代以来，都不同程度地采取了扩大农户种植经营规模的做法，以促进种植业现代化发展。从运营状态看，这些国家均注重建立农业经济合作组织，优先发展农用机械工业，充分依靠科技进步，注重提高劳动生产率和土地产出率，实现机械化作业、集约化经营。

（四）建立强大的农民合作组织推进产业化进程

农民合作组织的发展在国外已有 150 多年的历史，已成为市场经济条件下发展农村经济的一个重要组成部分。以美国大农场为代表，在大农业基础上采取跨区域合作社模式是当今西方发达国家农业合作社运作的基本模式。农业合作经济组织形式多种多样，有农业合作社、农工商联合体、联营制等，以共同销售为主，一般一个专业合作社只经营一种产品，对该产品进行深度开发。这种开发不仅包括销售，而且包括运输、储藏，以及产品的初加工和深加工，充分体现了大农业产业化、现代化的特点。发达国家农民合作组织的建立与发展都具有以下几点共同特征：①农民合作组织与农场是平等、独立的关系；②农民合作组织是自发形成的服务性组织，具有相对完善的组织管理制度；③在减少政府过多干预的基础上依靠市场推动；④政府强有力的政策支持和帮扶；⑤发达的农民教育培训体系。

（五）制定健全的法律法规确保种植户利益不受损害

发达国家健全的法律法规对于保护农户的积极性、保障饲草料及养殖业生产安全、提高农业生产力等都发挥了重要作用。其主要措施有以下几点：①政府注重基础性投入，将草场资源的保护和科学技术的推广作为支持的重点内容；②补贴方式由价格支持转向收入支持，补贴环节由流通领域转向生产领域，从而减少直接价格补贴对农产品市场供求的扭曲效应；③补贴重点是农业生产要素，注重提高农业生产能力；④高度重视环境保护和食品安全。

三、主要启示

（一）提高牧草产业的地位是推动种草养畜产业发展的前提

长期以来，受"以粮为纲"传统观念的影响，我国饲用作物的生产没有得到足够的重视。从目前的状况来看，近年来畜牧业质量和安全问题突出，有力拉动了国内对优质饲草料的需求，使得进口量迅速上升，对国外市场的依存度加大；从未来发展趋势上看，以目前耕地减少速度和人口增加率估计，到 2030 年，靠有限的耕地难以满足 16 亿人口对粮食的直接和间接需求，这就要求我国减少饲养耗粮畜，增加草食畜，将人类不能食用的草、农副产品等转化为人类可利用的畜产品，有效缓解资源的短缺。所以，重视牧草产业的地位，调整种养业结构，有计划地完善牧草产业体系的建设是形势发展提出的迫切要求。因地制宜发展牧草产业，逐步从传统农业生产中分离出来，使之成为一个独立化、专业化的产业，注重产前、产中和产后的链接，带动、促进一系列产业链的发展，从而提高整个农业系统的效率是非常必要的。

（二）推进牧草产业适度规模经营是种草养畜产业发展的方向

从国外经验以及发展趋势来看，发达国家草地农业经营模式虽然各不相同，但扩大规模和生产集中化是牧草产业发展的共同特征。根据我国人多地少的国情，美国、加拿大、澳大利亚、新西兰的现代大型农场发展模式或不可取，但欧盟各国、日本的中小型家庭农场发展模式有利于我国在土地、资金、技术等资源制约下，通过适度规模化促进农业现代化的实现，较好地解决农村就业问题和提高生产效率。借鉴他们的经验，在我国农区通过家庭农场、种植大户等适度规模发展饲用作物，拓展青贮饲料和青干草原料来源，保障草食家畜饲草料的全年均衡供应，促进草食畜牧业的持续健康发展，应是我国未来现代农业的发展方向。同时，在具备天然草原的地区也应改变目前的放牧方式，学习澳大利亚、新西兰经验，引入科学技术，发展可持续的现代化草原畜牧业。

（三）保障牧草数量质量安全是发展种草养畜产业的核心

近年来随着我国草食畜牧业的发展，草种和草产品需求量呈快速增长的趋势，但我国草产品生产水平低，国产草种和饲草产品数量严重不足，且质量较差，优良草种和优质草产品数量的短缺导致对国际市场的严重依赖。在2008年奶业"三聚氰胺"事件后，进口草种和饲草产品市场占有率不断增加，国际市场在一定程度上制约了我国草食畜牧业的发展。加快研发适宜我国环境的牧草品种，发展国内饲草料产业，提高生产效率，加大生产量是目前需要解决的首要问题。在牧草收割和调制过程中造成的发霉腐烂、农药残留及病虫害等问题，使得草产品产量和质量降低，直接影响下游畜牧产品的质量，这也是当前我国牧草产业普遍存在的问题。保障牧草数量质量安全已成为发展草食畜牧业的核心，完善相应的草产品质量标准，加强饲草产品的监管迫在眉睫。牧草种子是发展牧草生产的重要物质基础，需尽快建立起我国牧草种子质量监督检查机构网络，制定各项种子检验制度，保证种子生产者、使用者和销售者的利益。同时，还应注重检验人员素质的培养提高，加强业务培训，提高业务水平，定期进行资格审查，以保证种子及草产品检验工作的质量。

（四）依托科技支撑是促进种草养畜产业快速发展的关键

牧草产业发达国家对草产业科学研究工作十分重视，不仅科学研究机构和科研人员稳定，而且经费充足，研究手段先进，研究内容紧密结合生产。

首先，发达国家都重视研究机构的建立与投入。例如，新西兰有 6 个专门研究山地草原改良的草原研究站、3 个土壤化验中心，政府每年为其提供充足的经费；澳大利亚的科研机构分中央和州两级，都建有仪器设备完善的实验室和试验农场，广泛应用计算机、激光、红外线等先进技术设备。其次，重视牧草品种的创新。例如，美国农业部、各州的农业实验站、各州的州立大学，以及各大种子公司都投入了大量的人力和经费进行牧草品种选育，每年有几十个牧草新品种问世。再次，建立完善的科技推广体系。例如，美国拥有联邦农业推广部、州农业推广局、镇农业推广经理及农业推广负责人等多级牧草推广系统，形成了一套完整的牧草研究与推广应用网络，使得科技成果的转化率在 60%以上。目前，我国科技在牧草产业上的贡献率与发达国家相比还有相当大的差距，主要原因是科研系统的建设不完整，科技推广体系不健全。因此，应在加大科技投入的基础上，进一步完善牧草科研机构和推广体系的建设，大力推进牧草科技的自主创新和推广应用，从而引领牧草产业成为一项由科技支撑的可持续发展产业。

（五）加大资金投入和政策扶持是保障种草养畜产业持续健康发展的必要条件

政府提供政策和资金支持是对本国农业扶持与保护的主要手段，可以对农业的发展起到导向和保护的作用。欧美等国对畜牧业的支持政策主要有四大类：一是政府基础性投入政策；二是收入支持政策；三是价格支持政策；四是促销计划投入政策。发达国家对本国畜牧业的支持力度大、支持手段灵活多样、支持范围广。例如，欧盟畜牧产业从事者的收入中，40%以上来自于政府的资助；美国的支持体系包括价格支持、直接补贴、出口促进、粗放化经营补贴、牧场补贴、草场保护补贴等，几乎包括了生产、储存、销售的各个环节，形成了多手段的支持体系（翟雪玲和韩一军，2006）。长期以来，我国对农业的投入主要集中在种植业领域，专门针对牧草产业的支持很少，而且政策零散，没有形成一个较为完善的政策支持系统。我国对种草养畜产业的政策支持还处于起步阶段，应加强相关的基础研究和政策研究，系统了解国内现有状况及存在的问题，深入研究发达国家的发展经验，再根据我国目前的状况，针对不同畜产品和牧草产品的特点及面临的形势，采取多种政策支持和资金投入形式，逐步建立和健全相互配套的支持体系。

第六章 西南农区发展饲用作物、调整种植业结构的效价评估

发展饲用作物，调整种植业结构是一项覆盖面广、结构复杂、难度较大的系统工程，涉及区域资源环境特点、农业技术水平、农业产业状况、市场有效供求、各方经营主体特点、民族特色与饮食文化、种养习惯等多种要素。在对西南农区发展饲用作物、调整种植业结构现状和潜力分析的基础上对其进行效价评估，客观地分析其在经济社会方面的有效性、资源生态上的可行性，一是可为中央、地方各级部门制定相应配套政策提供决策依据，二是可为企业和农户经营提供参考。因此，对西南农区发展饲用作物、调整种植业结构的经济效益、生态效益、社会效益和资源利用效率进行分析论证，具有迫切的现实需求。

一、经济效益分析

（一）饲用作物与主要粮油作物比较

西南农区以收获籽实为主的粮油作物产量较低、质量较差，而种植饲用作物产量高、效益好。以饲草玉米为例，四川、重庆、西藏等地的典型试验结果表明，饲草玉米每年可收割 2～3 次，第 1 次刈割亩产鲜草 6t 左右，最高可达 12.6t。从饲草玉米和主要粮油作物的成本收益对比分析可以看出，农户种植饲草玉米的净利润和成本利润率均高于粮油作物（表 6-1）。采用 TOPSIS 法对种植饲用作物与主要粮油作物的效益进行分析，饲草玉米、水稻、玉米、油菜和小麦的贴近度值分别为 0.929、0.146、0.105、0.078 和 0.074，按贴近度最大为最优的原则评价，种植饲草玉米效益最佳，水稻次之，玉米和油菜再次，小麦最差，与利用净利润和成本利润率分析的结果一致。进一步分析表明，种植饲用作物的经济效益明显优于种植粮油作物。

表 6-1　饲草玉米和主要粮油作物成本收益分析比较

项目	单位	饲草玉米[①]	水稻	小麦	玉米	油菜
主产品产量[②]	kg/亩	5000.0	511.9	249.1	426.8	159.1
产值合计	元	3000.0	1259.4	536.6	970.2	712.4
总成本	元	1108.8	826.2	688.7	790.9	684.7
净利润	元	1891.2	448.6	−137.1	190.5	39.4
成本利润率	%	170.7	54.3	−19.9	24.1	5.76

注：① 饲草玉米产量为'玉草 1 号'刈割一次的平均产量，价格和成本来自自贡市大安区实地调查；主要粮食作物成本收益为四川省农产品成本收益资料汇编（2012）数据；

② 主产品产量是指作物的主要收获产品，饲草玉米为营养体（鲜草），粮食作物为籽实。

据 2011～2012 年贵州省草业研究所试验资料，"青贮玉米双季＋多花黑麦草"种植模式、"单季春玉米＋冬小麦"和"单季春玉米＋油菜"种植模式产量如表 6-2 所示。

表 6-2　不同种植模式产量

种植类型	青贮玉米双季＋多花黑麦草	春玉米＋冬小麦	春玉米＋油菜
产量	鲜草 12t/亩	玉米籽 400kg/亩	玉米籽 400kg/亩
		小麦 350kg/亩	油菜籽 150kg/亩

按 2012 年粮食和饲用作物市场价格，"青贮玉米双季＋多花黑麦草"种植模式每亩产值为 4200 元，"春玉米＋冬小麦"每亩产值为 2240 元，"春玉米＋油菜"种植模式每亩产值为 1900 元，饲用作物种植模式分别比"春玉米＋冬小麦"和"春玉米＋油菜"种植模式亩增产值 1960 元和 2300 元。

（二）农户不同种养模式比较

为了深入了解种草养畜的实际经济效果，并在农业种养模式间进行比较，2012～2013 年，项目组对四川省洪雅县"草-奶牛"，大安区、射洪县、西充县"草-肉牛"，简阳市、乐至县、顺庆区"草-肉羊"，资中县"粮-猪"模式进行调查。通过对调查数据的统计处理，得出不同地区不同种养模式的平均经济总收入（表 6-3 和图 6-1）。

表 6-3　不同种养模式的经济总收入比较　　　　　　　　单位：元

种养年份	种粮	粮-猪	草-奶牛	草-肉牛	草-肉羊
2008	6 723	17 650	21 238	18 035	12 027
2009	7 158	14 704	31 730	22 265	19 378
2010	7 549	12 063	43 170	28 708	30 630
2011	7 916	18 355	64 702	37 268	42 023
2012	8 237	21 940	92 090	53 279	76 830

注：各生产系统以一户农户（劳动力 2~3 人）为基准，生产过程中土地、劳动力不增加。

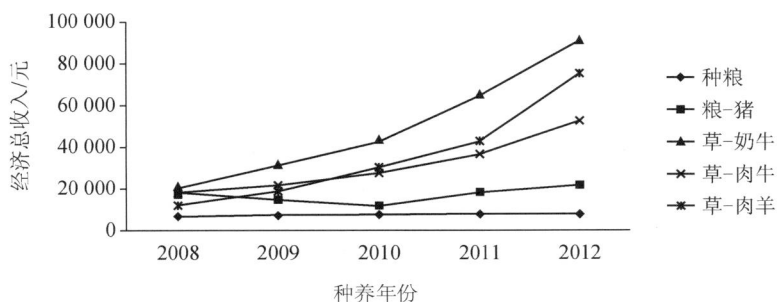

图 6-1　不同种养模式经济总收入趋势图

　　结果表明，2008~2012 年调查地区种植粮食作物的经济收入年增长率为 5% 左右，生猪养殖的经济收入虽然高于粮食作物，但波动较大，风险较高，而种草养畜的经济收入一直处于快速增长阶段，经济收入年增长率平均达 50%~60%。采用 TOPSIS 法对农业不同种养模式的效益进行分析，"种粮"、"粮-猪"、"草-奶牛"、"草-肉牛"和"草-肉羊"等 5 种种养模式的相对贴近度分别为 0、0.268、1.000、0.577 和 0.628，按贴近度最大为最优的原则评价，"草-奶牛"模式效益最佳，"草-肉羊"模式次之，"草-肉牛"模式和"粮-猪"模式再次，单纯的"种粮"模式最差，与利用经济总收入作趋势图得到的分析结果一致。进一步分析表明，种草养畜的经济效益明显优于种粮养猪和单纯种粮。

（三）以草代粮养殖畜禽效益分析

1. 种草养牛效益

　　据云南省洱源县试验，奶牛饲喂苜蓿，产奶量提高 20% 以上，节约精饲料 30%，受胎率提高 3%~5%。云南省西畴县柏林乡、会泽县新街乡、嵩明县嵩阳镇已出现一大批种草面积占耕地总面积 60%、年出栏肉牛 50 头以上的规模养殖户，农户种草养牛户均收入在 10 万元左右。

四川省洪雅县奶牛产业经过多年的发展，已经成为当地发展农业经济的重要支柱产业。据调查统计，该县农民种草养奶牛纯收入近亿元，种草养奶牛农户平均收入 1.2 万元以上，最高达 16 万元，种草养奶牛的经济效益是传统农业的 4～5 倍。"一家几头牛，三年一幢楼"在当地已成为现实，80%以上的种养户都修建了楼房，农村面貌发生了翻天覆地的变化。

四川省大安区庙坝镇利用自身优势，积极发展种草养肉牛产业，已成为有名的"川南肉牛之乡"。2008 年至今，庙坝镇镇政府以政府补贴和金融机构贷款等形式投入肉牛发展资金 300 余万元，带动 2169 户农户种草养牛，建成养牛合作社 101 个，常年存栏肉牛 15 000 余头，出栏肉牛 7000 余头，每头牛的养殖利润达 1200 元以上，全镇每年仅种草养牛产业就创收上亿元，种草养牛年纯收入达 1200 多万元，农户人均种草养牛收入达 6000 元左右。

云南省西畴县柏林乡种草面积占耕地总面积的 60%以上，已出现一大批年出栏肉牛 50 头以上、年纯收入十几万元的规模养殖户。会泽县新街乡、嵩明县嵩阳镇回辉村已成远近闻名的养牛乡、养牛村，农户种草养牛户均收入在 10 万元左右。

2．种草养羊效益

四川省简阳大力发展肉山羊养殖产业，使其成为资阳全市畜牧业中的特色优势产业。2011 年全市存栏肉羊 58.56 万只，出栏肉羊 135 万只，实现种草养羊收入 12 亿元，肉羊产值占畜牧业总产值的 26.67%。农民人均实现种草养羊收入 1000 元，每出栏一只肉羊可获纯利 400 元，人均实现种草养羊纯收入 596 元。

四川省乐至县积极发展黑山羊养殖产业，2011 年全县养羊收入 7.191 亿元，农民户均实现养羊收入 3029.24 元，农民人均实现养羊收入 864.35 元。其中，大自然农牧有限公司以"公司＋合作社＋农户"的模式进行黑山羊规模化养殖，在乐至县的童家、中天、中和、双河 4 个乡（镇）及大英县、安岳县等发展寄养、联养户 3000 户，年寄养黑山羊 2.5 万只，带动寄养户种草养羊户均增收 6000 元，人均增收 800 元。2011 年，天龙羊业合作社辐射带动回澜镇 260 余户农民养殖黑山羊，社员年均收入 4500～11 000 元。

贵州省晴隆县大力发展草地畜牧业，2007～2011 年实现畜牧总产值 8910 万元，养羊户年均增收 9000 元，年人均纯收入 2000 元，参与养羊 3727 户全部脱贫。

云南省会泽县新街乡 2004～2006 年牧草种植面积达 1722.7 hm^2，收获鲜草 14.9 万 t，增加肉羊饲养量相当于 1.02 万个牛单位，按 1 个牛单位 2000 元计算增值，新增产值 2040 万元。

3．种草养兔效益

利用饲用作物养兔可以节约饲料成本投入，达到增加收益的效果。例如，利用黑麦草养殖肉兔，黑麦草作为青饲料占到每只成年兔日粮的 70%，每天只需 100～150g 精饲料，而且黑麦草亩产达 4～5t，按每千克黑麦草节约饲料费用 0.4 元计，每亩黑麦草可节约饲料成本 1600～2000 元。2010 年，四川省彭山县武阳乡茯苓村种植饲用作物发展肉兔养殖，先后发展养殖户 216 个，出栏肉兔 10 万多只，全村靠种草养兔人均增收 500 多元。

2008 年，四川省乐至县中和兔业合作社发展 52 户合作社员，出栏獭兔 2 万只，盈利 50 余万元；2011 年在中和场镇发展规模养殖 30 户、散养 150 余户，出栏獭兔 10 万只，获纯利 300 万元。

四川省洪雅县中保镇史华村农户利用桑树空行种植黑麦草养殖长毛兔，每亩套种地的黑麦草可养殖 100 只长毛兔，纯利润达 7000 元以上。

4．种草养鹅效益

地处冷凉高海拔山区的云南省楚雄市树苴乡马家村自 1989 年全村开始种植优质牧草养牛、养鹅以来，草食畜牧业发展很快。2001 年，仅养鹅经济收入户均增收就达 2333 元。经调查，1 亩优质牧草地可承载 50 只肉鹅，年出栏 4～5 批，扣除鹅苗、精料、人工等成本后，每养 1 只鹅育肥后出售或腌制腊鹅，可增收 20～30 元。

5．种草养鱼效益

云南省嵩明县嵩阳镇部分农户利用冬闲田、鱼塘池埂和坡耕地种草养鱼取得了明显的经济效益，每个农户养鱼的年收入都在 10 万元左右。据测算，种植的紫花苜蓿、一年生黑麦草，一般每 20kg 饲草可生产 1kg 草食性鱼类，获经济收入 12 元左右。

二、生态效益分析

（一）改良土壤，提高地力

种植饲用作物能显著改善土壤的理化性状，培肥土壤，提高地力。重庆市万州区五桥河流域饲草玉米生态篱实验研究数据表明，相较于天然草地，饲草玉米种植地土壤容重减少 $0.19g/cm^3$，土壤通气状况显著改善，土层储水量每公顷增加 78.94t，土壤有机质含量比天然草地高 17.45%。另据贵州省草业研究所 2007 年在独山县进行的青贮玉米与拉巴豆套种改善土壤理化性质试验，土壤容重比玉米单播地减少 30.07%，孔隙度增加 16.60%，渗透速率提高 45.45%，毛管饱和含水量提高 13.47%，田间最大持水量增加 25.68%。云南农区种植紫花苜蓿的实践表明，种植 3 年的紫花苜蓿土地，大于 0.25mm 土壤团粒结构增加 32.34%，土壤孔隙度增加 9.06%，土壤容重降低 $0.24g/cm^3$；种植 4 年的苜蓿地，土壤有机质含量提高 20.3%，速效氮含量增加 25%，每公顷土地残留的根茬累计增加土壤氮素含量33.3%，且根茬中约含214.5kg N、34.5kg P_2O_5 和 90kg K_2O；建植 7 年的紫花苜蓿草地，0～40cm 土层有机质含量提高 28.43%，全 N 含量提高 42.45%；随着紫花苜蓿种植年限的延长，耕层土壤有机质、速效养分含量逐渐增加。利用豆科牧草开展草田间作、套种、轮作可以提高土壤氮素总量，减少化肥施用量，在一定程度上可减轻农田化学污染。此外，牧草庞大的根系及其分泌物有助于消化、分解土壤中过多的硝酸盐类物质，可减轻农田地表水体污染。

（二）保土蓄水，减少水土流失

饲用作物生物篱的水土保持效益显著，因为饲用作物根系发达，可以固持土壤，并使土壤团粒水稳性、土壤分散特性和土壤团粒结构得到明显改善，有效控制土壤表层和浅层不稳定性，提高土壤的抗蚀性。重庆市万州区五桥河流域饲草玉米生态篱实验研究数据表明，饲用作物削减土壤侵蚀量和减少地表径流量的幅度分别达 41.41%～75.20% 和 35.71%～57.05%，在短历时、高强度降雨时，其滞流减沙作用尤为明显。同时，饲用作物通过对坡面泥沙的有效拦截，减少了侵蚀泥沙中携带的养分流失总量，对水土保持至关重要。研究资料显示，30°左右的山坡地，不同作物年土壤总流失量分别是：早熟禾草地为每公顷 0.075t，灌丛禾草地为每公顷 1.2t，玉米地为每公顷 331.3t，棉花地为每公顷 426t。在降水量多时，牧草的保土能力为作物的 300～800 倍，保水能力达到 1000 倍左右，且草地截水量是降水量的 60%～80%。由此可见，种植饲用作物，开展"粮-草"合理间作、"果-草"合理套作，可以起到减少水土流失、保护农区耕地、涵养水源的作用。

（三）固碳减灾，净化自然环境

大多数饲用作物都是很好的地被植物，不仅能美化生活环境，而且还能吸收、吸附空气中的 CO_2 与灰尘，稀释、转化大气有毒物质。据测定，每平方米草地每小时可吸收 CO_2 1.5g；刮 3～4 级风时，裸地上空的尘埃浓度是草地的 13 倍。饲用作物具有较强的减少碳排放、释放氧气、调节区域小气候的功能，从而有利于气候环境改善。据研究，牧草尤其是多年生黑麦草，可分解水和土壤中的酚、氯化物、硫化物，净化空气和水土。饲用作物对农业生产生活废弃物处理也可起到重要的作用，降低畜禽废弃物对环境的污染，美化了人们的生活环境。由于饲用作物根系发达，抗寒耐涝，分蘖能力强，抗倒伏，在发生寒潮低温、暴雨洪涝、大风等自然灾害时，还可抵御自然灾害的恶劣影响，减少灾害损失。

三、社会效益分析

（一）保障食物安全，提高居民生活质量

深化种植业结构调整必然推动养殖业结构转变。种草养畜的持续发展，

将深刻改变西南地区农业产业结构，提高居民生活质量。饲用作物种植面积不断扩大，农业种植结构由"粮-经"二元结构向"粮-经-饲"三元结构优化，养殖结构由"一猪独大"向草食畜牧业过渡，一方面缓解了饲料用粮的巨大压力，保障了粮食的安全；另一方面，食品结构的转换也给国民提供了健康安全的食物消费。与此同时，种草养畜协调发展将推动养殖业由耗粮型向节粮型转变，有利于解决"粮-猪"二元经济发展的矛盾，使种养产业走上又好又快的持续发展之路。

（二）就地转移劳动力，增加农民收入

发展草地生态畜牧业是一场土地利用方式的变革，土地利用性质发生的变化，必然会带来生产要素的流动和劳动力投向的变化。由种粮食到种草养畜，对劳动力的需求相对增加，加上经济收入较高，必然会吸引外出打工的农民回乡创业，实现劳动力的就地转移，解决当下农村发展的诸多社会问题。据实地调查，云南省昆明雪兰牛奶有限责任公司以"公司+合作社+农户"的生产模式带动了周边县（区）大力发展饲用作物，种草养畜蔚然成风。该公司除解决了原昆明市牛奶公司、昆明市一农场、昆明市二农场、昆明市三农场、昆明市红星农场、昆明市乳畜研究所、昆明市农垦总公司、云南省种畜场奶牛场绝大部分职工的就业问题外，还就地转移农区剩余劳动力上千人。种草养畜脱贫致富效应激发了更多的农民及干部开发丘陵山区、种草养畜的热情。云南省丽江市玉龙县拉市乡一直以"果园种草"、"稻-草轮作"等方式，推广利用一年生黑麦草、苜蓿等优质饲用作物，发展"果-草-畜"种养产业。饲用作物种植既提高了耕地复种指数，又保证了畜产品质量安全，使该乡畜牧业走上一条健康、规范、标准、生态的发展道路，实现农业增效、农民增收、企业增益，同时转移了农村剩余劳动力。一批批的农户成为种草养畜专业户（或兼业户），为民族地区的经济发展与社会稳定奠定了基础。

（三）规模化、产业化经营，有利于实现农业现代化

伴随工业化、城镇化深入推进，我国农业发展正在进入新的阶段，呈现出农业综合生产成本上升、农产品供求结构性矛盾突出、农村经营体制加速

转型的态势。以发展饲用作物，引领种植业结构调整，促进草食畜牧业发展，不但能满足西南农区农牧产业发展的战略需要，而且有利于实现本地区农业发展同现实产业需求接轨，从而达到农业现代化和城镇化的同步发展，在经营模式、生产体制、产业发展等方面为西南农区乃至国内其他地区农业发展树立典范。随着种养结构调整规模和力度的不断加强、种草养畜的快速推进，西南农区草食畜牧业规模化、商品化水平不断提高，将引领当地农业向现代化方向迈进。

四、资源利用效率分析

（一）水热资源利用效率明显提高

西南大部分地区气候条件不利于籽实作物生产而有利于营养体作物生产，其天然草地产量是北方草地的4～6倍，栽培草地产量是北方栽培草地的2～3倍，可与新西兰草地媲美。因此，在西南农区建立优质高产人工草地和农田饲用作物种植区具有很高的物质产出效益和生产潜力。据2009年贵州省草业研究所在威宁县进行高产饲草周年高效生产种植模式物质生产和资源效率研究结果，饲用作物种植与"冬小麦＋夏玉米"种植模式相比，全年干物质生产率提高10.3%，能量提高12%，总辐射利用效率提高12.5%，热量资源生产效率提高22.5%，水分生产效率增加36.3%，说明种植饲用作物充分利用了光热资源，增加了作物生产的安全性，可充分发挥C4作物高光效潜力，最大限度地实现物质生产和产量高效的特点，比种植传统粮经作物具有更高的物质生产能力。中国农业科学院北京畜牧兽医研究所的研究结果表明，以饲料代谢能产量为衡量标准，每公顷青贮玉米的饲料代谢能产量是小麦（籽实）的5倍，是玉米（籽实）的3.4倍，是水稻（籽实）的2.2倍；以粗蛋白产量为衡量标准，每公顷青贮玉米的粗蛋白产量是小麦（籽实）的3.9倍，是玉米（籽实）的3.6倍，是水稻（籽实）的2.7倍。

（二）土地资源得到有效合理利用

根据欧洲发达国家的经验，坡耕地40°以上陡坡育林、40°以下缓坡种草是保护生态的土地合理利用格局。西南农区坡耕地面积占总耕地面积的比重极高，将坡耕地中的中低产田土种植多年生饲用作物可以提高土地的利用率和产出率，实现科学合理地利用坡耕地资源。其次，西南的低海拔平原及山间盆地，水稻收获后出现大量处于闲置状态的冬闲田，而利用这些冬闲田种植冷季性一年生饲草，建立轮作草地，提高土地利用效率，每年不仅可以生产大量的优质饲草，而且还可以向土壤提供一定数量的有机质，对后作粮食作物的增产非常有利。此外，将靠天吃饭的中低产田用于发展牧草或饲用作物，不仅能拉动整个农区经济，而且对资源的充分利用和生态环境的保护都具有重要的作用。再次，由于农村大量的劳动力外流，土地撂荒严重，在这些地区用直补或扶贫方式扶助农户种草养畜也是调动农民生产积极性和提高土地资源利用率的良策。

五、种草养畜综合效价评估

通过对西南农区发展饲用作物、调整种植业结构的经济效益、生态效益、社会效益和资源利用效率的比较分析，构建了西南农区发展饲用作物、调整种植业结构综合效价评估体系。该体系以效价评估指标为基础，利用层次分析法（AHP）（吴钢，2002；张丽娜，2006）确定指标权重，采用模糊综合评价法（FCE）（王丽梅等，2005；李建平等，2013）对该地区发展饲用作物、调整种植业结构综合效价进行多级模糊综合评价，结果见表 6-4（详细评估技术路线见专项咨询报告"西南农区发展饲用作物、调整种植业结构综合效价评估"）。

表 6-4　西南农区发展饲用作物、调整种植业结构综合效价评估结果　单位：%

评价项目	评估等级				
	优	好	较好	一般	差
经济效益	55.50	10.26	29.53	4.71	0
生态效益	41.05	29.97	16.18	12.80	0
社会效益	0	26.87	40.58	32.55	0
资源利用效率	23.30	40.04	36.66	0	0
综合效价	33.05	26.32	29.33	11.4	0

采用 AHP-FCE 模型，对西南农区发展饲用作物、调整种植业结构综合

效价的评估结果（表 6-4）表明，资源利用效率为"优"等级占 23.30%，"好"等级占 40.04%，"较好"等级占 36.66%，"一般"和"差"等级均为 0，按最大隶属原则，资源利用效率评估结果为"好"；生态效益为"优"等级占 41.05%，"好"等级占 29.97%，"较好"等级占 16.18%，"一般"等级占 12.8%，"差"等级占 0，按最大隶属原则，生态效益评估结果为"优"；经济效益为"优"等级占 55.50%，"好"等级占 10.26%，"较好"等级占 29.53%，"一般"等级占 4.71%，"差"等级占 0，按最大隶属原则，经济效益评估结果为"优"；社会效益为"优"等级占 0，"好"等级占 26.87%，"较好"等级占 40.58%，"一般"等级占 32.55%，"差"等级占 0，按最大隶属原则，社会效益评估结果为"较好"；综合效价为"优"等级占 33.05%，"好"等级占 26.32%，"较好"等级占 29.33%，"一般"等级占 11.4%，"差"等级占 0，按最大隶属原则，综合效价评估结果为"优"。

第七章　西南农区发展饲用作物、调整种植业结构的战略构想

发展饲用作物是我国西南农区现代农业建设的一项重大战略。为促进西南农区种植业结构调整与饲用作物发展，依据经济和社会发展规律，借鉴发达国家草地农业成功经验，结合西南农区实际，科学制定发展战略，对确保西南农区草食畜牧业持续健康发展，促进经济、社会、生态协调发展，推动农业现代化与全面小康社会建设均具有重要的意义。

一、总体思路

遵循 2014 年"中央一号文件"精神，坚持以科学发展观为指导，以农业的"转型、升级、提质、增效"为目标，以调整种养业结构为突破点，以发展饲用作物为抓手，坚持"种养结合，因地制宜，突破瓶颈，统筹推进，规模发展，经济、社会和生态协调统一"的原则，根据西南农区实际情况，借鉴国内外先进经验，在保障"粮食安全"的基础上，实施生态功能置换战略，根据草食畜牧业发展的需求，科学有序地推进种植业结构调整，逐步建立生态合理、经济高效的新型"粮-经-饲"三元结构体系，促进饲用作物的发展，保障优质饲草料的供给，推动草食畜牧业持续健康发展，实现农业增效、农民增收、产业增值、企业增益，促进该区经济、社会、生态效益同步协调发展。

二、基本原则

（一）坚持种养结合的原则

饲料生产是畜牧业生产的关键环节之一。增加草食畜禽，特别是肉牛、肉羊、奶牛的饲养量，是养殖业结构调整的方向和现代畜牧业发展的必然趋势，大力发展农区草食畜牧业是我国现代畜牧业的发展重点与必然选择。农区畜牧业的绝大部分饲料来源于种植业，农区畜牧业的发展反过来又要求种植业适应其种类与数量对饲草料的需求。显然，只有根据养殖业发展规模和

养殖的畜禽种类，制订相应的饲草料种植计划，选择适合的饲草类型，种植相应的面积，促使更多的植物产品更有效地转化为动物产品，增加植物产品的附加值，满足人们生活水平提高对动物性食品日益增长的要求，才有利于草食畜牧产业的可持续发展。此外，种植业为畜牧业提供饲料，牲畜粪便则做肥料，营养素在动植物之间良性循环，种植与养殖有机结合，两者相辅相成，既有利于解决养殖业造成的环境污染，又能降低生产成本，提高经济效益。西南农区种植业结构的调整，必须坚持种养结合，根据"所养"决定其"所种"，依据"所能种"推进其"所养"，才能实现种养互促，经济生态效益同步发展。

（二）坚持因地制宜的原则

发展农业最讲究因地制宜，农业结构的调整，应与区域经济、社会发展相适应，发展饲用作物，也必须与特定区域、特定发展阶段相适应。以四川、贵州、重庆为代表的西南多熟制农区，热量资源丰富但阴雨寡照，更适宜种植以利用营养体为主的饲用作物；在这些农区，还存在大量不适宜种植粮经作物的坡地、河滩地、冬闲田土及一定数量的撂荒地，可开辟种植以收获营养体、播种收获期弹性大的饲用作物，降低垦殖率，防止水土流失，保护生态环境，提高农民收入。同时，在贵州、云南石漠化地区，气候温润，雨量充沛，时空分布不均，耕地资源少，石漠化严重，是西南地区生态脆弱、亟待保护恢复的重点区域；该区大部分地方发展粮食生产，产量不高、不稳且加剧水土流失；发展饲用作物，可利用多年生木本饲用作物和禾本科饲用作物的密生特性快速恢复植被，有效防止水土流失，有利于恢复生态和大力发展草食畜牧业。此外，在四川、贵州、云南、西藏等省（自治区）少数民族聚居的广大农区，多为高海拔的高寒地区，许多以收获籽粒为主的作物，往往由于热量资源限制不能正常成熟，导致产量不高、不稳，若发展收获期弹性大、以收获营养体为主的饲用作物则更适宜。西南农区在发展饲用作物、调整种植业结构中，应坚持科学发展、因地制宜的原则，宜粮则粮，宜草则草。

（三）坚持经济、社会、生态协调发展的原则

可持续发展，环境友好，经济效益、社会效应、生态效益协调统一是现代农业的核心。经济效益为农业的发展提供动力与后劲，社会效益是发展农业生产的目的和稳定、协调发展的基础，生态效益是农业可持续发展的重要保证与必要条件。西南地区地处长江等大江大河的上游，是重要的生态屏障，但生态环境相对脆弱，亟须保护。更为重要的是，该区的生态环境直接关系着整个长江流域，保护长江上游的生态环境是国家自 20 世纪 90 年代以来一直致力推进的生态保护战略。西南农区发展饲用作物、调整种植业结构，应坚持经济、社会、生态协调发展的原则，按照"产业发展生态化，生态治理产业化"的基本思路，推进适度规模、种养一体化经营主体的发展，才可能实现该区种草养畜产业经济效益、社会效应、生态效益的同步增长和协调统一发展。

三、战略目标

西南农区种草养畜的实践表明，优质饲草料的供给已成为目前制约该区草食畜牧业持续健康发展的瓶颈因素。要解决好这一问题，近期（到 2020年）的目标是，在提高农作物秸秆资源、草山草坡资源及农作物加工副产品利用率的基础上，针对优质饲草料供应总量不足、结构不合理和季节性供应不平衡等突出问题，加快种植业结构调整，规划一部分耕地，利用冬闲田土、撂荒地、疏林地等，积极发展各类高产优质饲用作物，因地制宜集成、发展多种"粮-饲"、"经-饲"轮作及间套种植模式，基本满足草食畜禽鱼等传统养殖的需求，尽可能适应现代化养殖业发展的需要。

从长远来看，应根据资源禀赋优势和经济、社会发展需求，合理划分饲草料生产生态区，科学规划养殖业功能区，根据区域现代草食畜牧业发展对饲草料的需求，进一步优化"粮-经-饲"三元结构和饲用作物种植结构，实现区域化布局、专业化生产、集约化经营、产业化开发，使饲用作物生产能力和资源利用效率显著提高，达到农牧有机结合，产业综合发展；同时建立

更加完善的种草养畜科技创新体系和推广体系，提高科技对种草养畜的贡献率。经过 15 年左右（到 2030 年）的努力，建成高产优质、高效生态、环境友好的草食畜牧业饲草料配套保障体系、生产技术支撑体系，以及完善的社会化服务体系，促进西南农区草食畜牧业持续健康发展，把西南农区建设成为我国南方重要的现代化草食畜牧业基地。

四、战略重点

推进西南农区饲用作物发展和种植业结构调整，主要实施以下三大战略。

（一）"粮-经-饲"三元结构优化战略

受传统粮食安全观的影响，目前西南农区仍主要是以玉米、小麦、水稻等传统粮食作物和油菜、花生等经济作物种植为主的"粮-经"二元结构，饲用作物种植很少。而且，饲草料生产又主要是发展一年生黑麦草等禾本科饲草，缺乏豆科类饲用作物的种植和多年生饲用作物的开发。这就必然导致该区饲草料供给总量不足和结构不合理。因此，应首先进一步深化种植业结构调整，实施"粮-经-饲"三元结构优化战略。

1. 优化"粮-经-饲"三元结构，解决优质饲草料总量不足

根据生态特点和生产条件，进一步优化"粮-经-饲"三元结构。调整部分耕地用于一年生优质高产饲用作物种植，发展多年生禾本科、豆科混播常绿草地或（和）大力推广多年生、适宜多次刈割的新型优质高产饲用作物；充分利用秋冬闲田土和撂荒地，发展一年生黑麦草和其他优质高产饲用作物；因地制宜推行"粮-饲"、"经-饲"轮作或"粮-经-饲"高效间套种植。多元化、多模式发展饲草料生产，大幅度提高优质饲草料产量，解决优质饲草料总量不足。

2. 优化饲用作物种植结构，解决饲草料供应结构不合理

1）大力发展青贮玉米，适度发展适宜制作青干草的饲用作物

因地制宜大幅度增加青贮专用玉米、饲草玉米等适宜青贮饲用作物的种植，解决家畜冬春季饲草料严重缺乏问题；同时在光照充足、冷凉干燥地区

发展燕麦草，以及小黑麦、大麦、青稞、光叶紫花苕和箭舌豌豆等适宜制作青干草的饲用作物，提高青干草的自给水平。通过这两项有效举措，解决饲草料季节性不平衡问题，有利于圈养草食家畜冬季保肥、增膘，更有利于降低生产成本，提高养殖草食家畜的经济效益。

2）开发高蛋白饲用作物，弥补蛋白质粗饲料的不足

一是要加强其他豆科饲用作物新类型、新品种的研发，以满足发展新型饲用作物，调整种植业结构的需要，并探讨豆科与禾本科饲用作物混合青贮技术，提高青贮料的蛋白质含量；二是应加快粗蛋白含量较高的青贮专用玉米新品种的选育与推广利用，并在西南适宜地区发展苜蓿，提高蛋白源饲草料的比例，以弥补蛋白质粗饲料的不足。

3）发展新型优质饲用作物，拓展饲草料生产渠道

经过我国科学家的持续努力与不断创新，已研发出了多个适宜于西南地区种植的优质高产饲用作物新类型、新品种，如南京农业大学盖钧镒院士研发的饲用大豆、西南大学向仲怀院士研发的饲用桑、华中农业大学傅廷栋院士研发的饲用油菜、四川农业大学荣廷昭院士研发的饲草玉米等，这些新型饲用作物为西南农区发展优质高产饲草料奠定了物质基础，拓展了生产渠道。

高产优质多年生饲草玉米——玉淇淋草，是四川农业大学玉米研究所近年研发的又一新型饲用作物。玉淇淋草是玉米、大刍草和摩擦禾三物种的远缘杂交后代材料，具有产量高、品质优、抗寒、抗病、抗倒、植株分蘖和再生性强，以及在我国南方多年生、可无性繁殖等特性。玉淇淋草一年可刈割2~4次，年平均亩产一般在10t以上，高产地可达15t以上。粗蛋白含量平均为9.16%，茎叶嫩绿多汁，香味独特，用于青贮适口性好，是肉牛、肉羊等草食家畜的优质饲草料，具有很大的生产潜力和推广应用前景。在西南农区大力推广这一新型饲用作物，不仅有助于解决优质饲草料的不足和季节性不平衡问题，而且还有利于防止水土流失，保护生态环境，2013年、2014年在四川省自贡市和乐至县等地的印证试验中已初见成效，深受农户欢迎，纷纷主动要求扩大种植面积。

（二）适度规模推进战略

国内外实践表明，适度规模化发展是提高饲用作物种植效益，实现种草养畜产业"饲养生态化、生产机械化、经营组织化、发展产业化、生产标准化"的前提，是提高种草养畜综合效益的根本性举措，也是西南多熟制农区种草养畜产业的发展方向。为此，西南农区应采取以下战略举措推进种草养畜的适度规模发展，提高产业化水平。

1．大力培育饲用作物新型经营主体

加快培育饲用作物新型经营主体是推进西南农区饲用作物适度规模发展的一项重大举措。土地承包经营权主体同经营权主体分离是我国农业生产关系变化的新趋势，这对完善农村基本经营制度提出了新的要求，更为我国大力培育农村新型经营主体奠定了政策基础。在新的形势下，要提高饲用作物规模化种植、集约化经营水平，解决好目前西南农区发展适度规模种草养畜存在的主要问题，关键是要遵循2014年"中央一号文件"精神，构建以农户家庭经营为基础、合作与联合为纽带、社会化服务为支撑的立体式复合型现代农业经营体系，鼓励发展、大力扶持与城镇化进程和农村劳动力转移规模相适应、与农业科技进步和生产手段改进程度相适应，以及与农业社会化服务水平提高相适应的家庭农场、专业大户、农民合作社、产业化龙头企业等种草养畜产业新型规模化经营主体（中共中央、国务院，2014），实现"大园区、小业主"与"小群体、大规模"产业经营。通过种草养畜产业新型经营主体的培育，使种草养畜经营有效益，种草养畜产业成为有奔头的产业，吸引年轻人务农，培养造就种草养畜职业农民队伍，不断壮大经营主体。

2．创新"种养加销"利益联结机制

经济利益是一切经济活动和经济行为的实质与核心，也是农业产业化经营机制的核心。龙头企业与农户之间建立合理的利益连接机制是农业产业化经营的本质要求，也是企业与农户实现"双赢"的基础。目前西南农区在发展种草养畜产业过程中，虽发展有"家庭经营型、公司＋农户型（企业＋基

地、企业＋基地＋农户、企业＋协会/合作社＋农户等）、特殊生态区域的种养结合型"等不同种养经营模式，但"种养加销"各环节经营主体间没有从生产关系，尤其是从经济关系上形成稳定利益联结机制，严重影响了种草养畜的规模化发展和产业化经营，"种养加销"利益一体化联结机制亟须完善与创新。为此，一是要在坚持家庭承包经营的基础上，鼓励和引导龙头企业与基地农户建立稳定的产供销协作关系，大力发展订单农业，促进龙头企业与农户形成相对稳定的购销关系；二是要积极鼓励龙头企业以多种生产经营模式和利益联结机制，大力推进产业化，如通过股份制、股份合作制等形式，与农户在产权上结成更紧密的利益共同体，形成自愿互利、风险共担机制。同时完善相关的法律法规，从根本上保护企业和农户的利益，确保该区种草养畜产业化的顺利推进。

3. 推进饲草料生产的机械化与商品化

饲用作物生产的机械化是提高劳动生产率的最佳选择，饲用作物商品化是综合提高经济效益的必由之路。长期以来，饲用作物生产的机械化与商品化没有受到足够重视，其种植与加工、包装、储运多采用传统方法，机械化与商品化程度很低，这已成为制约西南农区发展饲用作物、调整种植业结构，推动草食畜牧业适度规模发展的又一关键因素。因此，首先必须加快适合西南农区生产条件和耕地特点的中小型农机具的研发，重点是加大收割、切碎、打包和加工、储运等农机具的研发力度；其次要研发相应的农机农艺融合技术，以适应机械化作业需求，推进饲用作物的规模化种植，实现集约化经营，推动产业化发展，提高种植饲用作物的效益；第三是制定各类草产品的质量标准和安全标准，提高产品质量，确保产品安全；第四是加强青干草加工技术、秸秆综合利用技术、不同类型和不同品种青贮技术，以及包装、储运技术等的研发，提高粗饲料的加工水平和商品生产率，综合提高经济效益。

4. 完善饲用作物新型社会化服务体系

以公共服务机构为依托、合作经济组织为基础、龙头企业为骨干、其他社会力量为补充，公益性服务和经营性服务相结合、专项服务和综合服务相协调的新型农业社会化服务体系，是西南农区种草养畜适度规模发展，实现产业化的重要支撑。然而，目前西南农区现有社会化服务体系组织不够健全，运行机制不够完善，服务内容和服务能力均不能满足饲用作物适度规模发展的需求。为此，一是要大力培育发展主体多元、形式多样、竞争充分的专业化、社会化服务组织，推行合作式、订单式、托管式等服务模式，同时利用合作经济组织与龙头企业自身优势，充分发挥其社会化服务职能；二是要制定相应的政策和法律法规，创造宽松的服务环境，提高社会化服务组织的积极性；三是要完善服务内容，拓展服务范围，提高服务能力，全方位提供土地承包、技术推广、产品加工、质量安全和经济信息、金融保险等服务；四是要加强对社会化服务组织的引导和监管，规范服务行为；五是要健全产品市场体系，形成信息反馈灵、流通成本低、运行效率高的农产品营销网络。

（三）科技创新驱动战略

科技是第一生产力。国内外实践已经证明，只有依靠科技创新，才能促进经济、社会快速发展；只有坚持科学推进，才能实现可持续发展。西南农区发展饲用作物、调整种植业结构，应大力实施科技创新驱动战略，提高种草养畜生产技术水平。

1. 搭建饲用作物研发平台，提高科技创新能力

西南农区发展种草养畜产业起步较晚，相关理论、技术储备与专业人才相对缺乏，科技在种草养畜中的贡献率较低。因此，一定要重视科技创新对发展饲用作物的巨大推动作用。为此，应搭建饲用作物研发平台，整合科技资源，优化科技要素，提高科技创新能力，并同时采取以下重大举措。第一，按照规模化、专业化、标准化、产业化发展要求，开展种草养畜相关政策及生产经营模式和运行机制研究，实现种草养畜生产经营模式及运行机制创新，并为有关政策的制定提供依据。第二，推进饲用作物新类型、新品种的选育和饲用作物推广应用新模式、新机制、新工艺的研发与集成，有效解决西南农区饲用作物良种良法配套和加工储运的关键技术问题。第三，针对饲用作物种管收储各关键环节的主要机械化难点，引导农机研究向重点、难点聚焦；

实施农机农艺融合，强化农机、农技、种子及科研、教学等部门专家的协同合作，开展品种改良、栽培技术、机械适应等试验研究，制定农机农艺相互适应的农艺标准和农机作业规范；支持农机研发人员开展科技创新，鼓励农机研发单位与种养业主联合开展科技攻关，加快中小型农业机具的研发进度。第四，加强饲用作物科技创新人才队伍建设，开展基层农技人员培训，造就一支年龄结构合理、专业技术过硬、学科门类齐全的专业技术队伍，通过对职业农民队伍的技术培训，提高饲用作物经营主体应用现代科技的能力和经营管理的水平。

2. 依托现代科技支撑，促进种草养畜产业经济、社会、生态效益协调发展

充分利用现代科技是加快产业发展、提高产业效益最为费省效宏的举措，依托现代科技支撑，有助于促进种草养畜产业经济、社会、生态效益协调发展。从生产角度看，西南农区发展饲用作物、调整种植业结构，应主要依托饲用作物优良新类型与新品种、轻简高效栽培技术、种管收和加工储运全程机械化等现代科技，大幅度提高土地产出率和饲草料的劳动生产率；从饲用作物规划、监测、管理与控制方面看，应利用数字化技术、网络信息技术、空间技术等现代信息化技术，进一步提高饲草料生产的科学管理水平，最大限度地优化生产投入和产出的效益；从环境保护与生态文明建设角度看，应遵循现代农业循环经济理论，综合应用现代科学知识与技术，构建"种草-养畜-产粪-肥地"良性循环生态系统，实现资源的高效利用，大幅度提高经济效益，减少环境面源污染。

五、对策措施

（一）提高认识、更新观念，引领西南农区种草养畜产业的发展

由于认识和观念问题，长期以来种草养畜没有受到足够的重视，要引领西南农区种草养畜产业的持续健康发展，政府和职能部门首先要更新观念，充分认识种草养畜对保障国家粮食安全、发展现代农业的重要意义及其显著的经济效益、社会效益和生态效益，将发展饲用作物摆到应有的位置，将地

区"粮-经-饲"三元结构建设纳入区域经济社会发展规划，报经省级人大批准，成为不因县、市领导人变更而改变的法定规划；同时将发展饲用作物、调整种植业结构，促进草食畜牧业发展正式列入各级政府的工作日程。其次，各级政府和农业主管部门要进一步完善农牧统筹与协同管理运行机制，根据区域法定规划做好顶层设计，制定鼓励和支持种草养畜发展的政策，充分发挥政策的导向作用。第三，加大宣传引导力度，通过典型示范、实地参观、科普宣传、技术培训等途径，使农民充分认识到种草养畜是有前景的产业，激发其种草养畜的积极性，主动发展饲用作物，调整种植业结构。

（二）根据生态特点科学区划，因地制宜发展饲用作物

科学区划是发展饲用作物、调整种植业结构的前提，是优化区域资源配置的基础。西南地区生态条件区域差异大，垂直分布明显，农业立体性强，不同的生态区适合种植不同类型的作物，并且该地区幅员辽阔，经济、社会条件区域差异巨大，不同区域草食畜牧业的发展状况也不尽相同。根据资源禀赋和生态特点，西南农区大致可分为以下三类不同的区域，即西南丘陵山地多熟制农区、云贵石漠化地区和西藏及四川甘孜、阿坝和云南迪庆三州高原农区。在发展饲用作物、调整种植业结构中，必须根据区域资源禀赋、生态特点进行科学规划，才有助于该区域发展饲用作物，调整种植业结构的有序有效推进和持续健康发展。

1. 西南丘陵山地多熟制农区

西南丘陵山地多熟制农区主要指长江上游沿线及武陵山、大巴山山脉一带的丘陵山区，包括四川、云南、贵州和重庆的182个县（市、区）。整个地区呈东高西低走势，东部以山地为主，西部以丘陵为主。该区的特点是：无霜期长、热量充沛、雨量充足、雨热同步、云雾多、日照少，适合以利用营养体为主的饲用作物生长；人均耕地少，在主要依靠耗粮型畜牧业为人们提供肉食品的传统模式下，"人畜争粮"和"粮饲争地"矛盾突出；该区为多熟制农区，农业生产以间套作为主，适宜多种模式发展饲用作物。通过多年的发展，该生态区已成为我国重要的农区，也是我国发展草食畜牧业的优势区域

之一。

　　根据上述特点，西南丘陵山地多熟制农区发展饲用作物、调整种植业结构，关键是要突破过去的传统思维定势，用草食畜牧业替代、至少部分替代耗粮型畜牧业，减少饲料粮用地，为发展饲用作物腾出一定空间。据此，应根据该区自然气候特点和生产条件，适当调整部分耕地，发展优质高产饲用作物；充分利用陡坡耕地、撂荒地、冬闲田土，以及大量的疏林地种植饲用作物。同时，因时因地、多种模式、多种方式实行"粮-饲"、"经-饲"轮（间、套）种植，增种饲用作物。通过综合举措提高优质饲草料总量，保障该地区粮食安全与饲料供应，实现种养互促、协调发展。

2. 云贵石漠化地区

　　云贵石漠化地区位于青藏高原和华南地区之间，包括贵州、云南大部、四川东南部及重庆东部等地区，土地总面积 115.33 万 km^2，其中石漠化面积超过 13 万 km^2。该区的特点是：多属亚热带湿润气候，无霜期长，热量丰富，雨量充沛，但时空分布不均；石漠化严重、耕地资源少，土壤多分布于石缝或岩溶裂缝，土块小、零碎，土壤瘠薄，植被覆盖率低，保水保肥能力差，水土流失严重，生态退化，环境恶化，自然灾害频发，是西南地区生态脆弱、亟待保护恢复的重点区域。

　　根据上述特点，云贵石漠化地区发展饲用作物、调整种植业结构，应以生态修复与保护为主，加强人工草场建设和自然草山草坡改良，并与石漠化治理、扶贫攻坚紧密结合；饲用作物的发展应以建设多年生、豆科禾本科混播人工草地为主，同时充分利用冬闲田土增种饲用作物，调整出一定数量土层较厚、土质较好的耕地，发展新型优质高产饲用作物。通过多种举措增加饲草料来源，缓解已建人工草地和改良草山过牧的压力，确保人工草地和改良草山的可持续利用，巩固石漠化治理已经取得的成果，进一步促进石漠化治理、生态恢复和扶贫攻坚的有机结合与协调发展。

3. 西藏及四川甘孜、阿坝和云南迪庆三州高原农区

　　西藏及四川甘孜、阿坝和云南迪庆三州高原农区主要包括西藏自治区中

部一江两河（雅鲁藏布江、年楚河和拉萨河）流域的拉萨市、山南地区、日喀则地区，以及四川省甘孜、阿坝和云南迪庆三州的部分地区。该区的特点是：海拔高，气温低，无霜期短，热量不足，气候多变，光照充足，降水量少；大部分为河流阶地，土地平整、集中，灌溉条件较好；人均占有耕地面积多，但经济发展相对滞后，粮油作物平均单产水平低，"粮食安全"仍处于"脆弱性安全"阶段，畜牧业发展处于瓶颈期，同时存在生态的不断恶化。

根据上述特点，西藏及四川甘孜、阿坝和云南迪庆三州高原农区发展饲用作物、调整种植业结构，应充分利用丰富的光照资源，重点发展粮草双高兼用作物；在提高粮油单产的基础上，进一步优化种植业结构，实现增粮增草；有效转变种植方式，推广粮草复种技术，实现稳粮增草；开发边际性土地，建立饲用作物种植新基地，实现增草增收；建设高原两用温棚，推行冬棚夏草模式，实现增草增畜。

（三）按照养殖功能区类型合理布局，因需制宜发展饲用作物

目前，西南一些地区已初步形成肉牛、肉羊养殖区，奶牛养殖区，家兔养殖区，以及草食禽类、鱼类养殖区等不同类型的养殖功能区。实践表明，不同的养殖类型和方式对饲草料的需求不同。因此，在发展饲用作物、调整种植业结构中，应按照因需制宜和种养结合的原则，不同功能区采取不同的饲用作物布局，并突出其重点与特点。

1. 肉牛和肉羊养殖区

大力发展青贮玉米和一年生、多年生、优质高产新型饲用作物如饲草玉米等，多途径发展青饲作物，缓解饲草料供给总量不足和季节性不平衡，并采取多种举措提高饲草料质量，为肉牛和肉羊的规模化发展及标准化养殖提供饲草料保障。

2. 奶牛养殖区

大力发展青贮玉米及禾本科青干草，适度种植青饲作物，以解决饲草料供给季节性不平衡问题；进一步开发适宜该区生态特点、生产条件的新型饲

用豆科作物，以解决高蛋白饲草料严重不足带来的营养不平衡问题。

3. 家兔养殖区

进一步开发纤维源替代作物，用其草粉补充或取代外调的苜蓿等草粉，降低家兔养殖生产成本；适度发展青饲作物，充分发挥青饲草料维生素含量高、种类丰富的优势，满足种兔正常生理和繁殖需求，保证种兔的健康，提高繁殖性能。

4. 草食禽类和鱼类养殖区

前者应进一步发展各种豆科、禾本科青饲作物，后者则应主要发展黑麦草、高丹草等禾本科青饲作物。

（四）加强饲用作物新类型、新品种研发，提高国产突破性品种的自给率

加强饲用作物新类型、新品种选育及种子繁育技术研发，是当前及今后解决西南农区发展饲用作物、调整种植业结构，促进草食畜牧业发展的又一重大举措。

首先要加强饲用作物种质资源发掘与利用研究，进一步发掘西南地区独特的高产优质、抗病广适、适宜机械化生产的饲用作物新类型；其次是充分利用西南地区饲用作物遗传多样性，加快越冬性或越夏性强、耐旱性或耐湿性好的豆科饲用作物，以及具有广泛适应性的多年生禾本科、木本豆科和适宜冬闲田土种植的饲用作物突破性新类型、新品种选育，解决国产突破性优质高产饲用作物品种匮乏问题，改变生产用种主要依赖进口的现状；第三，要强化推进优质高产、适宜机械化生产或轻简栽培的饲用作物新类型、新品种的选育，并注重相应配套栽培技术、加工利用技术的研发与推广应用；第四，针对西南现有粮经作物生产、畜牧生产及饲用作物生产的现状，结合地域特点，通过试验示范，积极探索适宜不同区域的牧草生产方式，遴选出优质高产饲用作物当家品种和配套种植模式及栽培技术，加快推广应用；第五，建立健全饲用作物良种繁育体系，加强种子生产技术研发，提高种子生产的产量与质量，降低生产成本。

（五）强化石漠化地区新建草地的科学管护与合理利用，实现可持续发展

云贵石漠化地区生态草地新建和草山草坡改良，在国家扶贫开发项目的大力支持下，经过以任继周院士为代表的科学家的长期攻关，已经取得可喜的进展。然而，由于管理不善和其他原因，云贵石漠化地区部分人工草地和改良草山尚未进入高产期即开始退化；由于利用不够科学合理，没有全面落实围栏划区轮牧（轮放）并超载过牧，导致其退化加速。新建草地和改良草山的科学管护与合理利用，是实现该区域生态恢复与农牧业可持续发展的重要途径。该区新建草地和改良草山的科学管护，主要包括加强草地除杂、施肥补种、病虫防治等举措。合理利用，首先要视草地牧草的生长情况，确定畜禽的投放量；其次，实行围栏划区轮牧（轮放）与圈舍饲养相结合；三是利用部分耕地，种植青贮玉米、饲草玉米等高产优质饲用作物，用于青贮，弥补优质饲草料总量不足和解决冬春严重缺乏饲草料的问题，以减轻人工草地、改良草山过度放牧的压力，巩固生态建设的成果。

（六）完善种草养畜科技推广体系，提升从业人员科技水平

西南农区现行农业科技推广体系存在组织机构不健全、运行机制与市场要求不相适应等问题，从业人员整体科技素质较低，应用农业科技能力较弱，对新的科技成果、新的技术信息反应较慢，吸收、消化能力较差，针对上述问题，应进一步完善种草养畜科技推广体系，提升从业人员科技水平。

以省（市、区）农业主管部门为主导，各级政府相关部门积极配合，以大专院校、科研院所为依托，以乡镇农牧推广站、龙头企业、农民专合组织、种养大户（家庭农场）等为骨干，建立健全集管理、科研与示范推广于一体，与市场相适应的科技推广体系，并保障其工作经费，改善基础设施，完善服务条件，提高服务水平。

科研院所、基层技术推广部门和种草养畜经营主体应分工明确、突出重点、互为补充、共促发展。以大专院校、省（市）两级科研院所为主的科技

部门，应着力开展饲用作物新类型、新品种的选育，以及种子生产、栽培管理、病虫防治、加工利用等研发工作；县、镇（乡）等基层技术推广部门应按照科技推广要求做好成果中试和示范推广工作，及时反馈饲用作物生产中的问题。种草养畜各经营主体主要是搞好成果的转化应用，将科技转化成现实生产力。

根据现代种草养畜产业发展需要，加大经费投入和培训力度，采取多层次、多途径、多形式对从业人员进行培训，室内培训与田间培训相结合，统一培训与单独培训相结合，关键技术学习和实际经验总结相结合，使培训形式和内容更贴近农户需要；开办种养技术信息网站，建立乡村图书馆，编写和赠送实用技术书籍，举行专家咨询答疑等，切实提高从业人员的科技素质和运用新科技的能力。

第八章　发展饲用作物、调整种植业结构，促进西南农区草食畜牧业持续健康发展的建议

为确保国家粮食安全和满足人们对食物结构改善日益增长的要求，发展草食畜牧业已成为发展现代畜牧业的必然选择。在 20 世纪 90 年代，国家已开始实施秸秆养畜项目（国务院办公厅，1996），继之又先后实施了退耕还林（还草）、草原生态治理、南方草山草坡建设等一系列重大工程（国务院，2000，2002a，2002b）。这些工程的实施，虽然推动了西南各省（自治区、直辖市）草食畜牧业的发展，但主要依靠草山草坡和秸秆资源解决饲草料来源，难以建设标准化生产、集约化经营、产业化开发的现代畜牧业。根据西南农区发展饲用作物、调整种植业结构的战略构想，建议将"调整种植业结构、发展种草养畜"纳入国家农业可持续发展战略规划，像种粮养猪一样加大对种草养畜的扶持，充分发挥西南自然资源与生态优势，把西南农区建设成我国南方重要的现代草食畜牧业基地。

一、制定西南农区种草养畜产业发展规划

（1）建议由农业部牵头，各省（自治区、直辖市）农业主管部门参加，制订适合不同生态功能分区及产业发展要求的西南农区种草养畜产业的总体发展规划。

（2）根据种草养畜产业总体发展规划，编制西南农区优质饲用作物区域发展规划，制订并细化适合各生态功能分区的种草养畜模式及不同模式下的优质饲草料解决方案。

（3）结合各区域种植业结构现状，根据草食畜牧业发展需求，制订种植业结构调整方案。

二、建立饲用作物西南研发中心

（1）建立饲用作物西南研发中心，整合科技资源，聚焦科技难点，针对

饲用作物产业发展理论指导不够和技术储备不足等问题开展科技攻关。

（2）加大饲用作物科技研发领域的项目经费投入，设立饲用作物新类型、新品种选育，优质高产栽培新技术、推广应用新模式和加工储运新技术等研发专项，集成具有产业化推广应用潜力的综合技术体系。

（3）加强饲用作物科技人才队伍建设，提高科技创新能力；加强基层农技推广技术体系骨干人员的技术培训，提高科技推广服务水平；加强新型经营主体骨干人员的职业培训，发挥其引领带动作用。

三、按生态功能建设国家级现代种养结合示范区

（1）根据种养结合总体发展规划，针对西南农区不同生态类型，在草食畜牧业发展优势区域建设"四川盆周山区及丘陵地区国家级现代种养结合示范区"、"云贵石漠化地区国家级现代种养结合示范区"、"西藏高原农区国家级现代种养结合示范区"，并明确各示范区的具体目标定位。

（2）统筹规划项各示范区市场流通体系建设，健全覆盖饲用作物收割、加工、运输、销售各环节的信息网络体系，开辟饲用作物现代化生产经营新途径。

（3）构建新型农业经营体系，探索"种养加销"经营模式及运行机制，为该区及国内其他地区种草养畜产业发展提供富有成效的经营模式及运行机制和可供借鉴的经验。

（4）加大对示范区及辐射区的经费投入，优先安排种草养畜产业发展配套项目，加强高标准饲草料生产基地及标准化规模养殖场等的建设，确保示范区出成果并及时得到有效的推广和应用，充分发挥其示范引领作用。

四、加大饲用作物种植基地基础设施建设投入

（1）在种草养畜重点发展区域，强力推进涉农项目资金的统筹整合，集中用于区域内交通、电力、水利、土地整理等基础设施建设。

（2）重点扶持饲用作物规模化新型经营主体建设晒场和加工、青贮、仓储、农机设备停放场所等基础设施，对所需用地优先安排指标，并简化审批

手续。

五、构建扶持饲用作物发展的政策体系

（1）完善种草养畜保险保障体系，降低种草养畜自然风险。适度提高规模化种植饲用作物的保险补贴标准和保额标准，启动饲草料目标价格补贴试点，探索制定饲草料目标价格保险政策（农业部产业政策与法规司，2014）。

（2）强化饲用作物发展金融支持。加大信贷资金向饲用作物适度规模新型经营主体的投放力度，探索建立多种形式的担保机制；由政府启动建立农业信贷合作组织，给予信贷合作组织一定的财政补贴，支持信贷合作组织向农民提供低息或贴息贷款，简化贷款手续；完善相关政策，建立民间融资保障机制，拓展融资渠道。

（3）建立并完善饲用作物种植奖励激励机制。完善对饲用作物新型经营主体的直接补贴政策，逐步配套并提高对种草大户的补贴标准，同时探索对土地流出农户的补贴办法，建立种草补贴同饲用作物生产量挂钩机制；制定对种草养畜大县的奖励政策，调动地方政府种草抓畜的积极性；实施饲用作物高产创建支持政策，推进饲用作物高产创建试点工作（农业部产业政策与法规司，2014）；建立对社会化服务体系的激励机制，对有利于推进饲用作物规模化经营的重点农事操作环节给予一定标准的作业补贴；鼓励和支持饲用作物规模化新型经营主体开展产品认证和品牌打造，在财政补贴上给予适当倾斜；制定并实施种草养畜有关税收减免政策。

（4）调整农机购置补贴结构。重点向农机合作社及农机大户倾斜，向饲用作物收获及加工等薄弱环节的农机具倾斜；开展农机报废补贴试点，鼓励农机及时报废更新和升级换代。

（5）制定相关政策，引导大型企业参与和支持发展种草养畜产业。探索建立大型企业租赁农户承包耕地准入和监管制度，给予财政专项资金倾斜，纳入农业重点工程建设，实施多种税收优惠政策，引导大型企业资本发展适合企业化经营的现代种养业，向种草养畜产业输入现代生产要素和经营模式。

主要参考文献

重庆市农业委员会. 2011. 重庆市农业农村经济发展第十二五年规划畜牧业发展专项规划(2011~2015 年).
　　渝农发[2011] 373 号

冯志强. 2002. 中国粮食经济问题研究. 香港: 世界文明出版有限公司

贵州省农业厅. 2011. 贵州省"十二五"特色农业发展专项规划

国家发展和改革委员会. 2008. 国家粮食安全中长期规划纲要(2008~2020 年)国发[2008]24 号

国家农业部产业政策与法规司 2014. 2014 年国家深化农村改革、支持粮食生产、促进农民增收政策措施.
　　2014-4-25

国务院. 2000. 国务院关于进一步做好退耕还林还草试点工作的若干意见. 国发[2000]24 号

国务院. 2002a. 国务院关于加强草原保护与建设的若干意见. 国发[2002]19 号

国务院. 2002b. 国务院关于进一步完善退耕还林政策措施的若干意见. 国发[2002]10 号

国务院办公厅. 1996. 农业部关于 1996~2000 年全国秸秆养畜过腹还田项目发展纲要. 国办发[1996]
　　43 号

洪绂曾. 2000. 谈谈饲料作物和牧草与种植业结构调整的问题. 作物杂志, (2): 1~4

胡腾云. 2011. 四川省坡耕地、坡改梯措施及效益分析. 水土保持应用技术, 5: 41~42

皇甫江云, 毛凤显, 卢欣石. 2012. 中国西南地区的草地资源分析. 草业学报, 21(1): 75~82

蒋高明. 2012. 中国社会科学网: . http://www. cssn. cn/news/610955. htm 生态农业是保障粮食安全的必
　　由之路. 2012-12-6

金涛, 尼玛扎西. 2011. 西藏农区饲草生产技术研究. 北京: ٦国农业出版社

李建平, 肖琴, 周振亚. 2013. 中国农作物转基因技术风险的多级模糊综合评价. 农业技术经济, (5):
　　35~43

马国玉, 袁洪方, 刘鹏军, 等. 2011. 现阶段我国牧草机械化的需求分析. 农机化研究, (2): 222~225

马金星, 张吉宇, 单丽燕, 等. 2011. 中国草品种审定登记工作进展. 草业学报, 20(1): 206~213

毛培胜. 2012. 四川省牧草种子生产经营调查报告. 国家牧草产业技术体系产业经济研究室研究简报, 4:
　　22~25

尼玛扎西, 禹代林, 金涛, 等. 2009. 西藏种植业结构调整与发展对策研究. 北京: 中国农业科学技术出
　　版社

饶应昌, 谭鹤群. 2000. 我国饲料资源的缺口原因及其对策的探讨. 饲料工业, 21(3): 5~6

任继周, 黄黔. 2011. 岩溶山区的绿色希望——中国西南地区草地畜牧业考察报告. 北京: 科学出版社

任继周, 李文华, 刘守仁, 等. 2013. 中国工程院院士建议. 第 18 期(内部资料)

任继周, 张志和. 2002. 中国农耕文化探源——兼论以粮为纲的文化基础. 中国近现代科学技术回顾与
　　展望国际学术研讨会论文集, 438~442

任继周. 2012. 草业科学论纲. 南京: 江苏科学技术出版社

四川省畜牧食品局. 2009. 2009年草原资源与生态监测报告

四川省畜牧食品局. 2011. 四川省畜牧业发展"十二五"规划

四川省农业厅. 2014. 发挥资源优势, 调整结构, 大力发展现代草地畜牧业——四川现代草地畜牧业发展调查报告. (4)2014-5-12

王丽梅, 邵明安, 郑纪勇, 等. 2005. 渭北旱塬农林复合系统环境评价指标体系研究与应用. 农业工程学报, 21(3): 34~37

吴钢, 魏晶, 张萍, 等. 2002. 三峡库区农林复合生态系统的效益评价. 生态学报, 22(2): 235~238

西藏自治区人民政府. 2011. 西藏自治区"十二五"时期农牧业发展规划

徐斌, 杨秀春, 陶伟国, 等. 2007. 中国草原产草量遥感监测. 生态学报, 27(2): 405~413

云南省农业厅. 2011. 云南省畜牧业"十二五"发展规划研究

闫琰, 王志丹, 刘卓. 2013. 我国粮食消费现状、影响因素及趋势预测. 安徽农业科学, 41(35): 13775~13777

翟雪玲, 韩一军. 2006. 发达国家畜牧业财政支持政策的做法及对我国的启示. 中国禽业导刊, (10): 15~19

张大龙. 2011. 对保障我国粮食安全问题的思考. 西部财会, (5): 76~79

张丽娜. 2006. AHP——模糊综合评价法在生态工业园区中的应用. 大连理工大学硕士论文

张英俊, 王明利, 黄顶, 等. 2011. 我国牧草产业发展趋势与技术需求. 现代畜牧兽医, (10): 8~11

赵永敢, 李玉义, 逄焕成, 等. 2010. 西南地区耕地复种指数变化特征和发展潜力分析. 农业现代化研究, 31(1): 100~104

中共中央、国务院. 2014. 关于全面深化农村改革加快推进农业现代化的若干意见. 中发[2014]1号

中华人民共和国农业部. 2011. 全国畜牧业发展第十二个五年规划(2011~2015年)农牧发[2011]8号

中华人民共和国农业部. 中国农业年鉴(1981~2012)

中华人民共和国商务部. 2009. 澳大利亚农业概况. http://www.Mofcom.Gov.cn/article/i/dxfw/nbgz/ 200904/ 20090406188419.shtml

周道玮, 孙海霞. 2010. 中国草食牲畜发展战略. 中国生态农业学报, 18(2): 393~398

周禾. 1995. 法国的草地农业. 世界农业, (11): 19~20

Canada Year book. 2011

USDA-national agricultural statistics service. 2011

第二部分 专题报告

专题一　调整种植业结构，促进四川农区种草养奶牛产业持续发展战略研究

——以四川省洪雅县为例

一、研究背景

（一）调整种植业结构，发展农区种草养奶牛产业的必要性

畜牧业产值在农业总产值中所占比重逐步提升是现代农业的主要特征，奶类在人们膳食结构中比例越来越大是人们生活水平不断提高的重要标志（李胜利，2008）。可是作为我国奶类主要生产基地的草山草原，近年来由于经营管理不善，超载过牧，已造成严重退化和生态系统功能的失调，禁牧减畜势在必行。此外，我国曾一度把大城市近郊作为发展奶牛产业的重点区域，但随着土地、饲料、动力价格的急剧上涨导致牛奶成本大幅度上升，尤其是环境污染日趋严重且难以有效解决，致使发展难以为继。实施生态功能置换战略，调整种植业结构，大力发展农区种草养奶牛产业，既是现实需要，也是发展必然。

（二）选择洪雅县进行四川农区种草养奶牛产业典型调研的代表性

四川是我国西南多熟制农区种草养奶牛的传统大省，2010年全省奶牛存栏数19.7万头，主要分布在丘陵平坝农区的洪雅、丹棱、彭山、邛崃、崇州、金堂、宣汉、旌阳、大安、涪城和雨城等20余个县（市、区）。目前正逐步向规模化集约化方向发展，但10头以下散养及10~49头小规模养殖数量仍占全省奶牛存栏数的近70%。四川省奶牛单产水平近年来得到提高，305天产奶量由2002年的3.9t提高到2010年的4.2t。然而，现阶段奶牛主要饲喂粮食、作物副产品和天然牧草，优质干粗饲料及青绿饲料缺乏，致使四川奶牛年平均产奶量仍低于全国平均水平。

　　洪雅县是四川发展现代畜牧业的试点县和全省调整种植业结构的示范县。该县依据自身生态、生产条件和区位优势，自 20 世纪 80 年代末以来，就开始调整种植业结构，把种草养奶牛产业作为该县发展草食畜牧业的重中之重，迄今已有 20 余年历史，目前"粮-经-饲"三元结构格局基本形成，至 2012 年 9 月，该县奶牛存栏数已达 4.7 万头，约占四川奶牛养殖总量的 25%，产业总值已占该县畜牧业总产值的 37.5%，这在四川乃至整个西南地区都是首屈一指，经过多年努力，该县已迈入全国奶牛产业十强县行列。

　　综上不难看出，洪雅县虽属农业小县，但确是种草养奶牛的大县。以该县为代表进行农区种草养奶牛产业的典型调研，探讨四川乃至西南多熟制农区发展饲用作物、调整种植业结构，促进种草养奶牛产业发展具有重要战略意义和推广应用价值。

二、国内外现代奶牛养殖对饲草料的需求及解决途径

（一）国外现代化奶牛养殖的饲料配比及解决途径

　　饲料是奶牛生产的基础，饲料营养是影响牛奶产量和质量的首要因素。为确保奶牛能够从每千克饲料中获得最大化的营养，提高饲料转化效率，必须给奶牛饲喂优质、消化率高的粗饲料，从而获得最高的产奶量和保证奶的优良品质。据有关报道，发达国家饲喂奶牛的粗饲料主要是优质苜蓿、青贮玉米和羊草青干草。以苜蓿青干草作为蛋白质来源，以一定数量精料和玉米青贮饲料作为能量来源，已经成为美国等发达国家农区奶牛饲料的基本结构（李胜利等，2007）；而选用优质青干草取代传统青草作为奶牛粗饲料是以以色列为代表的农区现代奶牛产业的通行做法（王怀宝和李静，2002）。这两种奶牛饲养的粗饲料配比代表了发达国家农区现代奶牛养殖粗饲料饲喂的发展方向。这些国家现代农业发达，他们大多采用人工栽培草场或划区建立高产稳产饲用作物生产基地来解决上述饲草料的需求。

（二）我国农区奶牛养殖饲草料的供需现状

　　据调查结果，我国大型现代乳业为充分发挥奶牛的生产潜力，提高产量

和保证质量，也正在学习和借鉴发达国家饲喂奶牛的成功经验，大力推行"青贮玉米＋苜蓿青干草和羊草青干草"饲喂模式，但存在青贮玉米严重不足和全靠外购苜蓿、羊草青干草问题。农区大多数奶牛的饲料来源则主要依靠本地生产的青饲料黑麦草和玉米秸秆黄贮（靳晓霞和李志强，2012），这样的粗饲料配比结果，显然是能量有余，蛋白质严重不足。因此，大多数农区奶牛的产奶量低，且质量也难以达到应有的标准。这是今后四川及西南多熟制农区饲喂奶牛的粗饲料结构调整亟待解决的问题。

三、洪雅县调整种植业结构，发展种草养奶牛产业调研结果分析

（一）发展历程

　　洪雅县在 20 世纪 80 年代初，畜牧业仍主要以生猪、耕牛和家禽为主，种草养奶牛产业的真正起步是 80 年代末。1989 年洪雅阳坪种牛场引进并开始繁育西门塔尔牛，规模 400 头左右，在主要繁殖、出售种牛的同时，生产和销售部分鲜奶。由于鲜奶消费市场有限，遂发展牛奶加工产业，首先将多余奶源加工成奶粉销售，由于阳坪奶粉市场反响较好，供不应求，于是开始大力发展种草养奶牛产业。其后学习发达国家发展奶牛产业的成功经验，开始发展液体奶加工，形成了西南地区最大的乳业生产基地——阳平乳业集团。到 21 世纪初，新希望集团并购了阳平奶业，随后又引进现代牧业集团，种草养奶牛产业迈入发展新阶段。

　　洪雅县种草养奶牛产业发展至今，已历时 20 余年，经历了从零星散养到逐步实行规模化、集约化饲养的发展历程。该县种草养奶牛产业的发展大致可分为三个阶段：①起步阶段，在国际小母牛组织的支持下，1991～1992年开始推广种草养奶牛，以零星散户养殖为主；②快速发展阶段，奶牛存栏数以每年 200 头的速度增加，至 2002 年全县奶牛总数已发展到 4 万余头；③稳步发展阶段，2003～2006 年，奶牛存栏数曾由 4 万余头下降到 2 万余头，到 2011 年存栏数又恢复到 4.2 万余头，截止到 2012 年 9 月，该县奶牛存栏数已达 4.7 万头。洪雅县无论饲养奶牛的数量、产奶量与品质，还是奶业产业的规模与数量均位于四川乃至西南地区首位。

（二）现状与成就

1. 种植业结构调整取得明显进展

奶牛产业发展必然需要强有力的草业支撑，该县根据奶牛养殖对饲草的实际需要，在每个阶段均进行了不同程度的种植业结构调整，发展饲草生产；并以退耕还林还草为重点，探索出了饲草净作、稻-草轮作、竹-草间作、果-草间作等多种模式。为满足奶牛规模养殖对饲草的需要，从 2001 年开始，依据洪雅县温、光、水等特定生态资源，在青衣江以南、柳江镇以北，奶牛养殖区内和周边乡镇适宜发展饲草的地区，因地制宜，建立稳定的饲草生产基地，大力调整种植业结构，发展以黑麦草、青贮玉米和饲草玉米等为主的各类饲用作物，初步形成"粮-经-饲"三元结构格局，较好地实现了种养结合、农牧协调发展；特别是 2007 年以来，该县为提高奶产品质量，大力改善饲草结构，与四川农业大学紧密合作，示范推广产量高、适口性好的饲草玉米，先后试验筛选出了'玉草 1 号'、'玉草 2 号'、'玉草 3 号'、'玉草 4 号'等饲草玉米新品种和'川单青贮 1 号'、'川单青贮 2 号'等青贮玉米品种。2011年全县种植各类饲草约 1 万 hm^2，其中包括青贮玉米和饲草玉米在内的新型饲用作物万余亩。调整种植业结构、发展新型饲用作物，不仅大力提高了全县载畜能力，助推了以奶牛为重点的草食畜牧业健康发展，而且为稳定提高奶产品质量提供了强有力支撑。

2. 种草养奶牛产业化发展格局基本形成

洪雅县县委、县政府按照"优质草、良种牛、生态奶"的发展思路，构建了"立足西南、面向市场、政府引导、科技支撑、农户参与、草畜乳一体化"的发展格局，初步形成了"公司＋基地＋种草农户"的产业化模式及运行机制。该县种草养奶牛产业经历了 20 余年的发展历程，从无到有、从小到大、从弱到强，目前奶牛饲养量占全省的 25% 左右，种草养奶牛产业总产值达 3.9 亿元，占全县畜牧业总产值的 37.5%，在种草养奶牛产业化经营方面初步走出了一条切实可行的路子，现已成为该县农村经济发展的一大支柱产业。

3. 种草养奶牛发展成效显著

种草养畜的经济效益是传统农业的4～5倍,"一家几头牛,三年一幢楼"已成为该县广大农民的现实。据有关调查统计,该县农民种草养奶牛纯收入近亿元,种草养奶牛户平均收入1.2万元以上,最高达16万元,80%以上的饲养户修建了楼房,购置了摩托车、彩电、VCD等现代化设备,95%以上的奶牛专业村社因饲养奶牛增收兴修了水泥路,实现了水泥路、有线电视和电话"三通",农村面貌发生了翻天覆地的变化。

种草养奶牛还解决了大部分农村富余劳动力的出路,直接带动农户奔向富裕生活;另外,也带动了餐饮、运输、交通等行业发展,达到了一、二、三产业互动,城乡经济共融的良性循环,实现了产业增值、农民增收、企业增效的协同发展,推动了社会全面进步,产生了良好的经济、社会效益。国家科技部已确定洪雅为"奶业现代化生产技术集成与产业化开发示范区",中国奶业协会确定洪雅为"全国牛奶生产强县",四川省省委、省政府确定洪雅为"全省奶业发展核心区",四川省农业厅把洪雅列为"全省调整种植业结构的示范县",洪雅县人工种草养奶牛产业享誉全国。

4. 农业循环经济体系和可持续发展模式已具雏形

洪雅县通过探索走出了"种草-养奶牛-产粪-肥地"的生态农业路子。人工种草覆盖了坡耕地,保持了水土,绿化了环境;牧草和秸秆青贮饲喂奶牛,过腹还田,增加土壤有机肥料,减少化肥用量,改良了土壤;同时减少了焚烧秸秆对大气的污染,有效改善了空气质量和生存环境,促进农产品和奶产品质量和数量的提高,生态效益十分明显。按照现代农业企业的发展要求,初步建立了"种养加销一体化"的发展模式,实施"政府引导、企业主体、科技护航、金融服务"运行模式,较好地协调了"企业效益、农民收入、政府税收"三者关系,初步实现了"产业发展、企业增效、农民增收"可持续发展的目标。

（三）做法与经验

1. 龙头企业牵头，项目配套带动

洪雅县种草养奶牛发展之初，依托的是该县原阳坪种牛场。随着种草养奶牛产业的不断发展，于 20 世纪末、21 世纪初先后引进了新希望集团，现代牧业集团作为奶业龙头企业，通过他们的带动，迅速发展了一批种草养奶牛的大户和奶牛养殖小区（合作社），从而加快了该县种草养奶牛产业的发展速度，也提升了该县种草养奶牛产业的水平。

1998 年以来，该县在狠抓畜牧业内部结构调整的同时，把种草养奶牛作为工作重点，充分利用《国家南方草山草坡开发示范工程》、《"九五"飞播牧草工程》、《洪雅县种草养畜综合配套技术推广项目》、《洪雅县农业综合开发循环经济项目》及《农区种草养畜》等项目在该县实施的有利时机，结合项目建设，狠抓以天宫乡大安村等为代表的试点示范，辐射带动该县种草养奶牛产业的发展，天宫、花溪、将军、柳江等乡镇种草养奶牛已初具规模，出现了一批种草养奶牛专业村社和租赁土地种草养奶牛的专业大户。该县草业的发展，为草食畜牧业，特别是奶牛养殖业的发展奠定了良好基础，提供了可靠保证。

2. 先进实用技术集成创新，提高种草养奶牛效益

洪雅县始终坚持以市场为导向，以经济效益为核心，以人工种草、科学饲养、胚胎移植、人工授精等先进实用技术为支撑，配套组装，集成创新，综合开发，提高种草养奶牛效益。洪雅县县委、县政府专门聘请四川农业大学教授为饲草生产科技顾问，成立了种草养奶牛技术指导小组，广泛利用会议、广播、录像等开展宣传培训、技术指导，推广种草养奶牛科学技术。已举办种草养奶牛培训班 50 期以上，发放技术资料 2 万多份，培训奶农 5 万多人次，极大地提高了种草养奶牛农户的科技素质，奶牛 305 天产奶量已由 1995 年的 4.5t 提高到现在的 5.5t 以上。

3. 创新农牧结合模式，促进种养结合

洪雅县种草养奶牛产业发展之初，依托的是该县原阳坪种牛场，采用"以

场带户"的形式发展，即"种牛场＋养殖农户"。随着该县种草养奶牛产业的不断发展，于 21 世纪初先后引进了新希望集团、现代牧业集团等奶牛产业龙头企业，通过不断探索与完善，建立了"公司＋基地＋种草农户"的种草养奶牛产业化经营模式；同时，还积极探索"业主开发、委托经营、股份合作、奶牛小区、养殖大户与散户"等多种经营模式，并在奶牛小区实行"统一建场、集中饲养、集中种草、统一饲草供应"等管理模式，促进种养结合、农牧协调发展。

4．加强组织协调，保证了种草养奶牛产业顺利发展

洪雅县县委、县政府成立了种草养奶牛产业发展领导小组，专门负责种草养奶牛产业发展的规划、指导、协调和服务工作；同时还成立了洪雅县奶牛协会，通过协会网络覆盖将全县种草养奶牛农户有效地联系起来，解决发展中存在的矛盾与问题，协调和维护种草养奶牛农户与龙头企业利益，保证了该县种草养奶牛产业的顺利发展。

（四）主要问题

1．豆科高蛋白青干草严重不足，禾本科青干草自给程度低

养殖奶牛的饲料主要是粗饲料和精饲料。粗饲料既提供给奶牛反刍消化所需要的粗纤维，又提供一部分蛋白质来源。饲喂奶牛的高蛋白粗饲料国内外均主要为苜蓿。然而，在洪雅县种植苜蓿，因气候潮湿，易感染病害，使得产量不高、品质难以保证、不易制成青干草等难以克服的问题，致使该县高蛋白豆科青干草生产还属空白。

供给奶牛反刍消化所需要的粗纤维多来自高粗纤维饲料。洪雅县目前主要种植黑麦草。然而，由于黑麦草水分含量过高不能青贮，制成青干草成本高且质量难以保证；而来源广、数量大的稻草品质差，同时收获季节雨天多易于感染黄曲霉，饲喂霉变的稻草会严重影响牛奶品质，该县优质禾本科青干草自给率很低。

洪雅县奶牛存栏数常年稳定在 4 万头以上，依此计算，现一年需外购羊草约 1 万 t，苜蓿 4500t 左右，致使生产成本过高。

2．青饲草料种植规模过大，青贮草料种植比例偏小

洪雅县 2011 年各类饲草种植面积约 1 万 hm^2，产量 60 万 t 左右，其中主要是黑麦草，其产量已超过奶牛企业和养殖大户、散养户对青饲料的需求量，致使黑麦草价格偏低，严重影响种草大户经济利益和积极性，进而影响到种草基地的稳定性。相反，蛋白质、粗纤维含量均较高，适宜用作青贮的青贮玉米的种植面积则严重偏少，加之部分种植大户在栽培管理措施上的不到位，使得该县仅大中型奶牛企业 2011 年青贮玉米缺口就达 2 万 t 以上，导致一些养殖企业和养殖大户面临无青贮玉米可收的窘况。正是由于青饲、青贮饲料作物结构不合理和种植比例的失调，造成饲喂奶牛的粗饲料季节性缺口严重，不得不花高价外购青干草，增加了养殖成本。

3．突破性饲草品种缺乏，粗饲料生产工业化程度低

除黑麦草外，洪雅县目前大面积种植的饲草类型主要是青贮玉米和饲草玉米，依靠现行的饲草类型与品种，要实现粗饲料的全年均衡供给和高蛋白质含量粗饲料的自给还很不现实，饲草种植户迫切需要生育期短、产量高、品质优、抗病、抗倒伏、适合青贮的饲草类型和品种。农村劳动力缺乏呈不可逆转的趋势，饲草规模化种植、集约化经营是大势所趋，饲草种管收全程机械化是发展的必然结果，选育适宜全程机械化种植的饲草新品种也是今后迫切需要解决的问题。奶牛粗饲料生产、加工、包装、储运多采用传统方法，无质量标准，工业化生产程度低，不同类型和品种饲用作物青贮技术的研发也还有待进一步加强。

4．饲草种管收机械化程度低，生产成本高

据调查，洪雅县饲草种植除土地耕作初步实现机械化外，其他生产环节均属传统的手工操作。经测算，种植 1 亩黑麦草需投入 1000 元左右（包括土地租金、种子、化肥农药、管理、收获、销售等），按照每亩 6t 的产量，每吨价格 200 元，每亩利润在 200 元左右。近几年劳动力价格还在不断上涨，而饲草价格并未相应提升。因此，若不实现饲草种管收全程机械化作业，种草单位面积的效益还会进一步下降。

5. 政策扶持力度不够，支撑体系尚不够完善

目前，国家种粮有良种补贴、农资补贴、综合补贴和农业保险，养猪也有各种补贴，而种草养奶牛尚无固定政策补贴；新型饲用作物突破性品种选育和加工储运技术的研发缺乏长期固定科研经费支持；饲草生产基地建设及适合丘陵多熟制农区饲草种管收全程机械化农机具的研发投入明显不足；示范推广无专项投入；饲草种植规模化、集约化经营所需土地流转、种养结合运行机制完善与利益协调发展等方面，政府的引导功能发挥也还不够充分。

四、调整种植业结构，促进四川农区种草养奶牛产业发展的战略对策

从对洪雅县调研结果的分析可以看出，目前四川农区种草养奶牛产业的发展仍处于初级阶段，洪雅县的一些成功做法和取得的成熟经验值得类似地区借鉴；从调研中总结提炼出的一些共性问题，更值得引起高度重视，并采取相应的战略对策，才有助于推进四川农区种草养奶牛产业的发展。

（一）发展饲用作物，进一步调整种植业结构，优化饲草结构

奶牛高产、稳产、优质的饲养模式决定了所需饲草的种类与数量，但不同的养殖规模和饲喂模式对饲草有不同的要求（李向林，2000）。显然，既考虑现代奶牛产业对粗饲料需求的发展趋势，又根据目前奶牛产业发展现状对粗饲料的实际需要，因地制宜，发展饲用作物，调整饲草种植结构，已成为四川农区发展种草养奶牛产业的必然抉择（刘芳等，2006）。根据四川农区生态、生产条件，奶牛养殖龙头企业、养殖小区、养殖大户与养殖散户一定时期并存且以小规模饲养为主的实际情况和各自对饲草的需求，以及目前饲草种植结构和比例存在的主要问题与限制因素，今后总体上应适当压缩黑麦草种植规模，大幅度增加青贮玉米和饲草玉米种植面积，优化饲草结构，以解决不同养殖规模和不同饲喂方式对饲草的需求（朱栋斌等，2006）。以洪雅县为例，现大中型企业饲养奶牛 1 万头左右，按每头奶牛每年需要 10t 青贮饲料、青贮玉米亩产鲜草 3t 计算，需种植青贮玉米 2 万 hm^2 以上。小区及散户

养殖奶牛为 3.7 万头，按每头奶牛每年需青贮饲料和青饲料各 5t、黑麦草亩产鲜草 5t 计算，需种植青贮玉米 4000hm² 以上，黑麦草和饲草玉米各 2000hm² 左右。两者相加，该县青贮玉米种植面积应在 6000hm² 以上，黑麦草和饲草玉米各 2000hm² 左右。这可作为四川农区发展新型饲用作物，进一步调整种植业结构的重要参考。

（二）大力推进饲用作物规模化与集约化种植，提高种草效益

适度规模化养殖与集约化经营是实现种草养奶牛产业"饲养生态化、生产机械化、经营组织化、奶业发展产业化、乳品生产标准化"的前提，是提高牛奶产量与质量、保证奶产品安全的根本性举措，这是我国农区奶牛养殖的发展方向与总体趋势（胡成波，2011）。

根据洪雅县的经验和四川农区的实际情况，在大型龙头企业带动下，今后奶牛养殖小区的适宜饲养规模，大多数可能为 200～300 头。饲料是发展奶牛养殖业的前提，但目前饲用作物种植规模偏小且较分散，显然与今后奶牛适度规模化养殖的发展方向不相符合。因此，要实现奶牛的规模化养殖，就必须推进饲草的规模化种植。同时，只有推行饲草的规模化种植并采用相应的农耕农艺技术，才便于实行机械化作业，实现集约化经营，形成产业，综合提高种草的效益。然而，要提高饲草种管收全程机械化水平，从目前的实际情况来看，还必须加快、加大适合四川农区特点的小型农机具，尤其是收割、切碎、打包和储运等农机具的研发力度，才能适应现代饲草产业的发展需求。

（三）完善农牧结合模式与运行机制，实现种养互促协调发展

在市场经济导向下，实现农牧结合、种养互促，是种草养奶牛产业可持续发展的关键；而其模式与运行机制，则是实现农牧结合、种养互促的桥梁与保证（李纪元等，1993）。根据西方发达国家发展奶牛产业的成功经验（胡成波，2011）和洪雅县发展种草养奶牛产业的实践，今后四川农区应大力推广"龙头企业＋养殖小区＋种植大户"农牧结合模式，实行"政府引导、企业主体、部门主推、农户参与"的运行机制。经洪雅县多年实践证明，应该

说上述模式与机制是行之有效的，但同时不得不承认还相当不完善。因此，政府还应加大引导力度，促进种植业与养殖业的沟通，加强种养间的对接，实现种养平衡发展。另外，种养业间还可实行股份合作或签订更严密的供需合同，完善风险共担、利益共享的运行机制，促使种养紧密结合，形成真正的利益共同体，实现种养互促、协调发展。此外，今后还应进一步加大土地流转力度，大力提高种植饲用作物农户的组织化程度，推进由散户过渡到大户或种植企业，实现更大规模的农牧结合，进一步提高种养效益。

（四）强化饲用作物新品种选育及配套加工技术研发，提高种草养奶牛科技含量

针对洪雅县及四川农区目前发展奶牛产业严重缺乏蛋白质含量较高的粗饲料，然而其生态条件又不适宜种植高蛋白饲草苜蓿的问题，一是应加强其他豆科饲用作物新品种的研发，并探讨其利用途径；二是应加强粗蛋白含量较高的青贮玉米新品种的选育与利用，以弥补蛋白质粗饲料的不足；三是在饲用作物新品种的研发中，要特别注重适应种管收全程机械化作业和轻简栽培的品种选育。

针对粗饲料加工薄弱及商品化程度低的问题，应大力加强青干草加工技术、秸秆综合利用技术、不同类型和不同品种青贮技术，以及包装、储运技术等的研发，提高粗饲料的加工水平和商品生产率。

（五）加大政策扶持，保障种草养奶牛产业持续健康发展

政策扶持、项目带动是发展我国种草养畜的成功经验，也应是四川及我国西南丘陵农区发展饲用作物、调整种植业结构、饲养草食畜的重要支撑。建议国家建立饲用作物西南研发中心，推进适应该地区发展现代奶牛产业及其他草食家畜所需饲用作物新类型、新品种的选育，质量标准的制定，加工储运技术的研究，以及适合丘陵多熟制农区饲用作物生产、收获、加工、储运农机具的研发；建设饲用作物规模化集约化种植、加工基地，提高饲用作物的生产水平；设立饲用作物示范推广（中心示范区、辐射示范区）专项基金，加速饲用作物的推广应用及种植业结构调整进程；实施对种植饲用作物

大户或合作社的补贴，以及种草保险、贴息贷款等扶持政策，保障种草养奶牛产业的持续健康发展。

主要参考文献

胡成波. 2011. 我国奶牛业也要走"五化"发展之路——赴欧洲"三国"奶牛考察感想. 中国奶牛, (21): 27~30

靳晓霞, 李志强. 2012. 我国农区种草养奶牛发展历程. 中国奶牛, (4):56~59

李纪元, 徐爱国, 尹红霞. 1993. 农区发展奶牛业的根本出路——对火星千头奶牛村的调查与思考. 中国草食动物, (2):4~5

李胜利, 陈萍, 郑博文. 2007. 通过改善奶牛饲料转化效率提高牛奶产量和质量的方法. 中国乳业, (8): 56~58

李胜利. 2008. 中国奶牛养殖产业发展现状及趋势. 中国畜牧杂志, 44(10):45~49

李向林. 2000. 种草养畜实用技术(西南篇). 北京:中国农业科学技术出版社

刘芳, 李向林, 白静仁, 等. 2006. 川西南农区高效饲草生产系统研究. 草地学报, 14(2):147~151

王怀宝, 李静. 2002. 世界奶牛业发展趋势与我国的现状. 饲料研究, (9):31~32

朱栋斌, 罗富成, 文际坤, 等. 2006. 西南地区农田主要种植草种及种植模式探讨. 草原与草坪, (3): 17~19

专题二　四川农区肉牛养殖饲草料资源利用现状及发展对策

一、我国农区发展肉牛产业的必要性

（一）我国肉类生产结构分析

随着我国社会经济的发展，肉类生产出现渐进式增长，各历史时期的主要肉类产量见表 1（国家统计局农村经济调查司，2010；2007；2004；2000；1991；中国畜牧年鉴编辑委员会，2007；2004；2000；1991）。

表 1　我国各时期主要肉类产量　　　　　　　　单位：万 t

年份	肉类总量	猪肉产量	猪肉占肉类总量比例/%	禽肉产量	禽肉占肉类总量比例/%	牛肉产量	牛肉占肉类总量比例/%
1980	1205.4	1134.1	94.09	—	—	26.9	2.24
1990	2857.0	2281.1	79.85	284.6	10.25	125.6	4.40
1995	5260.1	3648.4	69.36	—	—	201.5	3.83
2000	6013.9	3966.0	65.95	1135.0	18.88	513.1	8.54
2005	6938.9	4555.3	65.65	—	—	568.1	8.19
2010	7925.8	5071.2	63.99	1656.0	20.9	653.1	8.24
2011	7957.8	5053.1	63.50	—	—	647.5	8.14
2012	8384.0	5335.0	63.64	1823.0	21.75	662.0	7.90

从表 1 中可以看出，1980～1995 年，我国肉类生产总量呈现快速增长的势头，由 1205.4 万 t 增加到 5260.1 万 t，平均年增长 29.1%；1996～2012 年呈稳定增长趋势，平均年增长 9.38%，2012 年我国肉类总产量已达到 8384 万 t。改革开放以来，猪肉由 1134.1 万 t 增加到 5335 万 t，平均年增长 14.7%；牛肉由 26.9 万 t 增加到 662 万 t，平均年增长 76.91%；禽肉近 20 年来平均年增长 29.12%。我国主要肉类构成的比例为，2012 年猪肉占 63.64%、禽肉占 21.75%、牛肉占 7.9%，1980 年猪肉所占比例曾高达 94.09%，以后逐年下降，近三年稳定在 63% 左右。从以上分析可以看出，目前我国肉类生产仍然以猪肉为主，而欧盟和美国等畜牧业发达国家，猪、禽、牛三大肉类的比例基本接近。由

此可见，我国肉类构成比例极不合理。

我国牛肉生产增长幅度虽然最大，但所占比例较低，仅 8%左右。20 世纪 80 年代之前，牛一直是我国农业生产的主要工具，国家禁止屠宰活牛。1975 年，我国的人均牛肉消费量仅为 0.3kg。随着生产力的发展，牛的役用作用逐渐减弱，加上人们收入水平提高带来的需求增加，牛肉生产和消费量呈现不断增加的趋势。1980 年，人均牛肉生产量占整个肉类生产总量的 2.24%，而该指标到 2010 年已增加至 8.24%。

近年来，牛肉生产总量继续增加，但增加的幅度下降，所占比重略有下降。主要原因是前几年牛肉消费增加过快，牛肉价格高，大量屠宰母牛，生产后代减少，加之规模化养殖水平低，饲草品质差、供应不足，肉牛生产周期增长，从而导致增幅下降。然而，牛肉消费持续增加，国内市场缺口大，不得不大量进口牛肉，以满足不断增长的需求，例如，2012 年我国进口牛肉 6.1 万 t，比 2011 年增加 2 倍；2013 年 1 月份进口牛肉 1.8 万 t，创历史最高单月进口量，同比增加 8.1 倍。从消费比例上看，猪肉消费比例下降，牛肉、羊肉、禽肉等均呈现增长趋势，但牛肉消费比例的增长位居所有肉类消费之首，消费增长空间最大。

因此，调整我国肉类生产构成比例，减少粮食消耗压力，发展肉牛业，满足人们多元化肉类需求，是发展我国现代畜牧业的战略需要。

（二）粮食需求缺口大，人畜争粮矛盾突出

随着经济社会发展，我国已进入饲料用粮和粮食加工等间接粮食消费快速增加的发展阶段，中国饲料行业伴随着养殖业的发展而快速发展。2010 年，中国是世界上第二大饲料生产国，排在美国之后；而 2011 年，全国工业饲料总产量已经突破 1.8 亿 t，总体规模已位居全球第一。以 2010 年为例分析饲料用粮情况，全国猪肉产量 5071 万 t，消耗饲料粮 1.217 亿 t，年末全国能繁母猪存栏 4800 万头，饲料用粮 0.144 亿 t；全国生产禽肉 0.1656 亿 t，消耗粮食 0.215 亿 t；全国蛋禽产蛋 2760 万 t，消耗饲料粮 0.359 亿 t；加上其他家畜用粮，2010 年全国消耗饲料粮约 2.035 亿 t。其中，玉米消费量约 1.225 亿 t，

占饲料粮消费总量的 60%；豆粕消费量为 0.360 亿 t，占 17.7%；稻谷消费量约 0.175 亿 t，占 8.6%；小麦约 0.150 亿 t，占 7.4%；薯类和其他杂粮 0.125 亿 t，占 6.1%。2010 年饲料用粮比 2005 年增加 0.35 多亿 t，增长 20% 以上，占国内粮食消费增加量的 2/3 以上。饲料用粮快速增长已成为粮食消费刚性增长的主要需求（刘莉莉和周瑞，2012）。

我国仍处在食品消费结构持续转变的过程中，随着经济发展、人口增长、居民收入水平提高和城镇化进程的推进，食品总需求量持续增加，尤其是肉、禽蛋、奶和鱼等动物性食品消费需求量更大。预计到 2030 年，中国肉类生产将达 1.1 亿 t，才能满足人们日益增长的消费需求。按现在肉类生产比例计算，届时需要生产猪肉 0.7 亿 t，消耗 2.1 亿 t 粮食，比 2009 年多消耗 0.6 亿 t，这将是对粮食生产的巨大挑战，需求层面发生的重大变化对我国农业的影响将是长期而深刻的。

解决食物短缺的途径，除增加粮食产量而外，还可发展粮食的替代品，减少人们生活对粮食的依赖程度，如发展以肉牛为代表的草食节粮型畜牧业就是重要途径。我国目前以生猪为主的耗粮型畜牧业，每年耗粮约占全国粮食消费量的 1/3，若以草食畜肉牛取代 1/3 的猪，则每年可节约出种粮耕地 1333 多万 hm^2。因此，大力发展草业和草食畜牧业，不仅可以改善我国居民的膳食结构，还可以缓解对粮食的需求压力。

（三）传统草原牧区生态退化严重，农区发展肉牛是形势发展的 必然选择

我国的传统牧区包括内蒙古、甘肃、青海、新疆、西藏等五个省（自治区），国土面积为 522.4 万 hm^2，占全国国土总面积的 54.4%。其中，耕地面积 1715.1 万 hm^2，占全国耕地面积的 13.0%；草地面积 2.6 亿 hm^2，占全国草地总面积的 67.0%。长期以来，牛、绵羊、山羊和马等草食家畜总是与草原、牧区联系在一起的，我国牧区的发展很大程度上依赖草原畜牧业。

内蒙古牧区在 20 世纪 80 年代天然草原鲜草产量达到 2.1t/hm^2，由于长期过牧超载，2009 年已降到 1.4t/hm^2；四川牧区鲜草产量也从 6.3t/hm^2 下降到

$4.6t/hm^2$。草原产草量下降，造成草原载畜能力明显降低，据统计，全国草原适宜载畜量已从 80 年代的 4.3 亿羊单位下降到目前的 2.4 亿羊单位。近年来，开垦草原种植农作物的面积越来越大，新疆等省（自治区）开垦草原面积千万亩以上，加之矿业开发迅猛，规模增大，草原植被遭到严重破坏，草原载畜潜力有下降的危险。我国牧区从 70 年代开始推行人工种草、草原围栏、飞播种草及牧区开发示范工程等建设项目，对促进草原保护以及牧区生产方式转变和畜牧业经营水平提高曾起到重要推动作用，但与快速增长的牲畜数量相比确是微不足道的。据农业部草原监理中心统计，目前，我国 90% 的可利用草原有不同程度的退化，中度和重度退化面积已达到 1.53 亿 hm^2，草原生态总体呈现"点上转好、面上退化、局部改善、总体恶化"的态势。

1980 年，牧区牛的存栏和出栏分别占全国的 25% 和 42%，1990 年下降为 20% 和 25%，而 1995 年只占全国的 16% 和 12%；2000 年，五大牧区年底牛存栏量为 1997.2 万头，占全国存栏数的 15.5%，牛肉产量为 66.8 万 t，占全国的 12.5%；2010 年，五大牧区年底牛存栏量为 2502.6 万头，占全国存栏数的 23.5%，牛肉产量为 124.6 万 t，占全国的 19.1%。我国南方农区 14 个省（直辖市）早在 2009 年肉牛存栏量就达 2414 万头，占全国总量的 41%，牛肉产量 164 万 t，占全国总量的 26%。可见，目前我国肉牛生产发生了区位变化，传统牧区牛肉产量所占比重下降，相应农区牛肉生产量上升，牧区草原退化已经严重影响到农牧民增收以及牧区经济可持续发展，今后的主要任务应该是草场的保护与恢复，因而在相当长的时间内不可能对牧区以外的地区做出更大的肉源贡献（祝远魁，2012）。

综上所述，由于受可利用土地资源的限制，粮食短缺日益严重，人畜争粮矛盾突出，发展耗粮型（猪、禽）肉类生产必然受到制约；草原严重退化，不可能为牧区以外的地区做出更大的肉类贡献，农区发展饲用作物可提高土地利用率；肉牛可充分利用牧草和作物秸秆生产优质肉食品，满足人们对肉食品需求的增加。因此，发展饲用作物，调整种植业结构，养殖肉牛应是我国发展现代畜牧业的战略选择之一。本研究拟通过对国内外现代肉牛养殖饲草料需求的分析和对四川肉牛养殖典型县（区）的调研，为发展饲用作物、调整种植业结构，促进四川农区肉牛产业持续健康发展提供重要参考。

二、四川农区肉牛养殖与饲草料开发利用现状

（一）肉牛养殖概况

20 世纪 80 年代以来，我国农区肉牛生产超过传统牧区，在农业部全国肉牛优势区域布局规划（2008～2015 年）中，将四川、重庆、云南、贵州、广西等省（自治区、直辖市）划分为西南肉牛带，从而成为我国整个肉牛产业的重要组成部分（农业部，2009）。2011 年西南地区肉牛存栏数 3455.1 万头，在发展我国肉牛产业中起着举足轻重的作用。四川作为西南肉牛带中的优势省份，近年省政府提出"传统畜牧业向现代畜牧业跨越"的总体发展战略规划，在达州、宜宾、泸州、广元、巴中等 45 个市、县（区）建设肉牛优势产区，把肉牛产业作为畜牧业结构调整的重要内容，肉牛业随着种草养畜和生态建设工程的实施而得到了较快发展。2010 年末，四川肉牛存栏 440.0 万头，占全国存栏量的 6.5%；生产牛肉 29.4 万 t，占全国产量的 4.5%。四川肉牛主要分布在盆周山区和部分丘陵地区，基础母牛主要分布在宣汉、中江、通江、南江、万源、平昌等 22 个市、县，而架子牛的适度规模育肥则主要集中在成都、自贡、遂宁、南充、宜宾、达州、德阳等大中城市郊区，占全省养殖数量的 80%左右。

目前，四川肉牛养殖中，母牛以农户散养为主，户养 1～3 头，专门从事犊牛的繁殖；肉牛育肥以规模养殖为主，由专业户、育肥场收购断奶犊牛进行集中饲养，养殖规模为 10 头至 1500 头不等。四川的肉牛养殖模式主要为基础母牛分散饲养和架子牛适度集中育肥。

四川肉牛养殖饲草料供应方面，散养户在青草季节，利用草山草坡、田间地角野生牧草放牧，其他季节主要饲喂干稻草、少量的菜叶和干秸秆，基本是原始饲养方式。由于饲草供应不足，"秋肥、冬瘦、春死亡"现象严重，母牛繁殖率差，泌乳不足，犊牛生长发育迟缓，从而降低了农户母牛养殖的效益，并影响后期肉牛的育肥效果。育肥场在肉牛育肥的前期以酒糟为主，搭配 20%～30%的精料、少量的青草，其中大部分为野草、菜叶，人工牧草

不足 10%，仅 10%左右的养殖场有青贮玉米秆；育肥后期以精料为主，占
50%～70%，粗饲料只占日粮的 30%～50%；且粗饲料以糟渣类为主，农作
物秸秆和青草较少，仅占10%左右。大部分肉牛育肥场存在草料供给不足的
问题，大部分时间没有喂饱，干物质采食量不足，且粗饲料质量差，导致生
长速度慢，严重影响了育肥牛的胴体重和牛肉质量，行业经济效益偏低。

　　肉牛是卷草型草食动物，对草场没有破坏作用，四川是长江上游生态重
建区，发展肉牛是与之相适应的项目，有利于巩固生态建设成果。肉牛对各
种秸秆、糟渣粗纤维的消化率高达 50%～70%，对各种农副产品的利用率可
达 75%，如果采取青贮、氨化、微生物发酵等技术还可进一步提高其营养价
值。因此，发展肉牛等草食家畜养殖，既可避免资源浪费，又能保护生态环
境。随着人们生活水平的提高，人们更注意食品的保健功能，牛肉恰好能满
足人们的需求，近年来，牛肉消费呈现稳步上升的势态，年增长量高达 27.3%，
表现出良好的市场前景。

（二）主要饲草料来源及利用情况

　　四川有天然草地和草山草坡 2493 万 hm^2，其中可利用面积 1787 万 hm^2，
是野生青绿饲草料的重要来源。人工种植的饲草主要有黑麦草、青贮玉米、
牛鞭草和皇竹草等，但种植面积小、生产水平较低。此外，还拥有丰富的作
物秸秆和糟渣等廉价饲草料资源，每年玉米秸秆产量为 1100 万 t、甘蔗副产
品 40 万 t、薯类副产物 460 万 t。尽管如此，由于目前存在青绿饲草料的利用
率低和质量差等问题，全省范围内的饲草料供应仍无法满足肉牛养殖的需求。

　　从四川两个典型肉牛养殖县——宣汉和大安区的调查结果看，尽管草山
草坡面积大，但利用率不足 30%；农作物秸秆虽然丰富，但由于受地形、交
通和劳动力限制，利用不足 10%；目前养殖大户中每头牛种植牧草不足 0.1
亩，而占肉牛养殖 80%的养牛散户基本不种牧草。由于缺乏充足的优质饲草
料供应，四川肉牛养殖存在生长速度慢、产品质量差、经济效益低等问题。

（三）饲草料资源开发利用存在的主要问题

1. 对种草养牛重要性认识不足

长期以来，各级政府和农民受以粮为纲传统思想的影响，加之目前种粮有补贴政策，从而导致发展饲用作物、调整种植业结构进展缓慢。养牛业主缺乏现代养牛知识，没有认识到优质牧草对提高肉牛养殖生产性能的重要作用。加之种植牧草时的播种、收割劳动强度大，人工成本高，而酒糟成本低、使用方便，因此在多种因素的影响下，导致人们对种草养牛重要性认识不足，积极性不高，从而使种草养肉牛发展缓慢。

2. 人工种草面积小

四川肉牛养殖区，人工种草面积很小，散养户基本不种植牧草，在宣汉和自贡肉牛规模化养殖场的调查结果显示，人工种草面积每头牛不足 0.1 亩。笔者在考察欧洲养牛业时发现，养牛业发达国家，如法国、瑞士等，人工种草放牧地每头牛 10 亩以上，刈割地 1 亩以上。英国用 59% 的耕地栽培苜蓿、黑麦草和三叶草，美国用 20% 的耕地、法国用 9.5% 的耕地种植人工牧草，由此可见，其差距较大。

造成这种状况的主要原因是机械化程度低、割草劳动强度大、劳动力成本高，加之土地租金不断上涨，致使人工种草成本过高。调研结果显示，每千克饲草的成本已达 0.3～0.4 元。

3. 饲草种植结构不合理

四川人工种植的牧草以一年生黑麦草为主，还有少量的皇竹草、牛鞭草和'桂牧 1 号'等。养牛业发达国家，人工种草放牧地以禾本科、豆科混播为主，如苜蓿、黑麦草和三叶草等；刈割草主要种植青贮玉米、燕麦草、苜蓿等，而四川青贮玉米、饲草玉米等优良牧草种植面积很小，一年生黑麦草种植面积很大，种植结构极不合理。造成这种现象的主要原因是饲用作物品种单一，缺乏适宜四川农区种植的粮饲兼用作物和多年生优良牧草品种。

4. 秸秆利用率低

四川利用秸秆养殖肉牛，利用面窄，且利用率低，不足 10%。大部分散养农户和小规模养殖户基本不利用秸秆，少部分养殖 50 头以上的养殖场（户）利用部分玉米秸秆青贮养牛；在部分地区，少部分养牛场（户）在冬春季使用少量干稻草喂牛，作为草料不足的补充。造成此现象的主要原因是，四川耕地地块小，种植不成片，收集难度大；秸秆采用人工收集，劳动效率低，劳动力成本高；受地形地貌限制，运输困难。总体来看，秸秆利用成本高，制作成青贮料，每千克成本超过 0.4 元。

5. 饲草料供需缺口大

目前四川缺乏品质优良牧草的大规模种植，导致牧草数量不足，质量较差。另外，由于四川特殊的气候条件，导致优质干草资源严重匮乏，每年需要进口 30 万 t 优质干草。2010 年底，全省肉牛存栏量为 440.0 万头，按照平均每头牛每天供应 20kg 饲草料计算，四川肉牛业对饲草料的年需求量大约为 3200 万 t，目前缺口巨大。随着草食畜牧业的发展，四川肉牛养殖对青绿饲草料，尤其是对优质牧草的需求会提出更高的要求。

规模化、集约化养殖是现代肉牛业的主要特征之一。按照发展现代肉牛业的要求，肉牛养殖的"架子"期，以优质牧草供给为主，"育肥"期粗饲料的供给也应以优质牧草为主，以干物质计算，1 头肉牛饲喂到 2.5 岁出栏，需要优质鲜草 26t 左右，平均年需要 10.4t。"十二五"以来，我国逐步推行规模化养殖，四川明确提出，到 2015 年，全省牛出栏比"十一五"末增长 20.0%，年出栏 10 头以上肉牛规模养殖比重达到 34.0%。据此推算，到 2015 年末，四川规模养殖肉牛将达 100 万头以上，年需优质牧草 1000 万 t 以上，由于规模养殖场的示范带动作用，部分散养户也必将饲喂优质牧草。可见，在未来肉牛发展中，优质牧草供求缺口将会更大。

三、发达国家肉牛养殖与饲草料开发利用及启示

（一）发展概况

2010 年，世界肉牛养殖居前五位的国家（地区）分别是印度、巴西、中国、美国及欧盟 27 国，其肉牛存栏量分别占世界总量的 31.43%、18.40%、10.47%、9.33%和 8.77%。国外现代肉牛生产可分为"全放牧"、"全舍饲"与"放牧＋补饲"三种养殖模式。其中"全放牧"养殖模式主要适用于基础母牛及 16 月龄前架子牛的饲养，该阶段主要饲喂禾本科牧草，人工种植的新鲜苜蓿和大麦，以及干草等饲草料。架子牛"育肥期"则主要采用"放牧+补饲"或"全舍饲"的养殖模式，要求供应优质青草、优质干草、带穗玉米青贮等饲草料。另外，在肉牛养殖业发达国家，饲草料基本来源于优质的人工牧草，并且能将几种牧草进行组合使用（郭冬生等，2012）。

牧草属于作物生产的重要组成部分，在发展健康农业、有机农业、循环农业，改良中低产土地，以及发展草食畜牧业方面作出了巨大贡献。发达国家畜牧业主要靠发展草业解决饲草料问题，美国、加拿大、澳大利亚、新西兰等国是牧草生产的主要国家。2009 年，美国牧草年产值超过 100 亿美元，牧草种植面积为 2435.4 万 hm^2，产量 1.52 亿 t；青贮玉米面积为 241.4 万 hm^2，产量 1.12 亿 t。美国饲草料生产商品化程度很高，大型规模化肉牛养殖企业所需饲草料主要靠市场购买。加拿大牧草种植面积为 737.9 万 hm^2，产量 3043.2 万 t。澳大利亚各类干草产量也超过 650 万 t，青贮饲料干物质产量约 220 万 t，饲草料生产主要以养殖场（户）为单位组织进行，其规模一般在 400～500hm^2。在单位面积产量上，国际牧草平均产量高达每公顷 7.5～10t，并已形成专业化的饲草料生产产业带。在饲草料的种管收及加工方面，已实现全程机械化。在牧草品质上，牧草生产发达国家的牧草品质较高，牧草收获田间损失在 5%以下，储藏损失在 3%～5%。以美国紫花苜蓿干草为例，平均粗蛋白含量为 16%～20%，其中一级品苜蓿干草占到全部苜蓿干草产品的 70%以上，其粗蛋白含量在 18%以上。另外，牧草产品种类丰富，主要包括干草、青贮饲料、草块与草颗粒、草粉、秸秆和叶蛋白等种类（万发春，2010）。

世界第二大肉牛养殖国——巴西的肉牛养殖模式则相对落后一些，主要是利用本国广袤的天然草地，实施粗放型的放牧方式，但管理比较精细，并十分重视草场改良和丰富的农副产品如棉籽、甘蔗渣、玉米秸秆等的充分利用（曹兵海等，2012）。

（二）主要启示

包括肉牛养殖在内的我国畜牧业正处于转型时期，将逐步向着规模化、集约化、标准化的现代畜牧生产发展，肉牛业发达国家的做法给了我们重要的启示，即要加快现代肉牛业的发展，提高肉牛业的经济效益，优质牧草的保证供给是前提，大力发展人工优质牧草是发展我国现代肉牛业的必由之路。

四、四川农区饲草料资源开发利用的技术对策

（一）培育优良饲用作物品种，研发高效生产技术

四川目前种植的牧草主要是黑麦草、皇竹草，存在品质差，对光、热、水肥要求条件高，刈割成本高的缺点。饲用玉米和'桂牧1号'等新型草种发展势头良好。针对四川的自然和社会条件，培育和推广优良粮饲兼用作物品种，尤其是多年生优良牧草品种，研发高效生产技术，使牧草种植简便，降低牧草种植的人工成本。

（二）积极推广青贮技术，提高饲草利用效率

四川雨水多、饲草料季节性分布差异大，制作干草难度大、成本高，牧草营养体损失严重。因此，在四川采用青贮处理牧草和秸秆是一种有效的措施，应积极研发优质牧草青贮高效利用技术，开发和推广青贮饲草产品。主要推广"微贮"技术，添加纤维分解酶青贮饲草和秸秆技术等，以提高牧草和秸秆的利用效率。

（三）研发小型牧草播种收割机械，提高种草效益

四川农区主要是丘陵和山区，土地小块，现有农机不适宜，农村青壮年劳动力缺乏，导致牧草种植和收割较困难。为降低牧草种、管和收的劳动强

度，提高劳动效率，在牧草种植和收割方面必须采用机械化。因此，应加大力度研发和推广适宜四川实际情况的小型牧草播种和收割机械。

五、四川农区饲草料资源开发利用的政策建议

（一）加强组织领导，打造发展种草养畜的良好环境

我国各行各业经济发展表明，政府的主导作用是发展种草养畜的组织保证，发展种草养畜得到政府部门的引导是必需的。因此，各级政府需成立专门的组织领导机构，营造种草养畜发展的良好环境；明确职责，建立健全目标责任管理和考核制度，为发展种草养畜提供强有力的组织、制度保证（刁运华，2010）。

（二）加大宣传力度，奋力推进种草养畜业发展

牧草是草食畜赖以生存的生物学基础，是种植业结构调整和生态建设的重要组成部分。牧草既是农牧结合的纽带，也能保护环境，促进生态建设。长期以来，由于传统思想的影响，对种草养畜认识不到位，没有认识到优质牧草对发展肉牛业的重要性，因此应当唤起社会各界对种草养畜的正确认识，宣传牧草在国民经济中的重要作用，推动新兴种草养畜业的发展。

四川省降雨充足，可以生产出牲畜冬春季生长所需的优质饲草料，平衡全年饲料供应。目前，四川省饲草料开发利用水平低，其供应量远远满足不了养殖业的需要。因此，应加强人工草地建设，加快种植业结构调整，大力发展青贮玉米和优良禾本科牧草的种植，积极培育、开发粮饲兼用作物品种，研发及推广先进的青贮技术和粗饲料储藏加工与利用技术，为肉牛等草食家畜生产提供充足的优质饲草料资源。

（三）调整农业产业结构，大力发展种草养畜业

近 20 年来，有关学者和职能部门一直在呼吁调整农业产业结构，种植业由"粮-经"二元结构向"粮-经-饲"三元结构转变，但并没有落到实处。目前，我国粮食需求的压力大，牧草市场供应不足，缺口大。应对现有农业产

业结构进行调整，并作好规划，充分利用现有土地，增加饲用作物种植面积，提高优质牧草生产量；降低耗粮型畜牧业的发展速度，加大草食畜牧业发展力度，"畜-草"配套，协同发展，以减轻粮食安全的压力。

（四）实施农牧结合，走多种形式草畜产业化发展道路

牧草发展在于畜，畜的发展需要草作保障，现代农业发展道路的根本就是产业化。因此，调整农业产业结构，发展饲用作物，需要实施农牧结合，走多种形式草畜产业化发展道路。从实际出发，发展多种形式的草食畜牧业，改良草山草坡，种植多年生牧草；鼓励肉牛规模化养殖企业，采用耕地季节性承包模式，降低土地租赁成本，大力发展饲草种植；抓住肉牛养殖专业大户冬季饲草料缺乏的实际情况，积极推广四季供青的饲草栽培模式，提供技术服务，降低饲草料生产成本。农区种草要以基地的形式来发展，"基地+农户"走产业化道路，形成"种草-养畜-加工-销售"一条龙整体发展模式，逐步形成区域化布局、专业化生产、产业化经营的发展格局，大力发展饲草料的产业化经营，最终发挥其经济、社会和生态的整体效益（王淮和邓由飞，2011）。

（五）多种途径支持种草养畜业，保障其持续健康发展

必要的支持是发展种草养畜业的保证，目前，国家对种植粮食、养猪、养牛等产业已有多种形式的补贴政策，建议政府部门进一步完善牧草种植扶持政策，对牧草种植给予政策、资金和项目的扶持。建议计划、财政、扶贫等部门把发展草地畜牧业作为贫困地区脱贫致富的工作重点，每年从扶贫资金和农业产业发展资金中拿出一定比例的资金用于草地畜牧业的发展；建议农业综合部门大力支持种草养畜和秸秆资源的开发利用，帮助农户解决种草养畜过程中的实际问题，努力提高种草养畜综合效益，多渠道、多形式支持种草养畜业的发展。

主要参考文献

曹兵海, 万发春, 王之盛. 2012. 巴西肉牛产业链. 中国畜牧业, (6):50~53
刁运华. 2010. 四川现代畜牧业结构和区域布局. 四川畜牧兽医, (2):14~16

郭冬生, 彭小兰, 龚群辉, 等. 2012. 世界主要国家畜牧业概况与我国养殖业发展思考. 吉林农业科学,
 37(5) :66~70, 80

国家统计局农村经济调查司. 中国农村统计年鉴(1991、2000、2004、2010、2007). 北京:中国统计出版社

刘莉莉, 周瑞. 2012. 以肉牛基地为载体, 大力推广畜牧养殖技术. 中国牛业科学, 38(2):69~71

万发春. 2010. 澳大利亚 2010 年肉牛产业发展报告. 国家肉牛牦牛产业技术体系资料. http://www. Beefsys.
 com/

王淮, 邓由飞. 2011. 四川肉牛产业发展现状与对策. 2011 中国牛业发展大会论文集, 73~77

中国畜牧年鉴编辑委员会. 中国畜牧业年鉴(2007、2004、2000、1991). 北京:中国农业出版社

中华人民共和国农业部. 2009. 全国肉牛优势区域布局规划(2008~2015 年)

祝远魁. 2012. 中国南方肉牛产业发展路径分析. 当代畜牧, (2):1~4

专题三 四川农区肉用山羊养殖饲草料资源利用现状及发展对策

一、发展草食畜牧业的必要性

（一）饲料安全问题关系到国家粮食安全

改革开放以来，我国畜牧业发展取得了举世瞩目的成就（李秉龙和张倩，2013）。特别是近年来，我国畜牧业生产继续呈现稳步、健康发展的态势，主要畜产品持续增长，生产结构进一步优化，畜牧业继续由数量型向质量效率型转变，规模化、标准化、产业化和区域化步伐加快，已经成为我国农业和农村经济中最有活力的增长点和最主要的支柱产业。然而，各种预测方案表明，中国人口数量将在 2030 年达到 15 亿，届时，人口城市化水平将达到 65%～70%，这对我国的粮食、肉类生产是极其严峻的挑战。

研究资料（周道玮和孙海霞，2010）表明，中国粮食安全问题主要是饲料粮安全问题。当中国人口达到 15 亿时，按 2006～2007 年中国人口、粮食生产和肉类生产方式计算（总人口 13.14 亿，城市人口 5.77 亿，粮食生产 5.0 亿 t，生产猪肉 0.52 亿 t，生产禽肉 0.14 亿 t，禽蛋 0.24 亿 t），届时，中国需要生产猪肉 0.59 亿～0.90 亿 t，按饲料转化率为 3∶1 计算，养猪将消耗粮食 1.77 亿～2.70 亿 t；需要生产禽肉蛋 0.43 亿～0.66 亿 t，按饲料转化率为 2∶1 计算，需要消耗粮食 0.86 亿～1.32 亿 t。两项合计需要消耗饲料粮 2.63 亿～4.02 亿 t，除去 0.4 亿 t 豆粕等副产品饲料，共需要消耗饲料粮 2.23 亿～3.62 亿 t（不含其他动物生产所需的饲料粮），较 2006 年多消耗饲料粮 0.31 亿～1.70 亿 t，加之人口增多所需增加的口粮 0.4 亿 t，为维持 2006 年的食品水平，中国需要增加粮食生产 0.71 亿～2.10 亿 t，即生产粮食 5.71 亿～7.10 亿 t，其中用于饲养猪、禽的饲料粮高达 1/3 以上。

随着我国现代化、城市化建设进程的加快，耕地面积正在逐步减少，2011

年全国耕地面积为 1.22 亿 hm², 已逼近我国所需最低耕地面积（1.20 亿 hm²）的红线。2011 年全国粮食总产量为 5.5 亿 t, 进口粮食 6250 万 t, 其粮食自给率已不足 90%（我国政府制定目标：粮食自给率要达到 95% 以上）。畜牧业飞速发展导致饲料用粮大幅上升, 人畜争粮矛盾不断加剧, 如果维持现有生产方式, 中国将面临巨大的粮食生产压力。

（二）调整畜产品生产结构有助于确保国家粮食安全

调整种养产业结构、大力发展草食畜牧业, 对于我国实现"全面建成小康社会"的战略目标, 确保国家粮食安全战略和人民生活水平的不断提高意义十分重大。

在欧盟和美洲等畜牧业发达国家, 猪、牛羊和禽三大肉类生产比例各约占肉类生产总量的 1/3。又据国家统计局统计, 2010 年我国生产猪肉 5071.2 万 t, 占肉类生产总量的 63.99%; 生产禽肉 1656.0 万 t, 占肉类总量的 20.9%; 生产牛羊肉 1046.2 万 t, 占肉类总量的 13.84%。尤其是耗粮型猪肉的生产, 在 2012 年的生产量仍然占到 65.61%, 大大高于上述国家和世界水平, 这种情况更是加剧了人畜争粮矛盾。

周道玮和孙海霞（2010）提出, 若参照世界先进国家畜产品生产方式, 维持 2006～2007 年的生产水平, 即维持禽肉蛋生产水平不变, 将猪肉生产逐渐减少 700 万 t, 只生产 0.45 亿 t, 节约 0.21 亿 t 粮食, 可用于生产牛羊肉 0.21 亿 t, 除弥补减少的猪肉产量, 还可多生产 0.14 亿 t 牛羊肉（料肉比为 1:1）, 其肉品生产为：猪肉 0.45 亿 t, 禽肉蛋 0.38 亿 t, 牛羊肉 0.30 亿 t, 比例分别为 40%、34% 和 26%。届时, 粮食生产仅需达到 5.4 亿 t, 与当前国家粮食生产水平相当, 即可满足上述肉类生产的需求。这将极大缓解粮食生产的压力, 有助于确保国家粮食安全。

（三）加快发展草食畜牧业是发展现代畜牧业的必然选择

我国西南农区大多处于亚热带, 自然地理条件优越, 气候温和, 雨量充沛, 非常适宜种植农作物和优质牧草, 野生饲草资源十分丰富, 是我国养殖优质肉牛、肉羊的优势产业带。特别是在广大农区, 人们素来就有养殖和消费肉牛、肉羊等草食牲畜的习惯。尤其是在近些年来，随着我国加快建设现代化进程和人们生活水平日益提高，对肉类食物的消费结构发生明显变化，牛羊肉的消费比例不断增加，价格上扬，市场缺口不断加大，发展草食畜牧业已成为发展现代畜牧业的必然选择（四川省丘区三市现代畜牧业发展行动方案编写组，2007）。

事实上，早在 1992 年我国就开始实施秸秆养畜项目。1996 年国务院办公厅转发了农业部《关于 1996～2000 年全国秸秆养畜还田项目发展纲要》，继后农业部又制定实施了《2001～2010 年全国秸秆养畜还田项目十年发展纲要》，至 2010 年在全国建设了 47 个秸秆养畜示范区、200 个秸秆养牛示范县、200 个秸秆养羊示范县，并续建了 10 个秸秆养畜示范区和 200 个秸秆养畜示范县。特别是 2008 年以来，国家实施退耕还林（还草）工程、长江上游生态保护屏障建设工程、南方草山草地建设等一系列重大工程项目，极大地推动了草食畜牧业的发展。但与建设现代畜牧业的要求相比，仍然存在较大的差距。因此，还需进一步发展饲用作物，调整种植业结构，保障优质饲草料的供给，才能更好地促进草食畜牧业的持续健康发展。

（四）发展肉山羊生产是实现畜牧业现代化的重要途径

我国的羊存栏数和出栏数居世界各国之首。据农业部统计，截止到 2011 年底，我国肉羊存栏量和出栏量分别为 2.82 亿只和 2.67 亿只，较 1980 年分别增长了 50.8% 和 5.36 倍。2011 年羊肉年产量达到 393.1 万 t，较 1980 年增长 7.91 倍。羊肉在我国肉类产量中的比重不断提高，由 1980 年的 3.69% 提高到 2011 年的 4.94%（同期猪肉产量的比重由 85.29% 下降到 63.98%），而羊肉总产值占畜牧业总产值的比重达到 6.64%（羊肉价格相对较高）。这种高速发展态势相对于我国的其他常规畜种，市场潜力更加巨大（李秉龙和张倩，2013）。

党中央、国务院在《国家食品工业"十二五"发展纲要》和国发[2012]4号文件中指出："进一步调整生产结构，稳步发展生猪、家禽，突出发展牛羊等节粮型草食家畜"；在产业布局中强调："羊的生产在北方实行限牧和禁牧，重点发展南方地区肉羊产业，在项目和资金方面作重要倾斜"。四川省省委、省政府明确提出将"发展特色肉羊产业作为率先实现全省农业现代化的关键和突破口"，并在《四川省中长期科学和技术发展纲要》中指出："要充分利用品种优良、资源丰富、生产性能优良等优势，使之成为我国四大肉羊产业优势区域之一，建成西南肉羊养殖屠宰加工基地之首"。伴随着现代化建设进程的加快，我国正面临着资源和环境的双重约束，粮食安全压力巨大，为此，国家决定"重点发展南方地区肉羊产业"，毫无疑问，这是我国南方地区实现畜牧业现代化的重要途径之一。

本研究拟通过国内外现代肉用山羊养殖对饲草料需求的分析，以及对简阳、乐至、盐亭、雅安、营山、三台、南江、资阳、中江、富顺、南充等县（市）的典型调研，为发展饲用作物、调整种植业结构、开发利用饲草料资源、促进肉用山羊产业持续健康发展提供重要参考。

二、四川肉山羊养殖与饲草料开发利用现状

（一）四川肉山羊养殖概况

四川养羊历史悠久，品种、饲草资源丰富，在全省所有地区均有山羊养殖，年存栏数和出栏数分居全国第5位和第4位，羊产业在四川畜牧经济中占有重要的地位，是唯一通过农业部3个国家级羊品种审定的省份。2011年全省存栏羊1661.7万只（其中山羊1435.6万只），出栏1550.8万只，较1980年分别增加了1.9倍和3.2倍，羊肉产量23.9万t（中国统计年鉴，2011）。四川肉用山羊养殖大多以小规模分散饲养为主，其主要饲草料来源为野生牧草、灌木枝叶、农作物秸秆、人工牧草和农副产品加工副产物等。羊产业的发展呈现向农区优势区域相对集中的态势，资阳市、凉山州、南充市、自贡市、达州市等5个市（州）的羊出栏量合计占全省山羊出栏总数的47.3%。

（二）主要饲草料来源及利用情况

四川省有天然草地和草山草坡2493万 hm^2，其中可利用面积约1787万 hm^2，天然牧草包括草本植物、灌木、乔木等，但由于自然、地理、交通等

因素限制，饲草利用率较低，在一些深丘、山区根本无法利用。人工种植牧草主要有黑麦草、苜蓿、白三叶、牛鞭草、青贮玉米、饲草玉米、高丹草、皇竹草等，亩产 5～15t。此外，还有大量的加工副产物，如麦麸、米糠、菜籽饼、豆饼、酒糟、酱糟和豆渣等。

2010 年全省农作物播种面积为 998.9 万 hm^2（含复种面积），其中，可用作山羊养殖的主要秸秆饲料作物有玉米、豆类、红苕、油菜、花生等，其种植面积约为 307 万 hm^2，占全省耕地面积的 44.7%，但作物秸秆利用率较低。资阳市是全省养殖山羊第一大市，有耕地面积 40.6 万 hm^2，2010 年种植玉米、豌豆、胡豆、红苕、油菜、花生面积共 34.4 万 hm^2（含复种面积），占全市耕地面积的 84.7%。简阳市和乐至县是全省养殖肉用山羊较多的地区，2010年简阳市存栏山羊约 42 万只，出栏 135 万只，羊肉产量 2.17 万 t（简阳市人民政府，2011）；乐至县则分别为 53.68 万只、107.91 万只和 1.73 万 t（乐至县畜牧局，2012）。2010 年两县（市）种植玉米、豌豆、胡豆、红苕、油菜、花生等作物面积 18.3 万 hm^2（含复种面积），占总耕地面积 117.6%。分析结果表明，在上述肉用山羊主产区，种植玉米、豌豆、胡豆、红苕、油菜、花生等农作物的面积（含复种面积）占总耕地面积的比例都大大高于全省的44.7%，说明种植业结构对于保障饲草料供给、促进肉用山羊产业发展起到了积极作用。

在饲草料利用方面，大多数养殖户采取户外刈割野生牧草、灌木枝叶、农作物秸秆（如红薯藤、大豆秆等），补饲少量混合精料的饲养方式，部分养殖户种植少量人工牧草，如黑麦草、苏丹草等作为补充（主要用于冬、春缺草季节）（徐刚毅和王晓平，2012），也有部分养殖户实行放牧。一些规模养殖企业的主要饲草料来源为人工牧草、野生牧草或灌木枝叶、秸秆饲料、农作物加工副产物等，或购买部分干草等作为补充（主要用于冬、春缺草季节）。通常采取将秸秆粉碎成粗粉与精料混合加水拌湿，然后添加青干草或青绿草料饲喂。有的将混合精料或青绿饲草或干草料分别进行饲喂。部分较大型养殖场采用青贮池或裹包青贮玉米秸秆、红薯藤技术等。

（三）国内羊肉产品市场供求现状

中国是世界上羊年饲养量、出栏量、羊肉产量最多的国家，其羊肉产量由 1990 年的 106.8 万 t 增加到 2011 年的 393.1 万 t，占世界羊肉总量的比重也由 11.9% 增加到 29.1%。据国家统计局统计，我国城镇居民 2011 年人均羊肉消费量达 1.18kg，农村居民人均羊肉消费量达 0.92kg，较 2005 年增长一倍以上，但这种消费水平在世界上仍然处于相对较低水平（世界平均约为 1.5kg），市场缺口很大。

据调查，自 2004 年 1 月至 2013 年 4 月，全国鲜羊肉批发价格从 16.92 元/kg 上涨至 53.98 元/kg。今年 11 月，新疆、山西、山东、四川部分地区鲜羊肉价格已达 65 元/kg 或以上。简阳市是四川省农区大众消费羊肉最多的一个县级市，目前全市有羊肉汤餐馆近千家，年消费活羊 50 万只以上。

中国羊肉进出口总量呈明显增长趋势，且进口总量增长明显快于出口总量增长，贸易总量逆差不断拉大，如 2010 年进口总量为 8.22 万 t，出口总量为 1.35 万 t，贸易总量逆差达 6.87 万 t。同样，羊肉进出口总额也呈明显增长趋势，进口总额增长快于出口总额增长，贸易总额逆差逐年扩大。2010 年羊肉进口总额达 2.5 亿美元，进口价格由 2001 年的 1.34 美元/kg 上升到 2010 年的 3.05 美元/kg；出口总额为 6897.7 万美元，羊肉贸易总额逆差达 1.8 亿美元。

综上可见，我国的肉羊产业面临前所未有的发展机遇和巨大挑战。

（四）四川肉山羊产业高速发展，饲草料供给已成制约"瓶颈"

四川地处我国西南肉羊优势产业带（全国四大肉羊优势产带之一），其羊只数量、羊肉产量位居西南各省之首。1985 年全省存栏羊 537 万只，1995 年存栏 844 万只，2005 年存栏 1280 万只，2011 年存栏 1435.6 万只，较 1985 年增长 1.68 倍。另据《中国农村统计年鉴》，2011 年四川生产羊肉 23.9 万 t，云南生产 13.0 万 t，湖南生产 10.2 万 t，贵州生产 3.4 万 t，重庆生产 2.6 万 t。就总体发展而言，四川在前 20 年的肉羊数量增长迅速，但近几年的增长速度明显放缓，这种状况与近年日益旺盛的市场需求矛盾十分突出，其中一个重要原因就是饲草料供给不足，已严重制约肉羊产业的规模化、标准化和产业化进程。

三、饲草料资源开发利用中存在的主要问题

（一）小规模分散饲养制约饲草料产业发展

目前，四川农区肉用山羊养殖仍处于小规模分散饲养为主阶段，一般户养 5～20 只，养殖地区大多地处丘陵地带。近些年来，由于实施国家长江中上游生态保护屏障建设、退耕还林还草、南方草山草坡与养畜建设工程等项目，在农区范围内主要推广规模舍饲标准化养羊技术，但规模化程度仍然不高，2010 年存栏 20 只以下的养殖户占总养殖农户的 80% 以上。每年 3 月至 11 月为丰草期，其饲草来源主要依靠野生牧草、部分人工种植牧草、农产品加工副产物及秸秆饲料，但冬季饲草较为紧缺，许多养殖户依靠在夏季晒制部分青干草或收储部分秸秆饲料过冬。由于农户养殖规模小，饲养数量不多，标准化饲养程度低，饲草料需求呈季节性供给不足，这在很大程度上限制了饲草料产业的发展，并严重影响到肉羊产业化发展进程。

（二）人多地少，分散经营，机械化水平低，难以实施规模化种植

四川省有国土面积 48.5 万 km^2，其中平原 5%，丘陵 37%，山地 58%。2011 年全省总人口 9001.3 万人，其中农业人口 6646.1 万人；耕地面积 401.1 万 hm^2，人均 0.68 亩（四川省农业厅，2013），大大低于全国和世界人均耕地面积（1.38 亩和 3.45 亩）。由于人口多，土地少，地块小，大多数为丘陵和山地，且农户承包分散经营和近年许多农村青壮劳力外出务工导致劳动力缺乏，加之机械化水平又很低，因此难以组织实施规模化饲草料种植。

（三）饲草料产量不高，营养不足，全年供给不平衡

野生饲草料主要来源于丘陵山地的田边地角和林地，以禾本科草料为主，部分为乔、灌木枝叶，饲用成本低，但产量不高（亩产约为 1.5t），质量不稳定。人工种植的饲用作物，面积偏小，结构不合理，造成季节性不平衡。农户利用的大部分或绝大部分秸秆饲料，由于收获后长时间暴露在田间，经过日晒雨淋大部分养分已经丢失，饲用价值非常低，甚至出现霉烂变质，导致

羊只中毒、死亡的现象时有发生。特别是由于缺乏富含粗蛋白的饲草料，以致难以正常发挥羊的生长、繁殖潜力，许多地方羊的生长速度仅为最大生长潜力的 50%～70%，甚至导致羊（特别是生长羊）的生长受阻或发育不良，养殖效率和经济效益较低。

（四）生产技术落后极大地限制了秸秆和人工种植饲草料的开发利用

四川农区肉用山羊养殖大多地处丘陵山区，交通和地理状况相对较差，农机具研发工作严重滞后，至今没有适合于该区域秸秆饲料和人工牧草种植、收获、储运、加工的配套机械。由于田间劳动强度大、劳动效率低、用工成本高，使大量农作物秸秆（90%左右）或人工种植饲草料难以在收获期内完成收割、加工、晒制、储存或青贮，极大地限制了秸秆和人工种植饲草料的开发利用，导致养殖成本增加，规模养殖风险加大。

四、国外现代肉羊养殖与饲草料开发利用及启示

（一）发展概况

养羊业发达国家主要依靠广阔的天然草场、人工牧场和种植优质饲草料发展肉羊生产，集约化、规模化、标准化程度很高。例如，美国、澳大利亚、新西兰等在保护天然草地及开发人工草地方面实行了非常严格的保护制度，并科学地界定了区划范围。新西兰建立有高效优质的以白三叶与黑麦草为主体的混播草地，不仅改善了草地的土壤生态条件，培肥了地力，提高了草地供氮营养能力，而且大大提高了牧草的产量与品质，最终使畜产品的产量和品质大幅度提高。欧洲可耕地中有许多上好耕地是为畜牧业生产服务的。美国和加拿大作饲料用的谷物占谷物总产量的 60%以上。美国、加拿大、法国、荷兰、爱尔兰、澳大利亚、新西兰等农业发达国家的牧业产值占农业总产值的 60%～70%。这些国家都大量使用青贮玉米饲料，如美国加利福尼亚州和欧洲各国用于制作青贮玉米的比重分别占玉米种植面积的 56%和 47%以上；与此同时，对原有可利用的草场，运用科学方法进行改良，提高单位面积的

载畜量和牧草质量；在缺少或草场资源匮乏的地区建立人工草地，从而解决或缓解牧草短缺与肉羊饲养之间的矛盾。草业是这些国家农业生产的主体，草业经济已成为这些国家农业现代化的重要标志。

（二）主要启示

由上述可知，在国外草食畜牧业发达地区，其种植业是为养殖业服务的。主要做法：一是利用优质天然草场，主要采取分区轮牧制度；二是建立高效优质的豆科与禾本科混播牧草地，并采取划区轮牧制度；三是充分利用季节性生产特点，在发展肉羊产业的同时，积极发展草业经济；四是采取易地肥育技术，充分利用丰草期的饲草料资源；五是大量利用优良耕地，种植优质高产饲草料，主要种植青贮玉米。主要启示：充分利用优越的自然资源，积极发展优质饲草料，大力推进牧草产业化经营，积极发展饲草料产业经济，确保全年均衡供给，推进草食畜牧业的持续健康发展。

五、四川农区肉山羊饲草料发展对策

四川省畜牧食品局在关于《四川省"十二五"畜牧业发展规划》中指出：以优质肉羊品种改良为主线，以秸秆养畜为抓手，加快推进"以草换肉"、"以秸秆换肉奶"工程；在巴中、资阳、广安、自贡及周边市（县、区）建设肉羊优势产区，建成以四川盆周山区为主的优质肉羊生产区；到 2015 年，全省羊存栏数增加 20%，形成特色鲜明、优势突出、效益良好的养殖结构。这就为四川农区肉用山羊产业发展指明了方向。为了实现这个目标，应立足四川饲料粮供应不足、农副作物秸秆和草山草坡饲料资源丰富等资源特点，针对具有比较优势和市场潜力的肉山羊产业，结合四川现有基础和现状，提出如下饲草料发展对策。

（一）优化饲用作物种植结构，促进饲草料产业发展

近 20 多年来，四川肉羊养殖的数量和出栏量不断增加，羊的生产性能不断提高，并成功地培育出南江黄羊、凉山半细毛羊和简阳大耳羊新品种，产品供不应求，价格不断攀升，发展潜力巨大。但随着规模化、标准化和产业

化进程的加速，饲草料紧缺的矛盾日益突出，已成为严重制约羊产业发展的瓶颈。为此，必须努力调整种植业结构，大力发展饲草料生产，为快速发展现代肉羊产业提供可持续的饲料保障。

此外，发展饲草料生产，必须突破传统解决饲草料来源的方式，即简单依靠野生牧草资源，或少量种植人工牧草，或直接从田间回收农作物秸秆作饲料的方式。要提高肉羊产业饲草料的科学化水平，就必须优化饲用作物种植结构，系统地发展饲草料产业经济，促进现代肉羊产业化进程。

（二）开发利用饲草料资源，保证全年饲草料均衡供给

四川农区的农作物秸秆、天然草地、草山草坡等饲草料资源虽然比较丰富，但随着现代肉羊生产向规模化、标准化发展，对优质饲草料和饲料日粮的营养和科学配制要求越来越高。因此，必须改变传统、单一的饲喂方式，要在开发利用新型饲草料资源方面下功夫，加大对新型饲草料品种的研制和推广。饲草料生产基地可推行"粮-经-饲"三元高效种植结构模式，筛选出适宜于当地种植的优质高产牧草品种或品种组合，特别是抗逆性好的豆科牧草品种，采取净作、轮、间、套种等方式生产优质饲草料。同时，根据大春和小春各种农作物的生产特点，及时回收各种农作物秸秆饲料，特别是豆科作物秸秆，并参照有关营养标准科学配制日粮，保证全年饲草料科学、合理和均衡供给。

（三）大力推广种植青贮青饲玉米，提高饲草料生产水平

我国发展种植青贮玉米起步较晚，在20世纪80年代以前没有专用青贮玉米品种，生产上大都用粮食品种生产青贮，因而产量低、质量差。近年来，四川农业大学选育出一批专用青贮饲草玉米品种，如'玉草2号'、'玉草3号'、'玉草4号'、'玉淇淋草1号'，单次刈割亩产达5t以上，复种年均亩产10t以上，蛋白质含量高达10%左右。同一时期国内还选育出专用的分蘖型玉米杂交种，大大提高了青贮饲料干物质、可消化蛋白质的含量和青贮饲料利用价值。此外，国内推广的还有专用青贮玉米品种'京多1号'、'中北410'、'中北412'、'中北406'、'农牧1号'、'东岳20号'、'鲁单50'等；

粮饲兼用型青贮玉米品种有'辽原1号'、'农大108'、'农大86'、'京早13号'、'中原单'等。四川省雅安市农科所培育的'雅玉青贮8号'，亩产4.6t以上，粗蛋白含量达8.79%，也非常适宜在丘陵和低山地区种植。

青贮玉米秸秆等饲料是提高土地单位面积产量和效益，解决全年饲草料均衡供给的有效途径。尤其是在规模化、标准化舍饲羊场中，应大力推广青贮玉米秸秆等饲料技术，重点加大全株青贮（粉碎、揉搓）、青贮容器（因地制宜采取裹包、青贮池、青贮窖、地面青贮等）、发酵剂、青贮添加剂等技术的推广。同时，应加大合理搭配、科学喂养配套技术的推广力度。

（四）充分利用冬闲田土和疏林地，种植优质饲草料

近年来，随着我国加快工业化、城镇化进程，许多农村的青壮劳力都纷纷外出务工，农村留守务农人员的老龄化问题日趋严重，导致大量冬闲田土闲置，疏林地荒芜。这些农田或疏林地土壤肥沃、易于耕种、产草量高、质量优良，十分有利于增种一季饲用作物。例如，一年生黑麦草，于当年9月下种，从12月至次年5月刈割，产草量可达5t左右。这个时段刚好是每年青草料最为缺乏、羊只最需要加强营养（因妊娠和哺乳）供给的时候，利用增种青草料可弥补饲喂干粗饲料营养不足的缺陷。

四川农区大多地处山地丘陵地区，陡坡耕地较多，地形破碎，其中一部分不适合种植"粮-经"作物，因此应进行合理规划，调整出部分坡耕地发展多年生饲用作物，同时注意开发部分低产田用于种植豆科牧草，提高土地复种指数，在保护生态环境的同时，实现草食畜牧业的可持续发展。

（五）开发和利用非常规饲草料资源

要改变传统、粗放的养殖方式，加大规模化、标准化饲料配制和饲喂技术的示范与推广。四川农区大多数为丘陵山地，除大量种植玉米外，还大量种植油菜、红薯、花生、豌豆、胡豆等农作物；天然灌木林地的嫩枝叶（特别是固氮树枝叶）和野生饲草、农产品加工副产物（如酒糟、酱糟、果渣、蔗渣等）和部分地区的桑树、蚕沙等资源十分丰富，应该得到应有的重视和合理的开发利用。

六、几点建议

（一）加强政府引导，发挥四川自然资源优势和潜力

大力发展草食肉羊产业，必须大力发展饲用作物，调整种植业结构。四川省具有发展肉山羊生产的自然资源优势和潜力，是全省畜牧业率先实现农业现代化的关键点和突破口。为此，必须加强政府领导和引导，通过政府各级有关部门的统筹与协调，积极配套相关扶持政策，并建立发展饲用作物，调整种植业结构的长期运行机制，加快肉山羊产业发展。

（二）制订种养业结构调整战略规划，推动饲用作物有序发展

结合四川实际，从实现国家发展战略目标高度出发，制订出四川农区调整种养结构、大力发展饲草料、积极开发利用秸秆饲料资源、促进四川草业经济发展和草食畜牧业发展的战略规划。明确短期、中期和长期种养业结构调整，以及发展饲用作物的内容、目标和具体行动方案。

（三）加大饲草料生产基地建设，保障优质饲草均衡供应

加大饲草料生产基地建设和示范推广的经费投入，尤其是专业化、规模化、产业化饲草料生产基地的建设。建立完整的饲草料供应体系和全年均衡供给体系，提高优质高产饲草料生产水平。

（四）研发饲草料日粮配方，促进草食家畜标准化养殖

加强以粗饲料为主的饲喂日粮配方研制，提高饲草料综合利用率和商品生产率。粗饲料的最大缺陷是营养含量不足或不全面，特别是能量和蛋白质含量不足，在单一饲喂情况下，难以充分发挥重要作用。为此，需要深入研究和大力推广粗饲料、精饲料、青绿饲料及加工副产物的综合配制和利用技术。

（五）设立农机研发专项，提高饲草料机械化生产水平

设立农机研发专项，解决四川农区，特别是丘陵山区秸秆饲料和人工种

植饲用作物的种管收及加工的机械化作业问题。彻底改变目前因农村劳动力极度缺乏、交通不便、劳动强度太大、秸秆饲料和人工种植饲用作物生产成本太高，导致大量农作物秸秆和部分人工种植饲用作物无法适时回收或收获利用的状况。

主要参考文献

国家统计局农村经济调查司. 中国农村统计年鉴(1991、2000、2004、2007、2010). 北京:中国统计出版社

简阳市人民政府. 2011. 发展山羊优势产业,建设畜牧经济强市(内部资料)

乐至县畜牧局. 2012. 乐至县肉山羊产业发展调研报告(内部资料)

乐至县县委、县人民政府. 2012. 关于种植饲草作物调结构发展现代畜牧业的工作情况汇报(内部资料)

李秉龙,张倩. 2013. 中国肉羊规模经营研究. 北京:中国农业科学技术出版社

四川省畜牧局. 2007. 四川省优势特色畜牧产业发展规划——肉羊(内部资料)

四川省农业厅. 2008.http: //www. Scagri. gov. cn/zwgk/scsq/scgk/200807/t20080717_728. html

四川省丘区三市现代畜牧业发展行动方案编写组. 2007. 四川省丘区三市现代畜牧业发展总体规划
    (2007~2010)

徐刚毅,王晓平. 2012. 四川正东农牧集团肉羊产业发展情况、存在问题及对策建议(内部资料)

周道玮,孙海霞. 2010. 中国草食牲畜发展战略. 中国生态农业学报,18(2):393~398

资阳市畜牧局. 2012. 关于资阳市肉羊产业发展情况的调查报告(内部资料)

专题四　四川省家兔养殖饲草料现状及发展对策

一、研究背景

家兔是一种节粮型草食小家畜，饲料配方中原粮比例平均为 23%，远低于生猪和禽类的 60%，故养殖家兔可缓解人畜争粮矛盾。而且，家兔把草转化为畜产品的效率远高于牛、羊等复胃草食家畜。有关资料显示，用相同数量的青饲料饲喂肉兔和肉牛，所生产的兔肉是牛肉的 5 倍（刘国信，2011）。此外，家兔养殖还具有"短、平、快"的特点，适合当前我国农区农村剩余劳动力增收的需求，适应当前畜牧业结构调整的需要。另外，随着人们消费观念的转变，对兔产品（肉、毛、皮及其制品）的需求量越来越大，一些加工产品已供不应求。在此背景下，我国家兔养殖业发展迅速，2009 年兔肉产量达 70 万 t，占世界兔肉总产的 42.6%，为世界第一养殖大国，在国际上占有举足轻重的地位。四川是我国家兔养殖第一大省，发展速度虽然较快，但在饲草料供给等方面仍然存在一定的问题。因此，分析该省当前家兔养殖饲草料开发利用现状，探讨其发展对策，对促进四川家兔养殖的持续、健康发展具有重要的意义。

二、四川省家兔养殖饲草料开发利用现状

（一）四川省家兔养殖发展概况

近年来，四川省家兔养殖呈现出规模稳中有升、生产布局日趋合理、产业链条不断延伸、品牌化战略初显成效的特点。2008 年年底，全省家兔存栏 0.66 亿只，其中肉兔、毛兔和獭兔分别占 83.2%、10.4% 和 6.4%；出栏 1.53 亿只，其中肉兔、毛兔和獭兔分别占 93.7%、0.4% 和 5.9%（刘汉中等，2009）。据四川省畜牧科学研究院有关专家介绍，2012 年四川省家兔实际存栏量和出栏量已接近全国的 1/3。

目前，四川省家兔养殖以散户为主，但兔业专合组织发展迅速，已成立

了百余个合作组织，形成了"公司＋合作社＋农户"或"公司＋协会＋农户"的养殖模式。据 2008 年统计，四川省 21 个市（州）均有家兔养殖，优势产区主要集中在四川盆地中部的成绵、成乐、成渝和成南沿线。初步形成以成都、德阳、绵阳等为主的肉兔产区，以广元、雅安、洪雅等为主的毛兔产区，以江油、仪陇、南部等为代表的獭兔产区。近年来，涌现出以四川哈哥兔业、成都西奥集团为代表的一批影响力较大的兔业龙头企业。四川哈哥兔业、成都西奥集团相继投入巨资，分别建成年加工 1000 万只肉兔和 200 万张獭兔皮的生产线；宜宾冻兔厂获得出口欧盟资格；西南第一家兔毛加工企业——福荥兔毛绒纺织有限公司落户荥经县，极大地延伸了家兔养殖的产业链（刘汉中，2011）。

为促进四川省兔业的快速发展，该省将 2010 年定为家兔标准化养殖推进年。另据四川省"十二五"规划，该省将新建省级肉兔原种场 1 个，扩繁场 10 个，毛兔一级扩繁场 8 个，改扩建四川省獭兔原种场、一级扩繁场 5 个。而且，将进一步加大家兔养殖科技研发领域的财政支持力度，改善科研条件，加强科技力量，进一步为家兔养殖提供科技支撑。

（二）四川省家兔养殖饲草料开发利用现状

1. 配合饲料已逐步取代传统青饲料，成为家兔养殖的主导饲料

项目组调研结果表明，在家兔养殖优势区，除毛兔对青草需求稍高、獭兔和肉兔的种兔在特定阶段需补充适量青草外，肉兔、皮兔和毛兔 3 种类型家兔均依靠配合饲料饲喂，其用量已占饲料总量的 90% 以上。目前，四川家兔养殖虽以散养户为主，但规模化养殖增长快速，是今后的发展方向。在传统庭院散养条件下（10 只以下），家兔饲料以青草料为主，适当补充配合饲料，四川省青绿饲料资源丰富，不存在饲料资源短缺问题；而规模化养殖以配合饲料为主，适当补充青草料，甚至完全使用配合饲料。大量商品饲料的工厂化生产是家兔规模化养殖的前提和基础。家兔配合饲料适应今后规模化养殖的需要，便于标准化饲喂和工厂化生产，可较大程度地降低人工成本，提高饲养水平和养殖效益，已逐步取代传统青草料，并成为四川当前家兔养殖的主导饲料。

2. 干草资源匮乏已成为制约四川兔业发展的瓶颈

当前，饲料成本已占家兔养殖成本的70%左右。相关资料表明（谷子林，2012），四川省成都市种兔商品料价格明显高于重庆市、河北省沧州市和河南省许昌市，育肥料价格仅次于重庆市。2010年、2011年，成都市种兔商品料价格与2009年同期相比分别上涨了15.2%、8.0%，育肥料上涨了25.7%、11.4%。四川省配合饲料价格的快速上涨及高于国内其他地区的状况，直接导致该省家兔养殖效益下滑和市场竞争力降低，致使薄利的家兔养殖业难以承受，严重影响到该省家兔养殖的持续发展。

家兔配合饲料中必须添加35%左右的粗饲料。据项目组对四川省两家大型家兔饲料生产企业的调研结果，造成该省配合饲料价格持续上涨的重要因素是粗饲料匮乏。据初步估算，粗饲料成本已逼近饲料生产成本的35%。由于四川气候阴雨寡照，通过自然晾晒生产干草相对困难，全省绝大多数家兔饲料生产企业所需干草几乎全部依靠进口或购自北方的内蒙古、甘肃、宁夏、黑龙江等省（自治区），导致饲料生产成本偏高。近年来，由于受市场需求等多种因素的影响，干草供应严重不足，价格不断攀升，已与精料价格基本持平，甚至高出精料。以家兔粗饲料中利用最多的苜蓿干草为例，2008年我国进口苜蓿到岸价格仅为280.08美元/t，进口量不足2万t，而2013年（1～11月）已飙升至371.84美元/t，上涨了32.8%，进口量增加了近34倍（表1），2013年我国全年苜蓿进口量已突破70万t。相比之下，作为配合饲料中使用最多的豆粕等蛋白类精料，近几年的价格则相对稳定（表2）。按四川省目前家兔养殖规模，以出栏每只家兔需配合饲料12kg计算，每年需配合饲料80余万t，草粉缺口近30万t。

表1 2008～2013年我国苜蓿进口情况

年份	进口量/万t	进口额/万美元	平均到岸价/（美元/t）
2008	1.96	308.16	280.08
2009	7.66	2 043.41	282.25
2010	22.72	6 147.68	270.61
2011	27.56	10 361.25	332.67
2012	44.22	17 394.27	385.33
2013（1～11月）	67.83	25 221.96	371.84

数据来源：中国畜牧业信息网 http://www.caaa.cn/show/newsarticle.php?ID=290222 及其他网络资料整理。

表 2　四川省两市（县）近 5 年 43%蛋白豆粕价格

年 份	地 点	价格/（元/kg）
2009	眉山市	3.56
2010	蒲江县	3.30
2011	眉山市	3.45
2012	眉山市	3.46
2013	眉山市	4.45

数据来源：网络资料整理，统计日期为每年 3 月 20 日。

依靠进口或外调干草，很难保证稳定的粗饲料供应，迫使家兔饲料生产厂家不得不随各种粗饲料供应状况而频繁更换配方，严重影响家兔的标准化养殖。另外，由于外调干草质量不稳，运输过程中易出现质量问题，常因发霉变质造成家兔严重腹泻而大批死亡。干草资源匮乏已成为制约四川家兔规模化养殖的瓶颈（谢晓红等，2011），开发和利用新的廉价粗饲料资源，减少对外调苜蓿等干草的用量和依赖，已成为四川家兔产业持续、健康发展亟待解决的问题。

三、进一步解决四川省家兔养殖饲草料问题的对策与建议

（一）适度发展青饲草料生产，满足种兔养殖需要

目前，四川家兔养殖配合饲料已占主导地位，家兔所必需的维生素也多通过在商品饲料中添加复合维生素解决，但事实上，对于种兔养殖，配合饲料并不能完全取代青饲草料。现有技术条件下，复合维生素中各种单体维生素的成分和含量，很难满足种兔的正常生理需要和繁殖性能。据家兔养殖专业人员介绍，只饲喂配合饲料的种兔往往会出现受胎率降低、死胎率升高、产仔数下降、泌乳量减少，甚至不发情的现象，而补充适量青饲料后，可解决上述问题。因此，今后应适度发展青饲草料生产，充分发挥其维生素含量高、种类丰富的优势，满足种兔正常生理和繁殖需求，保证种兔的健康，提高其繁殖性能。

（二）研发纤维源替代型饲用作物，逐步实现家兔粗饲料本地化生产

家兔饲料中粗纤维的主要作用是促进肠道蠕动和微生态平衡，维持家兔

消化系统的正常功能，提高对其他养分的吸收利用率（尤彬等，2010）。饲料中粗纤维含量不足容易引起家兔消化系统紊乱而诱发腹泻、肠炎等疾病。据了解，家兔60%以上疾病为消化系统疾病。鉴于粗纤维对维持家兔正常生理功能的重要性及前述粗饲料利用中的问题，建议加大纤维源替代型饲用作物的研发力度，探索用这类作物的草粉取代或部分取代川外的苜蓿等草粉，提供家兔所必需的粗纤维，并通过增加豆粕等蛋白类精料的用量，使配合饲料中的蛋白总量达到家兔商品料配方的要求。

四川阴雨寡照、冬暖春早、无霜期长的气候特点，适合发挥作物营养体生长的优势，栽培纤维源替代型饲用作物。近年来，四川农业大学玉米研究所选育的新型饲草玉米，纤维素含量相对较高，并含有较多的糖分，家兔喜食，经进一步研发，可能成为一种具有较好前景的纤维源替代型饲用作物，为逐步实现家兔粗饲料的本地化生产提供原料。

（三）研发快速脱水技术，提升纤维源替代型饲用作物的干草加工水平，降低家兔商品料成本

纤维源替代型饲用作物利用的最大难点是脱水干燥。四川光照弱，湿度大，很难自然干燥，而利用现有的常规技术进行烘干，能源消耗很大，生产成本高。因此，应加强快速脱水、烘干机械和相关工艺的研发。四川省眉山市海龙饲料有限公司在这方面已进行了积极的尝试，其新建的干草生产线中，仅机械压榨一个环节，即可去掉近70%的水分，剩余水分利用常规技术烘干，所需能源大大减少，有效降低了生产成本。

主要参考文献

谷子林. 2012. 家兔生产现状与形势分析. 农村养殖技术, (3):10~11

刘国信. 2011. 肉兔养殖前景看好. 肉类工业, (4):53~54

刘汉中, 关云秀, 余志菊, 等. 2009. 四川兔业概况与成就. 中国养兔, (9):36~38

刘汉中. 2011. 回顾"十一五"展望"十二五"全面推进四川兔业跨越式发展. 四川畜牧兽医, (6):14~15

谢晓红, 郭志强, 刘汉中, 等. 2011. 四川兔业发展存在问题和对策. 四川畜牧兽医, (10):9~10

尤彬, 高福荣, 姬阳, 等. 2010. 家兔营养粗纤维的研究进展. 畜牧与饲料科学, 31(3):119~120

专题五　四川省丘陵区种草养肉山羊产业发展战略研究

——以四川省简阳市、乐至县为例

一、研究背景

（一）丘陵山区在四川省农牧业发展中具有重要的战略地位

四川省丘陵区（简称"川中丘区"）东迄华蓥山，西止龙泉山，北起大巴山麓，南抵长江，海拔不超过 800m，相对高度不超过 200m，面积约 8.4 万 km²。行政区划包括 68 个县（市、区），人口 5166.49 万，占全省的 59.6%。气候以亚热带季风气候为主，气温较高，雨量多，无霜期长，日照少。水稻、玉米、小麦、薯类、竹类、生猪、水禽、牛羊、蔬菜、油菜、茶叶、蚕茧、柑橘、麻类等资源相当丰富。2010 年川中丘区粮食产量 2309 万 t，占全省粮食总产的 60%，人均生产粮食 446.92kg；经济作物播种面积约 90 万 hm²，占全省经济作物播种面积的 33.16%；饲用作物种植面积 19.3 万 hm²（包括秋闲田），占全省牧草（含饲用作物）面积的 7.1%。出栏生猪 5351.75 万头，占全省生猪出栏总量的 66%；出栏肉山羊 949.17 万只，占全省肉山羊出栏总量的 58.4%；畜牧业总产值达到 993 亿元，占全省畜牧总产值的 62.2%。由此可见，川中丘区是保障四川省粮食、畜产品有效供给的战略要地，更是发展饲用作物、调整种养结构，促进肉山羊（肉⧸）产业发展的优势产区和未来四川省牧区"减畜保生态"的战略转移区。

（二）居民膳食结构的改善迫切要求生产源头种养结构的调整和优化

创造需求是市场经济的重要特性。随着城乡居民生活水平的提高和消费需求的升级，居民膳食结构由原来的粮谷类为主向粮食、果蔬、肉蛋奶多元化结构转变,尤其对羊肉、牛肉等草食动物性食品需求旺盛,迫切要求生产领域种养结构随之发生转变。但从目前的现状来看,农业种养结构仍偏重于粮食、生猪两大产业,远滞后于消费结构转型的需要。据行业协会数据,中国消耗了全世界50.1%的猪肉,在中国肉食结构中猪肉所占的比重超过65%。四川是生猪生产和消费大省,号称全国生猪出栏第一大省,在肉食结构中猪肉所占的比重高达 75%,膳食结构极不合理。川中丘区出栏生猪占全省近70%,不仅人耗粮,生猪更耗粮。因此,川中丘区是典型的"粮-猪"二元经济结构,再加上长期作物种植以收获籽粒为主,饲用作物种植几乎没有或者比例极低,"人猪争粮"所致的粮食安全问题没有得到解决,在很大程度上阻碍了川中丘区多元畜牧业的持续发展。要确保居民膳食结构的改善和国民身体素质的提高,就必须从种养结构调整这一源头抓起。

(三)特色饮食文化为种草养羊提供了广阔的市场空间

川中丘区老百姓利用农作物秸秆和野草养殖肉山羊已经有上百年历史,适宜的自然气候与生态条件庇护了肉山羊产业的持续发展,更催生了"羊文化"的蓬勃生机。在资阳、内江、自贡、遂宁等丘区有一年四季、一日三餐吃羊肉、喝羊汤的习惯。尤其是简阳市、乐至县多年来已经形成独特的肉山羊饮食文化,与当地的社会、经济、种养产业渗透,提升了种草养殖肉山羊产业的竞争力,促进了种养产业的协调发展。一年一度的"中国•简阳羊肉美食文化节",以及《简阳羊肉汤》、《简阳大耳羊之歌》等图书音像制品的出版,以多种形式宣传了肉山羊饮食文化。但是,由于饲草供给问题,种草养羊的效果并不理想,调研结果表明,简阳商品肉羊根本不能满足当地市场对羊肉的需求,每年还需从牧区调进肉羊。因此,调整种植业结构、促进养肉羊业的发展有助于传承肉山羊饮食文化,符合现实需求。

(四)农户对发展新型饲用作物养殖肉山羊有强烈的需求愿望

川中丘区是四川重要的粮食产区,农作物秸秆资源丰富,并有10%~15%的不适宜种植粮食作物的陡坡地、河滩地、秋闲置田土,可开辟种植以收获营养体、播种收获期弹性大的饲用作物，具有为草食畜牧养殖提供优质饲草资源的潜力（贾正贵等，2004）。根据课题组对传统生猪养殖大县的调研，川中丘区农户对发展饲用作物，调整种植业结构，养殖肉山羊意愿强烈。据293个农户的问卷调查，有43%的农户非常期待种植饲用作物养殖肉山羊，加上可以接受的46%的农户，共有89%的农户有种养需求意愿。农户对种草养肉山羊的意愿如图1所示。

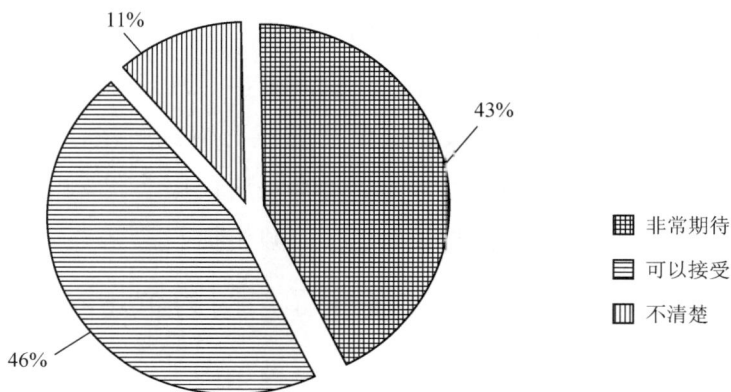

图1　农户对于种草养肉山羊的意愿

数据来源：简阳市、乐至县、资中县293户农户的问卷调查。

二、四川省丘陵区种草养肉山羊典型案例分析

简阳市和乐至县都是川中丘区重要的农业种植和畜牧养殖大市（县），存栏肉山羊近100万只，出栏肉山羊约250万只，出栏量占川中丘区肉山羊出栏量的20%，占四川省的13%。两市（县）在饲用作物种植、作物秸秆饲料开发利用、草食畜养殖等方面具有丘陵区种草养畜的典型特征。

（一）种植业结构与饲草料资源利用现状

1. 以传统粮食作物种植为主，希望调整结构愿望迫切

简阳市、乐至县主要种植玉米、小麦、水稻等粮食作物和油菜、花生等经济作物。2011年主要农作物播种面积34.1万 hm^2，其中主要粮食作物26.5万 hm^2，占作物播种面积的77.7%；主要经济作物7.6万 hm^2，占作物播种面积的22.3%。可见简阳市、乐至县仍然是以传统粮食作物种植为主（表1）。

根据课题组调研，两市（县）作物种植结构相对稳定，农户希望进行种植结构调整，深丘区域农户希望调整 30% 以上的耕地，以发展饲用作物养殖肉山羊；浅丘区域农户希望调整 10% 左右的耕地，以发展饲用作物养殖肉山羊。

表 1　2011 年简阳市、乐至县主要农作物种植面积及产量统计

作物类别	品种	播种面积/（万 hm²）	总产量/万 t
粮食作物	玉米	7.5	42.38
	小麦	7.2	30.35
	水稻	5.5	43.05
	红苕	3.8	86.66
	豆类	2.5	6.01
经济作物	油菜	3.5	7.84
	蔬菜	3.2	67
	花生	0.9	2.17
总　　量		34.1	285.46

注：播种面积数据来自简阳、乐至农业局；单位面积产量数据来自《四川省农业统计年鉴（2002~2011 年）》。

2．作物秸秆资源量大，需调整结构提高饲用率

在以上作物品种中，玉米、油菜、红苕、大豆、花生的秸秆可作为饲草资源使用（谢光辉等，2011）。据计算，简阳市、乐至县可用于养殖肉山羊的作物秸秆干物质总量约 117.77 万 t（表 2）。目前简阳市、乐至县作物秸秆部分用作饲料、肥料、基料、工业原料等，余下部分多被焚烧。由于作物结构不合理、种植目的不同，再加上收割加工机械缺乏或不便于机械收获，以及农村劳动力不足等原因，使得目前秸秆的饲料利用率不足 15%，而剩余 80% 以上农作物秸秆都被焚烧或丢弃，导致生物质资源的极大浪费和环境污染。

表 2　简阳市、乐至县作物秸秆资源生产量

作物品种	播种面积/万 hm²	作物总产量/万 t	折算系数	秸秆总产量/万 t
玉米	7.5	42.38	1.07	45.34
油菜	3.5	7.84	2.9	22.75
红苕	3.8	86.66	0.45	39
大豆	2.5	6.01	1.42	8.54
花生	0.9	2.17	0.99	2.14
合计	18.2	145.06		117.77

注：① 秸秆的计算公式为：$S = S_j * D_j$，S 为作物秸秆产量，S_j 为作物籽实产量，D_j 为作物秸秆产量系数；
　　② 秸秆换算系数来自中国农业大学根据 2006~2011 年报道的秸秆系数的实测值研究确定。

3.饲用作物种植面积小,结构调整潜力大

随着简阳市、乐至县草食畜牧产业的发展壮大,饲用作物的种植越来越受到政府、养殖企业和养殖户的重视。目前推广种植的有黑麦草、高丹草、紫花苜蓿、皇竹草、牛鞭草等牧草品种,部分地区开始种植新型饲草玉米,用作青贮饲料。简阳市、乐至县饲用作物种植面积 2 万 hm²,仅占作物种植总面积的 5.9%,根据丘陵区农户调整 10%~30%耕地种植饲用作物的意愿,结构调整潜力大。两市(县)饲草种植类型及产量情况详见表 3。

表 3　简阳市、乐至县人工种植饲用作物统计

饲草类别	品　种	播种面积/hm²	年单产/t/亩	总产量/万 t
一年生	黑麦草	8 491.6	8	101.0
饲草作物	高丹草	1 580.7	9	21.0
	墨西哥玉米	533.3	6	4.8
	苏丹草	1 133.3	2	3.4
	籽粒苋	3 666.7	6	3.3
	籽粒苋	3 666.7	6	3.3
多年生	紫花苜蓿	3 827.0	6	34.0
饲草作物	皇竹草	927.3	12	16.0
其他饲草		239.3	7	2.5
总　量		20 399.2		188.0

注:① 播种面积来源于简阳市、乐至县畜牧局;
　　② 年单产数量为专家估算。

(二)发展饲用作物养殖肉山羊的比较效益十分显著

1.种植饲草与种植粮油作物的经济效益比较分析

1)种植饲草的经济效益

结合调研的实际情况,本研究主要选择高丹草、黑麦草和饲草玉米作为测算对象(表 4)。按一亩中等地测算,种植高丹草和黑麦草的种子费、肥料费、机械作业费、人工费和土地成本等每年共需投入 1590.3 元和 1684.5 元。每亩高丹草年平均产量为 4300kg,总收益 2150 元,净收益可达 559.7 元;每亩黑麦草年平均产量为 5100kg,总收益 2550 元,净收益可达 865.5 元。饲草玉米种子费、肥料费、机械作业费、人工费和土地成本等投入为 1627.7 元,年平均产量 5400kg,按市场价格 0.5 元/kg 计算,饲草玉米的净收益为 1072.3

元，饲草玉米的净收益比高丹草、黑麦草分别高 91.6% 和 23.9%。

表 4　牧草与粮油作物成本收益比较

项目	单位	牧草			粮油作物			
		高丹草	黑麦草	饲草玉米	中籼稻	小麦	油菜	玉米
一、总成本	元	1590.3	1684.5	1627.7	810.8	946.2	684.8	790.8
（一）物耗费用	元	310.3	294.5	277.7	345.2	461.7	189.0	267.6
1. 种子费	元	62.6	34.7	50.4	42.5	60.4	12.9	52.8
2. 肥料费	元	127.7	140.8	136.2	124.1	210.9	75.4	128.1
3. 机械作业费	元	108.2	110.4	80.6	164.3	163.0	93.2	69.5
4. 其他	元	11.8	8.6	10.5	14.3	27.4	7.5	17.2
（二）人工费用	元	430.0	540.0	500.0	306.0	396.4	416.2	440.3
（三）土地成本	元	850.0	850.0	850.0	159.6	88.1	79.6	82.9
二、总收益	元	2150.0	2550.0	2700.0	1259.4	809.1	724.2	981.4
（一）主产品产量	kg	4300.0	5100.0	5400.0	511.9	249.1	159.1	426.8
三、净收益	元	559.7	865.5	1072.3	448.6	−137.1	39.4	190.6
四、成本利润率	%	35.2	51.4	65.9	55.3	−14.5	5.8	24.1

注：① 总收益为作物主产品市场价格量，饲草玉米主产品为营养体（鲜草），粮油作物主产品为籽实；

② 饲用作物成本收益数据来自实川中丘区实地调查，主要粮油作物成本收益数据来自《全国农产品成本收益资料汇编 2012》。

2）种植粮食作物的经济效益

几种主要粮油作物中籼稻、小麦、玉米、油菜的总成本分别为 810.8 元、946.2 元、790.8 元和 684.8 元，其每亩年产值分别为 1259.4 元、809.1 元、981.4 元和 724.2 元，净收益分别为 448.6 元、−137.1 元、190.6 元和 39.4 元。饲草玉米与主要粮油作物比较，其净效益分别高出 623.7 元、1209.4 元、881.7 元和 1032.9 元。

3）结果分析

从表 4 可以看出，种植高丹草、黑麦草、饲草玉米的成本利润率分别为 35.2%、51.4% 和 66.9%，4 种主要粮油作物的利润率只有中籼稻和玉米达到 55.3% 和 24.1%，油菜的成本利润率仅为 5.8%，小麦的成本利润率甚至为负。通过比较分析可以发现，虽然种植饲草的成本比种植粮油作物的成本高，但饲用作物的经济效益总体高于粮油作物。

2. 肉羊、肉牛、生猪经济效益比较

由于该区域生猪、肉羊、肉牛养殖方式以分散的小规模为主，因此选取了以 2~3 个劳动力为单位的农户作为主要调研对象,进行经济效益的测算比较。种草养畜经济效益分析主要从收入、支出和净收益三部分进行比较,肉羊、肉牛、生猪年均成本收益如表 5 所示(国家现代肉羊产业技术体系,2011)。

表 5　养畜成本收益比较

项　目	单位	肉羊	肉牛	生猪
一、每头总成本	元	525.1	1 509.2	574.6
(一)每头直接成本	元	448.6	1 422.0	493.6
1. 幼畜购进费	元	250.0	1 100.0	300.0
2. 精饲料、饲盐费	元	53.4	126.6	82.4
3. 青饲料费	元	78.3	124.9	22.6
4. 家庭用工折价	元	40.7	40.7	40.7
5. 燃料动力费	元	5.6	7.8	12.4
6. 防疫费	元	8.9	7.1	12.8
7. 技术服务费	元	8.2	11.3	14.6
8. 其他	元	3.5	3.6	8.1
(二)每头间接成本	元	76.5	87.2	81.0
9. 固定资产折旧费	元	58.3	68.5	62.1
10. 销售费	元	5.8	10.5	7.2
11. 其他	元	12.4	8.2	11.7
二、产品畜(活重)价格	元/头	1 200.0	6 500.0	1 332.0
三、每户养殖规模	头	58.0	8.0	34.0
四、每户产品畜收益	元	69 600.0	52 000.0	45 288.0
五、每户其他收益	元	3 190.0	1 460.0	560.0
(一)副产品收益	元	3 190.0	1 460.0	460.0
(二)补贴收益	元	0.0	0.0	100.0
六、每户净收益	元	42 334.2	41 386.4	26 311.6

注:① 养殖规模为以家庭户(劳动力 2~3 人)为单位的商品畜年均出栏规模;
　　② 商品肉羊、肉牛成本收益数据来自川中丘区实地调查,商品猪成本收益数据来自《全国农产品成本收益资料汇编 2012》数据。

1)肉牛、肉羊和猪的经济效益比较分析

经测算,养殖肉羊、肉牛和生猪每头的年总成本投入为 525.1 元、1509.2元和 574.6 元。根据实际调查,2~3 个劳动力的农户养殖肉牛、肉羊和生猪的规模分别为 8 头、58 只和 34 头,则一个肉牛养殖户养殖肉牛的年总成本是 12 073.6 元,一个肉羊养殖户养殖肉山羊的年总成本是 30 455.8 元,一个生猪养殖户养殖生猪的年总成本是 19 536.4 元。从调查的市场价格看,一头出栏肉羊的价格约为 1200 元,一头出栏肉牛的价格约为 6500 元,一头出栏

生猪的价格约为 1332 元。由此可知，一户养殖户每年养殖肉羊、肉牛和生猪的畜产品收益分别是 69 600 元、52 000 元和 45 288 元，再加上养殖户肉羊、肉牛和生猪的副产品和补贴收入 3190 元、1460 元和 560 元，则养殖户肉羊、肉牛和生猪年净收益分别是 42 334.2 元、41 386.4 元和 26 311.6 元。

2）结果分析

从以上分析可以看出，农户养殖肉羊、肉牛和生猪的净收益分别为 42 334.2 元、41 386.4 元和 26 311.6 元。养殖肉羊的年净收益分别比养殖肉牛和生猪高 2.3% 和 60.9%，养殖肉牛的净收益比养殖生猪的高 57.3%。

（三）存在的主要问题及原因分析

1. 作物品种类型不合理，缺乏适合结构调整的优质新型饲用作物品种

简阳市、乐至县主要作物品种为玉米、水稻、小麦、油菜和红苕，畜牧以生猪养殖为主，以肉山羊养殖为特色，是典型的"粮-猪"二元结构。由于作物品种类型不合理，使得作物秸秆饲用与农户收获籽粒时间相冲突。研究发现农户收获传统品种玉米籽粒的时候，主要玉米秸秆已经"叶黄、杆枯"，营养成分大量损失，已错过饲用秸秆加工的最佳时机。长期以来，常规的早、中、晚作物品种收获时间集中，大量作物秸秆与有限的储藏、加工能力相冲突，导致作物秸秆无法及时得到加工处理。再加上作物本身的生长特点和土地破碎度高、道路基础设施落后，因而机械化收获十分困难。养殖农户大多还是依靠野生杂草来喂养肉山羊，致使养羊规模上不去，养殖效益不理想，进一步发展的积极性不高。原因是高产、优质的饲用作物品种缺乏，养羊所需的饲草缺口较大，尤其是缺乏籽实和营养体兼得的适合机械化收割加工的新型饲用作物。过去，农户种植红苕是为了养猪，但现在农民几乎不养猪，在没有其他更好的饲用作物秸秆的情况下，红苕藤主要用来喂养肉山羊。因此，在川中丘区急需新型饲用作物品种推广并规模化生产，积极发展草食家畜养殖，促进粮食作物-经济作物二元结构向粮食作物-经济作物-饲用作物三元结构转变，实行"农牧联动"，提高农业的综合效益。课题组在丘区调研所到之处，无论是养羊企业，还是养羊农户，都希望种植新型饲用作物，但缺乏

饲用作物品种。

2. 饲用作物种管收储全程机械化严重滞后，导致饲草商品化加工缺乏原料

农村劳动力缺乏是不可逆转的趋势，饲用作物规模化种植是大势所趋，饲草种管收全程机械化是发展的必然。但是现阶段饲草生产的种管收多采用传统方法，机械化程度极低，这就必然造成饲草生产成本高，种植面积小，且大量的农作物秸秆无法及时收回，从而导致饲草料商品化加工严重缺乏原料，致使饲草料商品化问题成为农区发展肉山羊养殖的瓶颈。例如，简阳市正东农牧集团建成年产 1.5 万 t 的农作物秸秆饲料加工厂，但却因无法获得足够的作物秸秆原料，而使生产的饲料根本不能满足自身的养殖需求，更不能为养殖农户提供商品饲料。

3. 土地小农户经营，阻碍饲用作物规模化生产

发展种草养肉山羊产业需要一定的土地资源种植饲草，但在实际工作中土地整理以"增加粮食"为目标，农村的土地整理项目都把适宜饲草种植的丘坡地改造成了梯田，土地过于碎片化，不仅破坏了土地的生态系统，也不利于机械化操作。发展饲用作物必须打破土地小农户经营的模式，适度集中土地，成片发展饲用作物，从而实现饲用作物的规模化经营（胡明文等，2009）。

4. 中央财政扶持力度不够，制约种草养肉山羊现代化发展

国家对种粮有良种补贴、农资补贴、综合补贴和农业保险等，养猪也有各种补贴。但是，中央财政对农区饲草种植没有专项的良种、农机具补贴，肉山羊养殖也没有专项的种繁、圈舍、疾控补贴和相关的养殖扶持政策，连基本的保险都无法购买。地方政府在发展饲用作物、促进养殖肉山羊产业发展方面的扶持力度有限，尤其是对于广大农户种草没有任何扶持政策。饲用作物培育和肉山羊优质品种繁育缺乏长期固定科研经费支持；适合丘陵多熟制农区饲草种管收全程机械化的农机具研发投入也不足；饲草种植规模化发展所需土地，政府也没有出台相关的政策支持，严重制约了种草养肉山羊现代化发展。

三、川中丘区进一步发展种草养肉山羊的建议

通过以上对简阳市、乐至县典型调研结果分析可以看出，川中丘区种植业结构调整处于"从众"阶段，利用作物秸秆养殖肉山羊仍处于初级阶段，种植饲用作物尚处于起步阶段。因此，还需针对典型调研结果总结分析提炼出的问题，采取相应的对策，才有助于促进川中丘区调整种植业结构，促进种草养肉山羊产业持续、健康发展。

（一）加快新型饲用作物品种的选育与推广

蒸汽机使用带来工业革命，计算机网络技术广泛应用带来信息革命，作物杂交技术（或者生物技术）的广泛应用带来农业革命，新型饲用作物发展必将带来丘陵山区种植结构调整的革命。发展新型饲用作物，需要不断选育新的优良饲用作物品种，并加大繁殖力度，才能加快推广的进程。因此建议：①设立国家专项研发新型饲用作物品种基金；②建立国家级新型饲用作物育繁基地。

（二）创新土地经营机制，实现饲用作物规模化种植和种养业结构调整

在农业结构调整上，必须重视种植业和养殖业的协调发展，要实现"种养联动"发展，必须创新土地经营机制。传统的土地整理目的主要是生产粮食或追求增加耕地面积来换取建设用地指标，忽略了土地的地形地貌和适宜性；在具体的土地整理工程规范中过于追求整齐而进行大面积的硬化，实施坡改梯、大改小，很不利于大规模机械化操作。因此，在对不适宜进行坡改梯的丘坡土地整理时，应改变土地整理思路，进行梯还坡，以便整理成适宜大规模经营饲用作物种植的草坡地，从而减少发展饲用作物对耕地的压力。综合统筹种草养羊发展用地，将其纳入土地利用总体规划之中，建立相应的专项土地整理项目，组织企业、农民合理地对撂荒地、未利用地等进行开发、复垦，扩大饲用作物的种植面积。此外，还应完善农村土地经营机制，实现土地的成片、大块经营，为饲用作物种植规模化、机械化提供基础条件，确

保饲草原料供给和提供养殖所需的优质饲料。通过大力发展饲用作物，推动草食畜牧产业的规模化发展，以此降低生猪、肉鸡等耗粮型畜牧产业的比重，从而实现种养业结构调整，"以草换粮"、"以草换肉"，保证粮食的战略安全。

（三）制定国家层面优惠政策，确保种草养羊可持续发展

1．参照粮食作物优惠政策，补贴饲用作物种植

种植饲用作物就是种植草食家畜的"粮食"。农户种植饲用作物，政府应当进行相应的补贴，降低农户的生产成本，增加饲用作物种植的收入效应，从而提高农户的种植积极性。对于饲用作物种植的补贴标准可以参照粮食补贴政策，在不改变粮食直补的基础上，对种植饲用作物再补贴。补贴内容为良种补贴、播种面积补贴及生态补贴。

2．对饲用作物种植、收获、加工等农机具实施购置补贴

饲用作物种植、收割、储运、加工等机具的缺乏一直是困扰种草养肉山羊产业规模化发展的重要因素。调动农户规模化种植饲用作物，购置相应的农机具是亟须解决的问题。建议政府部门引导成立农机专业合作社，对购买饲草和秸秆收割、储运、加工一体化的农机具给予相应的补贴。

3．对种草养殖企业和农户放宽银行贷款限制，进行政府担保贴息

由于种草养肉山羊所使用的土地都是租用农村集体土地，在上面建设的圈舍等固定资产没有产权，无法在银行获得抵押贷款资格。因此，政府可出台相应的抵押贷款担保优惠政策，为养殖户的圈舍建设提供抵押担保，而且对于贷款利息，政府可进行贴息补助。坚持以项目为抓手，积极向上级争取项目资金，在进一步完善现有的金融支持政策下，简化种养企业贷款手续，缩短贷款评估和审批时间，对信用好、具有一定规模的企业，给予信贷支持。

（四）建议在四川省设立国家级项目示范区

建设农业项目示范区是实现农业发展方式转变的重要路径，是实现农业生产标准化的重要举措，也是改造提升传统产业、培育壮大优势产业的现实需要。建议在川中丘区建立"发展饲用作物，调整种植业结构，促进农区草

食畜牧业持续健康发展”国家级项目示范区。在坚持规划引领的前提下，项目示范区用工业化理念、产业化思维、现代化标准、市场化手段进行建设和管理，坚持"政府主导、企业（专业合作社）主体、农户参与"为特色的经营机制。

主要参考文献

国家发展和改革委员会. 2012. 全国农产品成本收益资料汇编(2012). 北京: 中国统计出版社

国家现代肉羊产业技术体系. 2011. 全国肉羊产业发展调研报告

胡明文, 文石林, 徐明岗. 2009. 南方红壤丘陵农区畜牧业发展战略研究. 中国农学通报, 25(16): 219~224

贾正贵, 周文国, 黄成. 2004. 浅谈肉山羊生产与生态环境保护. 四川草原, (8):3~5

四川省农业厅. 2012. 四川省农业统计年鉴(2002~2011年)

谢光辉, 王晓玉, 韩东倩, 等. 2011. 中国非禾谷类大田作物收获指数和秸秆系数. 中国农业大学学报, 16(1): 9~17

专题六 发展饲用作物、调整种植业结构，促进贵州农区草食畜牧业持续健康发展战略研究

种植业结构是指在一定地区范围内、一定时间、一定的生产力水平上，不同作物与品种在质量和数量上的比例形式，它是一个不断变化的动态复合系统，并且随着生产力的发展、生产条件，以及社会经济环境的改善和市场开放程度的扩大，其内容日益丰富（王天生等，2003）。在现代草地畜牧业系统下，饲用作物生产是种植业非常重要的组成部分。种植业结构调整是农业生产可持续发展的核心问题。农业生产是一个复杂的系统，其结构的合理与否对于农业生产的健康发展，甚至对于国民经济各部门的发展都具有举足轻重的影响（赵国富，2005）。建立以饲用作物为主的人工草地是南方地区发展集约化草地畜牧业及实行农业可持续发展战略的重要举措。以饲用作物为主的人工草地是集约化程度最高的生产系统之一，是一个国家农业现代化水平的重要标志。发展以饲用作物为主的人工草地，是调整种植业结构的重要组成部分。

贵州是全国唯一没有平原支撑的省份，为低纬度、高海拔山区，属亚热带湿润季风气候，夏无酷暑，冬无严寒，降水丰沛（贵州省情编辑委员会，1986）；但该区光照少，基岩漏水，雨水时空错位。贵州的气候与地理条件决定了"籽实农业"效益不如"营养体农业"，种粮效益不如种植饲用作物效益。因此，发展饲用作物是贵州建立畜牧业大省的重要途径，是兼顾经济效益、生态效益和社会效益的一项重要产业。

"十一五"以来，贵州草地畜牧业持续稳定增长。自 2007 年以来，省政府持续实施草地生态畜牧业产业化科技扶贫项目，形成了以国家投资建设成片草场的规模示范和千家万户小面积种草养畜相结合的格局。到 2009 年末，全省畜牧业总产值达 281.53 亿元，农民人均来自于畜牧业现金收入净增 131.38 元，增长 37.97%。草地畜牧业逐步成为贵州农村经济的支柱产业，成

为增加农民收入的重要来源。到 2012 年末，全省牛出栏数达 105.99 万头，羊出栏数达 206.78 万只。为实现"1000 万头肉牛工程"、"1000 万只肉羊工程"目标，到 2015 年必须建设人工草地 133hm² 以上，每年开展冬季农田种草 133 万 hm² 以上，以及秸秆饲料化利用 500 万 t 以上（贵州省农业委员会，2010）。为保证贵州草地生态畜牧业（草食畜牧业）这一支柱产业持续健康发展，稳步增加农民收入，应调整贵州农区种植业结构，在稳定草畜生产的基础上，在饲用作物生产中引入新型优质高产广适性饲草品种，加强种植模式研究与推广应用，以提高贵州饲用作物生产能力和养畜利用转化效率。

为此，我们在进行饲用作物系列品种引进培育及生产开发的基础上，根据荣廷昭院士主持的中国工程院重点咨询项目"发展饲用作物，调整种植业结构，促进西南农区草食畜牧业持续健康发展战略研究"的要求，进行了该项专题研究，旨在向国家和贵州各级政府提出在建设贵州生态畜牧业大省进程中，因地制宜，发展新型饲用作物，调整种植业结构，提高草地畜牧业生产开发效益，促进经济社会又好又快发展的重大建议。

一、发展饲用作物、调整种植业结构的战略意义

（一）发展饲用作物、调整种植业结构是优化农业生产结构的需要

在农业生产系统内，合理的生产结构是农业生产持续高效发展的基础，是实现农业现代化的标志。种植业、养殖业、加工业的协调发展，是优化农业生产结构的前提。建立科学合理的种植业结构一直是政府农业行政主管部门和种植业主体不断追求的目标，这有利于促进农业增效和农民增收。自 20 世纪 80 年代以来，贵州省粮食连年丰收，除满足人们口粮需求外，还有一定盈余，一般都用于发展耗粮型畜牧业如养猪进行转化，经济效益不高，而且消耗大量的粮食（张殿发等，2004）。因此，在保证足够的口粮供给情况下，在种植业生产中引入新型优质高产饲用作物，发展高产、优质、高效草地畜牧业就成为调整种植业结构的重要内容，建立合理的"粮-经-饲"三元结构是贵州省农业生产发展的必然趋势（詹瑜等，2011）。因此，发展饲用作物、调整种植业结构对促进畜牧业的发展，提高畜产品产量和质量，保障畜产品

安全，优化农业生产结构具有重要意义。

（二）发展饲用作物、调整种植业结构是农民增收致富的需要

随着贵州草地生态畜牧业大省建设目标的实现，以及"1000 万头肉牛工程"、"1000 万只肉羊工程"的实施，草食畜牧业规模不断扩大，并逐渐向规模化、产业化方向发展。这就需要有足够营养、优质的饲草料供应，而贵州省的草山草坡及其他农副产品根本满足不了草地生态畜牧业需求。由于受季节性缺水的影响，牧草生产力严重不足，季节性补饲单一精料，不分公母、畜龄、用途混群养殖，草地"重用轻管"、粗放利用秸秆等问题突出，导致牛羊饲养周期长，个体生产性能低，商品率不高，造成草地畜牧业仍处于"靠天养畜"的境地，严重影响草地畜牧业可持续发展（莫本田，2010）。此外，农产品"卖难"与"买难"交替出现，普遍存在高产低效的问题。因地制宜调整种植业结构，种植适度规模的饲用作物是实现种养结合、大力发展草食畜牧业的有效途径。发展饲用作物既满足不断增长的市场需求，又满足农民收入的增加。发展种草养畜可促进畜牧产业链的延伸，通过草的加工、动物饲养、动物屠宰与产品加工，推动了食品工业的发展，拉长了生物链和产业链，解决就业和增加收入，实现多层次增值，促进地方经济的发展。畜牧业占较大比重是现代农业的重要标志之一。欧美发达国家食品加工业的原料80% 来自畜牧业，15% 来自水果蔬菜，只有 5% 来自谷物。没有畜牧业就没有食品加工业，也就没有农业的现代化。因此，必须实行种养结合，通过引入饲用作物，调整种植业结构，大力发展草地生态畜牧业，有效地预防或分解自然和市场的双重风险，解决过去经常出现的季节性卖难等实际问题，有效增加农民收入。

（三）发展饲用作物、调整种植业结构是改善生态环境的必然选择

实行家庭联产承包责任制以来，农民为了提高单产，大量施用化肥，而忽视了用地与养地的结合，造成土壤板结、土壤肥力逐年下降（于法稳，2012）。另外，贵州农业土地综合整治项目实施后，又造就了许多"坡改梯"，"坡改

梯"土壤瘠薄、保水性差，土壤肥力低下；同时，由于人为因素，草山草坡的草地资源退化和石漠化日趋严重。为了改善生态环境，必须因地制宜调整种植结构，在草山草坡改良和中低产田土与坡改梯土壤肥力改造中引入饲用作物，利用饲用作物的密生特性快速恢复植被，拦截降雨和减少地表径流，有效防止水土流失，保护生态环境，同时利用丰富的饲草料资源，大力发展种草养畜产业，增加农民收入。因此，发展饲用作物，调整种植业结构，在改良草山草坡、中低产田土与坡改梯土壤肥力改造等生态重建工程，以及促进草食畜牧业发展中是十分必要的。

二、贵州农区发展饲用作物、调整种植业结构的现状与潜势

（一）现状分析

1．种植业、养殖业结构

1）种植业结构

贵州省主要农作物有水稻、小麦、玉米、大豆、油菜、马铃薯、烤烟、蔬菜、花生、糖类等。2008年水稻种植面积69.1万hm^2，占农作物总播种面积的14.96%；玉米播种面积73.5万hm^2，占农作物总播种面积的15.90%；马铃薯播种面积60.6万hm^2，占农作物总播种面积的13.12%；小麦播种面积26.2万hm^2；大豆播种面积约12.6万hm^2；油菜播种面积约41.3万hm^2；烤烟播种面积约19.5万hm^2；蔬菜播种面积约55.8万hm^2；花生、糖类播种面积分别为3.35万hm^2、1.77万hm^2。农作物播种面积和产量与全国主要农作物主产省相比，处于相对弱势，除基本能满足本省生活自给外，没有竞争优势。而充分利用贵州省丰富的草地资源发展南方草地畜牧业，比较优势十分明显，而且随着草地生态畜牧业的发展，发展饲用作物已逐步进入各级政府的视野，逐渐进入主要农作物行列。据不完全统计，目前贵州省人工草地保留面积已突破37.6万hm^2（莫本田，2010），但所占比例较小，目前种植业仍基本上是"粮-经"二元结构。

2）养殖业结构

从表1可知贵州省养殖结构主要以生猪、家禽养殖为主，牛、羊、奶牛

养殖为辅，生猪养殖比例高，草食畜禽养殖比例低。例如，2011 年猪肉产量为 148.29 万 t，占肉类产量的 82.40%，牛羊肉产量 15.37 万 t，仅占肉类产量的 8.54%。

表1 2007～2011 年贵州省肉、奶、蛋产量

年份	肉类产量/万 t	猪肉产量/万 t	所占比例/%	牛肉产量/万 t	所占比例/%	羊肉产量/万 t	所占比例/%	奶类产量/万 t	所占比例/%	禽蛋产量/万 t	所占比例/%
2011	179.97	148.29	82.40	12.00	6.67	3.37	1.87	4.85	2.69	13.65	7.58
2010	179.09	148.09	82.69	11.99	6.69	3.40	1.90	4.59	2.56	12.51	6.99
2009	169.63	140.10	82.59	11.40	6.72	3.23	1.90	4.49	2.65	12.20	7.19
2008	161.46	134.60	83.36	10.22	6.33	3.04	1.88	4.27	2.64	10.82	6.70
2007	150.59	125.63	83.43	9.47	6.29	2.78	1.85	4.08	2.71	10.35	6.87

3）农牧业产值比例

2010 年贵州省农业总产值 7128.18 万元，其中畜牧业产值 2117.62 万元，畜牧业产值占农业总产值的 29.71%。2011 年贵州省农业总产值 7409.75 万元，其中畜牧业产值 2171.92 万元，畜牧业产值占农业总产值的 29.31%。由此可以看出，畜牧业的发展潜力还很大。

2．饲草料资源开发利用现状

1）草山草坡

贵州省有天然草地面积 428.73 万 hm²，为国土面积的 35%，在全国位列第 12 位，在南方位列第 4 位，其中可利用草地 375.97 万 hm²，占草地总面积的 84.4%（表 2）。全省万亩以上的草地共 220 片，面积 23.4 万 hm²。草地面积在 20hm² 以上的有 203.8 万 hm²，占草地总面积的 47.6%，其中分布在海拔 800～1800m 的占 67.9%，分布在海拔 1800m 以上的占 7.57%。草地面积在 20hm² 以下的零星草地有 224.8 万 hm²，占总草地面积的 52.4%。目前，贵州省已利用的天然草地总面积为 353.3 万 hm²，其草地理论载畜量为 536 万牛单位。贵州省天然草山、草坡面积虽较大，但退化严重，实际载畜量低。

表2　2011 年贵州省各地州草地面积　　　　　　　单位：万 hm^2

区　域	天然草地面积	可利用草地面积	退化草地面积			
			轻　度	中　度	重　度	小　计
贵阳	19.01	17.85	7.27	6.69	2.87	16.83
遵义	57.90	53.86	22.14	20.39	8.74	51.27
安顺	28.46	22.41	10.01	10.02	5.17	25.21
黔南	74.07	63.11	28.32	26.08	11.18	65.58
黔东南	71.34	63.90	31.87	25.13	6.17	63.17
铜仁	43.21	39.56	18.25	15.22	4.80	38.26
毕节	54.87	49.82	19.33	19.33	9.94	48.59
六盘水	27.07	23.19	9.26	9.53	5.17	23.97
黔西南	52.75	44.91	18.05	18.58	10.08	46.70
合计	428.68	378.61	164.50	150.97	64.12	379.58

2）饲用作物

发展饲用作物是现代畜牧业不可或缺的物质基础，也是现代种植业"三元"结构、完善农业生产系统和优化田间生态系统的重要组成部分。目前，贵州省主要饲用作物有青贮玉米、饲用甜高粱、饲用灰萝卜、芜菁甘蓝、鸭茅、菊苣、一年生与多年生黑麦草等。

全省各区的主栽饲用作物种类分布（图1）为：贵阳市，一年生黑麦草、多年生黑麦草、紫花苜蓿、皇竹草、鸭茅、三叶草；遵义市，黑麦草、鸭茅、苇状羊茅、白三叶、紫花苜蓿、饲用甜高粱、菊苣、牛鞭草、皇竹草；安顺市，一年生黑麦草、多年生黑麦草、紫花苜蓿、甜高粱、三叶草、苇状羊茅、高丹草；毕节市，红三叶、白三叶、多年生黑麦草、一年生黑麦草、鸭茅、高羊茅、紫花苜蓿、青贮玉米、黑麦草；六盘水市，一年生黑麦草、多年生黑麦草、紫花苜蓿、白三叶、菊苣；黔东南州，一年生黑麦草、鸭茅、菊苣、皇竹草、紫花苜蓿、紫云英；黔南州，黑麦草、鸭茅、白三叶、苇状羊茅、紫花苜蓿、饲用玉米；铜仁市，多年生黑麦草、一年生黑麦草、白三叶、紫花苜蓿、鸭茅、高羊茅、牛鞭草、皇竹草、桂牧一号、高丹草、饲用玉米、狼尾草等；黔西南州，一年生黑麦草、多年生黑麦草、菊苣、皇竹草、紫花苜蓿、饲用玉米、高丹草。

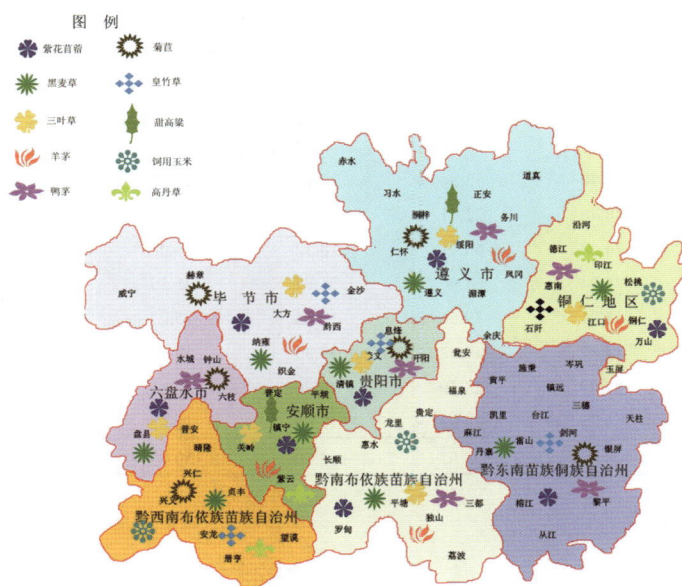

图1 贵州省饲用作物种植分布示意图

全省各区牧草种植面积：2008 年全省完成草地建设 5.50 万 hm^2，其中人工种草 4.10 万 hm^2，草地改良 1.40 万 hm^2。2009 年全省完成草地建设 5.53 万 hm^2，完成冬闲田土种草 8.53 万 hm^2。2010 年全省完成草地建设 5.33 万 hm^2，完成冬闲田土种草 8.00 万 hm^2。2012 年全省完成草地建设 5.85 万 hm^2，完成冬闲田土种草 8.28 万 hm^2（表3）。

表3 2008～2012 年贵州省牧草产区饲草饲料生产基本情况

年 份	人工草地 /万 hm^2	增幅 /%	冬闲田草地 /万 hm^2	增幅 /%
2008	5.50	—	8.16	—
2009	5.53	0.55	8.53	4.53
2010	5.33	−3.62	8.00	−6.21
2012	5.85	9.76	8.28	3.50

饲用作物产量：按照贵州省草地生态畜牧业发展要求，"十二五"期间围绕"1000 万头肉牛工程"、"1000 万只肉羊工程"产业带建设人工草场 40 万 hm^2，其中高产人工草地 20 万 hm^2，混播人工草地 6.7 万 hm^2，冬闲田土种

草 13.3 万 hm^2 的目标，加大对天然草山草坡改良和人工种草的力度。目前贵州全省年鲜草产量可达 528.46 万 t，其中毕节地区和黔东南州产量最高（图 2）。

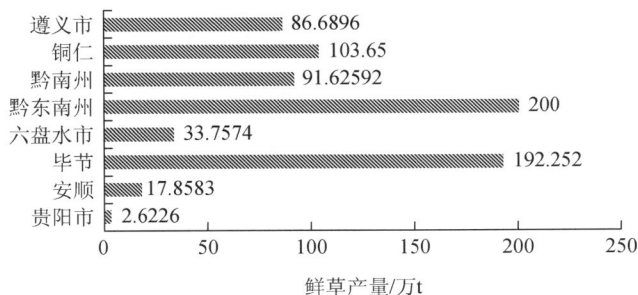

图 2　贵州省各区牧草产量分布图

3）作物秸秆资源

作物秸秆是发展农村循环经济的主要资源。贵州省农作物总播种面积约 518 万 hm^2，农作物秸秆年产量约 2700 多万 t，其中水稻秸约 860 万 t，玉米秸 570 万 t，小麦秸 120 万 t，豆秸 60 万 t，油菜秆 570 万 t，烤烟秆 90 万 t，花生秸 10 万 t，薯类藤 420 万 t。水稻、玉米、油菜、薯类等农作物秸秆是贵州省秸秆资源的主要类型（赵楠等，2012），占资源总量的 89.7%，其中水稻秸秆占 31.9%，玉米秸占 21.1%，油菜秆占 21.1%，薯类藤占 15.6%，其余秸秆类型仅占资源总量的 10.3%。

贵州省农作物秸秆目前主要用于农村生活能源和家畜饲料，占秸秆资源总量的 67.8%，15% 左右用于还田或收集损失，15.6% 废弃或焚烧，只有 2.2% 用于造纸原料。随着不可再生资源的减少和环境污染的日益严重，对环保、清洁的秸秆资源开发利用技术研究已经成为热点问题。目前，贵州省秸秆的资源化利用技术正朝着多元化方向发展，主要资源化利用技术有秸秆肥料利用技术、秸秆饲料利用技术、秸秆原料利用技术及秸秆能源利用技术。

4）农产品加工副产物

贵州省农副产品主要有米糠、米糠饼、麸皮、高粱糠、淀粉渣、酒糟等。2011 年贵州省主要农产品产量 1059.65 万 t，其中，稻谷产量 303.93 万 t、小麦产量 50.38 万 t、玉米产量 243.71 万 t、豆类产量 21.99 万 t、薯类产量 239.31

万 t、油料产量 78.85 万 t、花生产量 6.07 万 t、油菜籽产量 71.81 万 t、甘蔗产量 43.60 万 t。农副产品按主要农产品产量的 20% 计（赵楠等，2012），2011年贵州省共有农副产品 211.93 万 t，主要用于畜禽养殖、生产有机酸，或作为废弃物丢弃。

（二）存在问题

贵州省人多地少，农业劳动力素质不高，资金严重短缺，交通不便，信息闭塞，物流不畅，经济发展相对滞后，限制了农畜产品的产销。饲草生产基本上处于自产自用，规模化程度较低。加之种植分散，难以有效地优化"粮-经-饲"结构。发展饲用作物、调整种植业结构存在以下主要问题。

1. 草业资源管理分散，资金投入不足

贵州省草地畜牧业用地达 400 万 hm^2 以上，但由于投入不足、管理和利用分散，导致草地总体利用水平低，生产力水平不高，仅为世界平均水平的30%、新西兰的 1.25%。很多草场进场公路、人畜饮水、草场用电等基础设施不配套，给草场的建设管理和利用带来不便，且许多草场存在草畜不配套，有草无畜、有畜无草、优良牧草新品种利用率低等问题（向爱春，2012），使草场难以产生较高经济效益和发挥示范作用。退耕还林（还草）、农区种草、牧草种子生产及草业机械等分别隶属不同部门分头管理，使得草业资源管理无序，缺乏科学的统筹规划和合理的资源配置，在区域上虽然已初步形成不同类型的草业发展模式，但规模化、产业化程度不高，未形成产业优势。

2. 农区种植业结构不合理，饲草料资源开发利用不充分

贵州省农区种植业目前基本保持原有种植方式，以种植粮食作物为主，"粮-经-饲"结构配置不科学、不合理，甚至在有些农区对种植饲用作物还存在抵触情绪。截至 2010 年底，贵州省人工草地保留面积为 37.7 万 hm^2，仅占全省草地总面积的 12%（向爱春，2012）。新增人工草地及改良草地植被不稳定，由于管理和利用不合理，尚未进入高产期即开始退化，现有人工草地中有近 2/3 是低产退化草地。优良牧草品种推广面积不大，每年引草入田

种植优良牧草和绿肥只有 8 万 hm^2，仅占适宜引草入田耕地的 3.1%。在天然草场超载严重、退化加速的情况下，单靠品质较差的作物秸秆以及生产能力普遍较低的天然草地，很难满足贵州省现代畜牧业发展对饲草料的需求。

3．规模养殖的标准不高，缺乏政府的管理和支持

大部分养殖场规模小，政府不介入审批和管理，由养殖户随意建场饲养，没有合理的场地规划、建设、饲养管理、防疫、粪污处理等体系。相关部门之间缺乏协调联动机制，政府畜牧业管理部门在项目建设中往往是重扶持、轻管理。这种项目后期管理不足或管理不到位，直接导致项目难以达到预期效果，极大影响了农区种植业结构调整，严重打击了养殖户的生产积极性，并制约了农村经济的可持续发展。

4．农民文化水平低，科学研究和技术推广投入不足

农民文化水平低，对科技知识的接受能力较弱，他们只关心短期内的经济效益，大多沿袭传统落后的种养方式，严重制约了种草养畜科技的推广。乡镇农牧科技队伍待遇低，极大地挫伤了技术推广人员的工作积极性，基层农牧技术推广人员多数没有经过系统专业培训，理论功底差，技术水平低，导致整个种草养畜队伍的业务素质不高，不适应现代畜牧业的发展（李文才等，2012）。在饲用作物优良品种的研发方面，项目经费投入不足，不能及时满足生产上对饲用作物优良品种的需求。推广费用投入不足，科技宣传和普及还远远不够到位。

（三）发展潜力

十三届四中全会以来，贵州省农村经济发展出现了前所未有的新局面，农业内部结构也不断优化，初步改变了以传统种植业为主的小农经济模式，开始形成农、林、牧、渔共同发展的格局，实现了主要农产品从长期供应不足到供求平衡、丰年有余的历史性转变。全省农业在稳定发展中进行调整，在调整中结构得到不断优化，农业的持续发展为稳定全省经济发展大局作出了巨大的贡献。贵州省农区发展饲用作物、调整种植业结构符合建设生态畜

牧业大省的需求，具体来说，有以下几个方面的潜力。

1. 调整种植业结构有政策引导和扶持

党中央、国务院高度重视贵州省的经济发展，出台了国发〔2012〕2 号《关于进一步促进贵州经济社会又好又快发展的若干意见》。为贯彻落实中央、省委有关文件精神，贵州省已持续 6 年实施草地生态畜牧业大省建设；2012 年，有 54 个县实施生态畜牧业产业化扶贫，78 个县进行石漠化治理（李先桥等，2009）；"十二五"期间，重点实施了"1000 万头肉牛工程"、"1000 万只肉羊工程"、草业饲料建设工程、草地农业生态工程，配合动物防疫体系建设、畜产品质量检测体系建设等九大工程。这些政策、项目必将对贵州农区发展饲用作物、调整种植业结构起到积极促进的作用。

2. 生态畜牧业发展对饲用作物的需求

目前，贵州省草地建设所用草种大量依赖进口，自有品种需求空间大。贵州自然地理环境条件独特，水热资源优越，是重要的草地畜牧产业发展区域。而草地生态畜牧业的发展，必须有饲草料的保障，发展饲用作物潜力巨大。

3. 草山、草坡改良潜力很大

贵州拥有各类天然草地 428.7 万 hm^2，占全省土地面积的 24.3%，相当于耕地面积的 2.3 倍，但退化严重，载畜量低。自 1980 年以来，国家对贵州投资实施人工种植和飞播牧草项目，积累了一定的草山、草坡改良经验，为建成中国南方草地畜牧基地创造了有利条件。实践证明，贵州改良草地载畜量为天然草地的 15 倍左右，即相同面积改良草地，存栏数可提高 10 倍（马艺，2012）。在贵州农区加强草山、草坡的改良利用，发展饲用作物，调整种植业结构，不仅能有效解决草食家畜的饲料，还能有效节约土地资源，保障生态畜牧业的健康发展。

4. 科技支撑和技术推广有利于新型饲用作物的发展

经过贵州省草业科技人员不懈的努力，贵州草地畜牧业取得了长足发展，尤其是"十一五"以来，随着全省农业产业结构调整的整体推进，草地畜牧业在农业经济中的比重大幅提高。贵州饲用作物除了传统的白三叶、红三叶、黑麦草、紫云英、苕子、箭筈豌豆、野燕麦以外，已从国内外引进饲草玉米等新型饲用作物；筛选出适宜主要草种有饲草玉米、饲用燕麦、小黑麦、紫花苜蓿、草木犀、高羊茅、鸭茅、菊苣、多花木兰、狼尾草、牛鞭草、串叶松香草、威宁芜菁甘蓝等多个品种（唐成斌和龙忠富，2007）。目前，贵州省草业科技创新人才队伍主要包括贵州省草业研究所、贵州大学的相关人员，并与省外科研院所、高校有人才交流合作。技术推广单位有贵州省草原监理站、贵州省草地技术试验推广站、各级草地站等部门，具有较好的研究及技术推广基础。已建立由贵州省草业研究所牵头，有20多家省内外科研机构、院校、公司参加的贵州省牧草产业技术创新战略联盟，能为贵州省农区发展饲用作物、调整种植业结构提供科技保障。

三、贵州发展饲用作物、调整种植业结构的效价评估

（一）种植饲用作物典型案例分析

1. 经济效益

以青贮玉米双季＋多花黑麦草种植为例，对照Ⅰ为单季春玉米＋冬小麦，对照Ⅱ为单季春玉米＋油菜种植模式。据2011～2012年在省内不同地区调查结果，将其不同种植模式产量列于表4。

表4　不同种植模式产量

种植类型	青贮玉米双季＋多花黑麦草	春玉米＋冬小麦	春玉米＋油菜
产量	鲜草 12 000kg/亩	玉米籽 400 kg/亩 小麦 350 kg/亩	玉米籽 400 kg/亩 油菜籽 150 kg/亩

2012年，玉米、小麦、油菜籽、饲草市场价格分别为2.5元/kg、3.2元/kg、6元/kg和0.35元/kg；青贮玉米双季＋多花黑麦草种植模式每亩产值为4200元，春玉米＋冬小麦种植模式每亩产值为2240元，春玉米＋油菜种植模式每亩产值为1900元，高产饲草种植模式分别比春玉米＋冬小麦和春玉米＋油菜

种植模式亩增产值 1960 元和 2300 元。贵州省玉米常年播种面积约 80 万 hm^2，如能用其 20%来种植高产、优质的新型饲草三米品种，将新增产值 39.2 亿元，经济效益显著。

2．生态效益

发展饲用作物，采取豆科牧草与饲用玉米间套作，调整种植业结构，可改善土壤理化性质，提高土壤肥力，保护和提高土地资源价值。

2007 年，贵州省草业研究所在独山县进行了青贮玉米与拉巴豆套种对改善土壤理化性质的试验。青贮玉米与拉巴豆套种按 3:1 的比例混合播种，穴播，每穴播种 4 粒青贮玉米和 2 粒拉巴豆，试验小区面积为 10m×6m，行距 60cm，株距 30cm，10 行；以单播青贮玉米为对照，行距 60cm，株距 30cm。

在青贮玉米、拉巴豆套种与单播玉米样地内，分别于试验小区上、中、下部各布设 1 个土壤采样点，在每个土壤采样点的土壤耕层（0～30cm）采集土样，每个采样点重复 3 次取样，混合均匀，并对土壤理化性质进行测定。

结果表明，青贮玉米、拉巴豆套种（A）区土壤的理化性质均明显优于玉米单播地（表 5）。与玉米单播地相比，青贮玉米、拉巴豆套种区土壤 0～30cm（下同）土层的 pH 比玉米单播地高 7.56%，土壤容重比玉米单播地减少 30.07%，孔隙度增加 16.60%，渗透速率提高 45.45%，毛管饱和含水量提高 13.47%，田间最大持水量增加 25.68%。以上几项土壤物理性质的变化表明，采用豆科牧草与饲用玉米间套作，可以明显改良土壤的物理性质，使土壤抗冲、抗蚀性能增强，从而对控制水土流失、防止和减轻土壤侵蚀具有积极作用。

表 5　土壤理化性状测定结果

种植类型	pH	有机质/%	碱解氮/（mg/kg）	有效磷/（mg/kg）	速效钾/（mg/kg）	容重/（g/cm³）	孔隙度/%	渗透速率/（mm/min）	毛管饱和含水量/%	田间最大持水量/%
Ack	6.26	1.56	118.12	14.08	91.26	1.68	39.89	3.2	25.69	39.68
	5.82	1.25	86.31	10.68	65.34	2.56	34.21	2.2	22.64	31.57

就土壤有机质而言，青贮玉米、拉巴豆套种处理与玉米单播地相比增加 24.8%，碱解氮增加 36.85%，有效磷增加 31.83%，速效钾增加 39.67%。

3．资源利用效率

2009 年，贵州省草业研究所分别在贵州省独山县和威宁县种羊场试验基地，进行了高产饲草周年高效生产种植新模式（青贮玉米双季＋多花黑麦草）的物质生产和资源效率研究。双季青贮玉米模式的第 1 季品种为'黔单818'，第 2 季为墨西哥玉米，多花黑麦草为'贵草 1 号'。对照为单季春玉米＋冬小麦模式，玉米品种为'黔单 818'、冬小麦品种为'黔麦 15'。第 1 季于 3 月20 日直播，播种方式为穴播，种植密度为 5000 株/亩，7 月 10 日（乳熟期）收获；第 2 季于 7 月 11 日播种，10 月 10 日收获，10 月 15 日播种多花黑麦草。对照为冬小麦＋夏玉米模式，第 1 季小麦 9 月 21 日播种，6 月 20 日收获；玉米 6 月 21 日播种，9 月 20 日收获。常规管理。

主要测定项目与方法：

（1）生态资源测定利用美国生产的能量平衡系统（BR-cR23），进行间隔10min 的全时程（24h/d）、全年度（365d）自动记录，依据年度和生育阶段的总辐射、有效积温、降水，计算出相关效率值。

（2）物质生产量分析收获时采用每小区对角 3 点取样，每样点取双行 2m长，取样后立即称取其地上部生物鲜重，并从样点植株中抽取 5 株，称重、烘干，计算植株含水率及每公顷干物质生产量。

（3）物质、能量生产与生态因素资源效率分析。

（4）物质生产与能量生产效率：物质生产效率以单位面积干物质的产量表示。

物质生产效率(kg/hm^2)＝小区收获鲜重×(1－植株含水率)/小区面积

干物质产量转换为能量以干重热值（燃烧值）来表示。干重热值（GCV）是指每克干物质完全燃烧所释放的能量（J/g）。作物秸秆能量≈籽粒能量。本试验玉米干重热值为 $1807×10^4$ J/g；小麦干重热值为 $1.747×10^4$ J/g。

干物质产能以单位面积生产的干物质产量的干重热值表示。

干物质产能(MJ/hm^2)＝干物质产量/单位面积×干重热值

（5）光能生产效率：光能生产效率以生育期间平均单位热量生产的干物

质重量表示。

年总辐射利用率(%)＝干物质产能/单位面积的太阳辐射

（6）温度生产效率：温度生产效率是指生育期间日均温≥10℃有效积温生产的干物质重量。

温度生产效率(%)＝单位面积干物质生产量/生育期间有效积温

（7）水分生产效率：水分生产效率（kg/m^3）＝单位面积干物质生产量（kg/hm^2）/降水量（m^3/hm^2）

试验结果表明，与冬小麦＋夏玉米模式相比，全年干物质生产率提高10.3%、能量利用率提高12%，总辐射利用效率提高12.5%，热量资源生产效率提高22.5%，水分生产效率增加36.3%，鲜草总产量达12t/亩，按鲜草0.35元/元计，亩产值达4200元。

高产饲草周年高效生产种植新模式充分利用了光热资源，又增加了作物生产的安全性，可充分发挥双季 C4 作物高光效潜力、最大限度地实现物质生产和产量高效的特点，比传统模式具有更高的物质生产能力和资源利用效率。

（二）发展饲用作物，提升草地畜牧产业技术集成案例分析

2007 年，贵州省确定了 20 个草地生态畜牧业产业化科技扶贫示范县,省财政每年支持每个草地生态畜牧业示范县 500 万元资金，发展 500 户项目农户，每户农户发给 20 只基础母羊，按照每亩土地 1 只基础母羊的比例进行人工草地（饲用作物种植）建设。2008 年示范县增加到 33 个。2009 年全省草地生态畜牧业产业化科技扶贫项目县达到 43 个，确定了晴隆、普安、盘县、水城、赫章、威宁、德江、沿河、务川、道真 10 个县为重点扶持的养殖大县，每个重点县 2009 年增加 1000 万元的项目资金投入。2010 年重点县每县投入1500 万元，一般县投入 1000 万元，投资力度日益加大。随着贵州省各级政府对草地畜牧业发展支持力度的不断加大，发展饲用作物、提升草地畜牧产业技术集成应用起到越来越重要的作用。以贵州较为成功的"晴隆模式"为例，剖析发展饲用作物、加速草地畜牧产业技术集成应用状况。

1．技术集成

（1）石漠化治理、植被恢复技术，包括退化草地封育技术、低扰动补播植被恢复技术、优质抗旱草种选择应用技术、修复草地植被演替调控技术、高产饲用作物建植与管理技术。

（2）饲用作物建植与丰产技术，包括品种的筛选、丰产栽培优化技术、田间水肥优化调控技术、主要病虫害高效防治技术、草产品加工及饲草轮供技术。

（3）半舍饲草畜平衡利用技术，包括舍饲与半舍饲家畜营养平衡技术、饲用作物饲料加工技术、草地生态系统草畜界面与农牧界面耦合技术。

2．运行模式

晴隆作为典型石漠化县，发展草地畜牧业已有近 10 年的历史，总结出了一套有效的运作模式，被称为晴隆模式。全县建设人工草地 146.67km^2，改良草地 100km^2，扶持了 1.1 万农户养羊，使当地农民脱贫致富。为发展种草养羊，晴隆县于 2001 年组建了草地中心（即晴隆县草地畜牧业开发有限责任公司，公司于 2003 年注册登记），为事业单位但实行企业管理。具体来讲，草地中心向养殖农户提供的是有偿服务，与养殖农户在养羊收入中按一定比例分成。经过多年发展，晴隆建立了一整套利益联结机制，主要包含三个层面：一是县人民政府成立工作领导小组，由县长任组长，分管农业和农村工作的副县长任副组长，相关部门主要领导为成员，负责统一领导、组织、协调项目和草地畜牧业工作，县政府与公司签订年度目标管理责任状；二是公司与职工签订工作目标责任状，建立激励机制、落实奖惩措施，公司职工工资、奖金、职称、职务完全与养殖户经济效益情况直接挂钩，强化公司职工职责；三是公司与农户的多种合作模式，最主要的模式是基地带动模式及借羊还羊模式。

（1）基地带动模式。公司建立了规模大小不等的多个良种基地及全县种羊和轮繁母羊的供应基地。为解决基地建设占用农户坡耕地和荒山的问题，公司主要采取了租赁土地的方式进行土地流转，与农户签订土地长期租赁合同，按年支付租赁费用，其中，耕地每年 100 元/亩，荒山荒坡每年 80 元/亩。对 60% 以上的土地被占用农户，优先安排进行技术培训后到基地当放牧员，与公司职工进行同等管理，公司根据个人的管理能力和成效兑现工资奖金，管理基础羊群 30～60 只，月基本工资 500～2000 元不等。

（2）借羊还羊模式。公司与农户签订借羊还羊合同，公司无偿提供草种，以羊放贷的形式向农户发放种公羊和基础母羊，并负责配套技术服务和农户商品羊的销售，农户在公司的指导下自己建草场，进行饲养和草地管理，在合同期内新增羊只公司与农户按一定比例分成（目前是二八分成）或者按照包干计提分成（如成活 10 只基础母羊，则提交 2 只新增羊只给公司），公司根据农户的脱贫情况收回原提供的基础羊群，滚动发展。

3．效益分析

（1）经济效益。2007～2011 年实现畜牧总产值 8910 万元，养羊户年增收 9000 元，年人均纯收入 2000 元，解决农民就业 11 000 人，所有参与养羊 3727 户全部脱贫。

（2）生态效益。实施生态畜牧业，将充分利用饲用作物、秸秆饲料资源实施饲养山羊。饲用作物、秸秆通过"过腹还田"能为耕地提供丰富的有机肥料，有效地改良土壤结构，提高土壤肥力和粮食产量。秸秆通过氨化处理，减少了作燃料焚烧。利用退耕还林地、荒山荒坡发展饲用作物，可实现生态、经济效益双赢，对促进农业生产的良性循环、保护生态环境具有积极的作用。

（3）社会效益。扶贫项目直接受益 2727 户，项目期"借羊还羊"扩大扶持小规模养羊农户 8167 户，并从中受益。有效提高项目农户及辐射农户的种养业水平，促进养羊业生产方式的转变，增强了发展后劲。

（三）发展饲用作物，调整种植业结构的社会效益

发展饲用作物，调整种植业结构，大力发展草地生态畜牧业，具有以下社会效益。

（1）发展饲用作物、调整种植业结构、大力发展草地生态畜牧业，是保障粮食安全的有效途径。

（2）发展饲用作物、调整种植业结构、大力发展草地生态畜牧业，是实现劳动力就地转移的有效途径。种草养畜发展草地生态畜牧业是一场土地利用方式的变革。由种粮食到种草，土地的利用性质发生了变化，必然会带来生产要素流动和劳动力投向的变化。发展饲用作物，调整种植业结构，大力发展草地生态畜牧业，对劳动力需求相对增加，由于贵州省种草养羊等科技扶贫工作的开展，地方部门对发展草地生态畜牧业的宣传和重视，加上经济收入的增加，外出务工的农民纷纷选择了回家创业，从事农业生产的劳动力将有所增加。

（3）发展饲用作物、调整种植业结构、大力发展草地生态畜牧业，是增加当地农户收入的有效途径。

四、贵州农区发展饲用作物、调整种植业结构的战略构想

（一）形势判断

1．国内外草业生产水平比较

纵观世界各国草地畜牧业发展情况，大致有以下几种类型：①国土面积较小、农牧并举、高度集约化经营的国家，如法国和德国，草地面积小于耕地，但畜牧业产值却占农业总产值的74%和75%，畜产品60%是由牧草转化而来，每公顷生产350～600个畜产品单位（祖立义等，2008）；②国土面积大、农牧并重、草地经营略为粗放的国家，如美国、加拿大和俄罗斯，它们的畜牧业产值分别占到62%、65%和50%，畜产品65%以上是由牧草转化而来，这些国家平均每公顷草地生产45～75个畜产品单位；③人工草地发达、以牧为主的国家，如新西兰、英国、瑞士、丹麦等国，草地畜牧业十分发达，其产值比种植业高1～8倍，畜产品80%由牧草转化而来，每公顷草地可生产300～900个畜产品单位；④天然草地面积大、草地生产技术较为先进、以牧为主的国家，如澳大利亚，畜牧业产值占50%～60%，其中90%由牧草转化，每公顷草地约生产20个畜产品单位；⑤天然草地面积大、以牧为主（林波等，2007）但经营十分粗放的国家，如蒙古国及非洲和南美国家，畜产品产值远大于种植业，畜产品主要由牧草转化而来，但草地科技及经营水平均不高，

生产力水平低下，每公顷草地仅生产零点几至几个畜产品单位。

我国的自然条件与北美草原相似，但生产力水平却相距甚远，每公顷仅生产 7 个畜产品单位，与蒙古国、南非等国相似，相当于发达国家的几分之一甚至几十分之一（林波等，2007）。

2. 我国草地生产潜力空间巨大

我国草地面积巨大，但生产力水平不高，仅相当于新西兰的 1/80、美国的 1/20、澳大利亚的 1/10（胡宜挺和蒲佐毅，2011），主要原因是草地资源的分配、利用极不合理，人工草地建设水平差。一般来说，人工草地面积和生产力水平代表着一个国家的畜牧业总体发展水平，因为人工草地产草量是天然草地产草量的 5~10 倍，通常经验是当人工草地占天然草地 10%，草地畜牧业经济效益可提高 1 倍。我国现有人工草地 800 万 hm^2（李显荣，2002），仅占天然草地 2% 左右（贵州占 9.3%），而美国占 15%，新西兰占 75% 以上。近期内，如果我国能够实现人工草地面积 3300 万 hm^2 的目标，建立草地围栏 6600 万 hm^2，全国草地生产力就可提高 10~20 倍，使每公顷畜产品产量达到 45kg 以上，相当于目前美国的水平。此外，发达国家的农业有向草地农业转移的趋势，而就我国目前情况来看，要使草业有一个大发展，而又不使环境遭到破坏，主要措施就是减轻牧区人口和牲畜压力，大力发展农区人工草地，此外别无选择。

据两院院士近期考察论证结果，南方草山草坡是我国亟待开发的后备食物资源，宜于近期开发利用的草地为 1300 万 hm^2，如能高效开发利用就相当于两个新西兰的生产水平，年产牛羊肉 300 万 t 以上，约等于 2400 万 t 粮食；农区种植业结构调整后，估计饲用作物种植面积有 1200 万 hm^2，相当于增产饲料粮 4000 万 t（罗冬云，2009），这些都将为我国草食家畜发展奠定基础，而贵州在我国南方草业发展中适逢其会。

3. 草业作为优先发展产业意义重大

西方发达国家在发展经济的同时，也不忘发展草业，虽然与其生活习惯有关，但更主要的是在痛苦失败中产生的明智抉择。美国在 20 世纪 30 年代，前苏联在 50 年代都曾试图通过开垦草原发展种植业，但均遭受严重的"黑风暴"侵扰。我国近年来频繁发生的沙尘暴、江河泛滥等自然灾害，可以说就是"黑风暴"的序曲，由此造成的年直接经济损失高达 500 多亿元，而且潜在的损失更不止于这个数字，这从另一个角度诠释了发展草业不仅本身具有较高的经济效益，而且具有巨大的生态效益和社会效益。

21 世纪初，我国政府决定把经济发展重点向中西部转移，从实现经济可持续发展的战略高度提出西部大开发，全面推行农业产业结构调整，实施退耕还林（还草）和生态环境建设工程，而这其中的每一步都与发展草业息息相关，这又无疑为草业的发展带来了千载难逢的机遇。近年来，改革开放带来了经济上的繁荣，也使人们的物质文化生活，特别是食物结构发生变化，人们需要更多的肉、蛋、奶，以及皮、毛产品来丰富菜篮子和改善生活条件，国内的现实背景要求草业快速发展。因此，发展草业非常符合我国国情和当前的产业政策，是一项功在当代、利在千秋的伟大事业，对实现民族复兴和经济、社会可持续发展意义重大。

4．贵州发展草业需求迫切

贵州省地处我国南方喀斯特地区的核心地带，是我国喀斯特分布最广的区域，人口、资源、环境的矛盾非常突出，生产足迹远远超过生态承载力。据报道，贵州现有自然资源只能承载 2500 万人口，但 2011 年末全省常住总人口数达 3469 万。贵州同时存在贫困、生态、民族地区发展和基础设施建设滞后等问题。贫困与生态恶化的双重压力严重制约了贵州的可持续发展，但多年的实践和研究证明，适度发展草地畜牧业是解决生态保护和脱贫致富矛盾的有效措施。由于政府工作的推进，近年来草地生态畜牧业得到了空前的发展，规模不断扩大，资源环境容量日趋饱和。在不加大天然草地改良和人工饲草料基地建设的情况下，依靠扩大规模、增加草地载畜量来增加农牧民收入已变得十分困难，最终结果将带来新一轮的生态灾难。在这种特殊情况下，怎样使广大农民从温饱走向小康，怎样使农民人均纯收入赶超全国平均水平，怎样实现"草地生态畜牧大区"向"草地生态畜牧强区"转变，实现跨越式发展，是我们面临的新课题。

鉴于以上情况，中国工程院任继周院士于 2011 年 11 月再次赴黔，对贵州草地生态畜牧业产业化科技扶贫工作开展了深入的调查研究，指出充分利用现代科学技术手段，提高单畜产值和单位面积土地产值，合理利用和开发现有资源，逐步把草地畜牧业纳入高产、高效、优质的轨道，发展"减粮增收"的生态型（陈荣喜，2003）、节约型草地生态畜牧业是贵州省草地畜牧业的发展方向。

（二）总体思路与基本原则

1. 总体思路

以科学发展观为指导，遵循 2014 年"中央一号文件"精神，根据贵州省人民政府的要求，本着"加强贵州石漠化治理和生态功能保护，确保资源持续利用，维护区域生态安全"的战略，进一步加大政策指导和扶持力度，以生态建设、扶贫开发为重点，按照区域化布局、专业化养殖、标准化生产的要求，建立生态畜牧业生产示范基地，提高草地综合生产能力。在种植业结构的调整中，把饲用作物生产纳入种植业计划，推动生态畜牧业发展；同时加大生态治理区域种草养畜综合开发力度，大力发展草食家畜，加强大型养殖场环境污染治理，努力实现贵州生态、经济、社会与畜牧业的统一和协调，为促进草地生态畜牧业可持续发展作出贡献。

2. 基本原则

1）种养结合的原则

在加强环境建设的同时，努力创新机制，做到草畜平衡、种养结合。在种植业结构的调整中，把饲用作物的生产纳入种植业计划。在保护和改善生态环境的前提下，大力发展人工种草、林草间作，合理开发利用草山草坡，改良草地，在有条件的地方飞播种草，根据草地类型、牧草种类确定草地利用方式和饲养什么畜种，从时间和空间上做到产草量和饲养量维持动态平衡，做到生态环境保护与牧草资源利用平衡、协调。

2）因地制宜的原则

各地区要考虑气候特点、饲草资源、社会经济、技术支撑、资金投入、农民意愿、预期效益等各种因素，因地制宜地确定种什么草和怎样种的问题，以及各类草地的比例、怎样利用、怎样布局都要统一规划落实，然后解决养什么畜和怎样养的问题。因此，各地要因地制宜，开拓创新，制订出可操作性强的具体实施方案，建立起切实可行的运行机制和现代化管理组织，着力发展优质、安全、高效、生态、资源循环的现代畜牧业经济，实现草地畜牧业可持续发展。

3）可持续发展的原则

坚持科学发展观，草业发展与建设必须具有可持续性，而可持续发展应是生态、经济和社会三方面的有机结合。三者的协调统一是实现草业建设的根本要求。贵州草业发展中引入高产优质高效新型饲草系列品种进行种植结构调整，有利于提高草地畜牧业经济、生态和社会效益，促进草地畜牧业可持续发展。以生态功能保护为基础，在经济建设中重视生态环境保护，走生态建设与经济发展并重之路，也是对生态可持续发展的完善与补充。项目区为重要的江河源区，在发展草地畜牧业中，要坚持生态功能保护为主，在建设中加强生态环境保护，做到保护与建设并举。

4）科技创新与地方优势产业发展相结合的原则

科技创新是生态建设和经济发展的根本保障，贵州省草业发展的自然气候优势必须与先进的科学技术结合才能得到体现。由于地区内地域差异、经济发展水平的不同，需要统筹兼顾、科学决策，从实际出发，把科技创新与发展种草养畜紧密结合，以促进地方优势产业的发展。

（三）战略目标

近期目标：围绕草地生态畜牧业产业发展目标，结合本地自然资源条件，2011～2015 年建设人工草场 1333.3 万 hm^2，冬闲田土种草 13.3 万 hm^2（贵州省农业委员会，2010）；改良天然草地 66.7 万 hm^2（草地生产力提高 25%以上）。同时引入高产优质高效新型饲用作物系列品种，通过种植业结构调整，大幅度提高人工草地生产能力，促进草地生态畜牧业跨越发展。

中长期目标：2016～2020 年在巩固原有建设基础上，新增人工草地 133.3 万 hm^2，冬闲田土种草 33.3 万 hm^2，改良天然草地 133.3 万 hm^2；大力推广"粮-经-饲"三元结构种植，积极开发和充分利用农作物秸秆和藤蔓饲料，着力扩大饲草饲料来源，降低养殖成本。开发专用牛、羊饲料及饲料添加剂，改变传统饲料结构，建立饲草料加工生产线，提高工业饲料的生产能力，初步形成草地改良与饲草料配套保障体系及生产技术支撑体系，促进贵州草地生态畜牧业产业持续健康发展。

（四）战略重点

1. 科学区划合理布局

1）根据生态特点进行科学区划

应用生态学原理和方法，揭示各自然区域的相似性和差异性规律，从而进行整合和分异，对贵州牧草种植划分生态环境的区域单元，以便更合理地安排主栽饲用作物和种植模式，实现高效生产。对种植饲用作物来讲，800m 以下为低海拔地区，800～1300m 为中海拔地区，1300～1500m 以上为高海拔地区。因不同海拔高度、土壤条件和水资源不同，必然形成不同的农耕制度。不同海拔高度地区对饲用作物品种的选择、种植结构、草地布局、利用方式、利用程度应不尽相同。

2）按照养殖需求进行合理布局

不同的畜种对牧草的需求不同，在牧草种植规划中要充分考虑畜种差异，按照肉牛、肉羊、家兔、鸡、鹅等不同养殖需求，根据拟建场地的环境条件，科学确定各种植区的位置，合理确定各类草地安排。

2. 处理好生态保护与种草养畜效益的统一

在喀斯特山区下大力气种树种草，饲养家畜，其根本出发点和落脚点是建立起"人管畜-畜管草-草治山-山养人"的良性循环，这就必须做到生态保护和种草养畜效益的统一。一方面，要加强种植业和畜牧业生产方式转变，推广先进实用技术，提高规模化和产业化水平，按照自然规律和市场导向，发挥优势，把产业发展作为重点，优化提高种植业，大力发展养殖业和畜产品加工及贸易，实现畜产品增值效益，增加农牧民收入；另一方面，要组织实施草山、草地生态保护建设工程，积极推行基本草山、草原保护，禁牧、休牧、轮牧和草畜平衡制度，做到生态环境保护与牧草资源利用平衡协调，可持续发展。

3. 发展新型饲用作物，解决饲草料总量不足和结构不合理

贵州省饲用作物种类多样，但因受自然、技术、经济条件等因素制约，没有得到充分利用，因此在种植规划中要充分考虑其多样性特点和优势，使其可以在多样性的生态环境和种植模式中发挥作用。在规划中应以几种主栽牧草为主，同时大力发展新型饲用作物，最大限度地发掘饲料资源优势，增加饲料供给量，解决饲草料总量不足和结构不合理等问题。

4. 加强已建人工草地的管护，实现可持续发展

人工草地是发展草食畜牧业的基础，大力推行人工种草，建设多年生草地，既可减轻天然草地的压力，又可充分保护和利用土地资源。但由于气候、土壤肥力、管理方法和草地使用年限不同，人工草地栽培牧草的覆盖度、产草量都会出现相应变化，栽培牧草逐渐失去优势。因此，人工草地的建设，除建植外，还需要科学管理和合理利用等技术措施相配套，如肥水管理、刈割和放牧利用等。只有加强人工草地日常管理和保护，各项措施配合得当，才能充分发挥草地的生产力，做到持续利用，实现可持续发展。

五、发展饲用作物、调整种植业结构，促进贵州农区草食畜牧业持续健康发展的重大建议

（一）建立草地使用及监督管理制度，完善草地生态补偿机制

建立健全省草场资源与生态监测网络体系，组织开展对草场面积、质量、长势、生产力、灾情等方面的监测，掌握草场资源和生态环境状况及动态变化情况，及时发布动态监测信息，研究草场退化、石漠化发展规律，为有效开展草地生态环境治理提供数据和技术基础。认真开展草场载畜量核定，积

极推进草畜平衡制度的落实。加强草场休牧轮牧管理和技术指导，开展相关法律法规及技术手段的宣传与指引。针对草场建立、使用、维护的各个阶段，科学提出草场生态补偿的内容、标准、补偿主体、补贴对象和补偿方式。

（二）探索建立合理有效的风险分担网络体系

为避免农户在产业发展中承担过大风险，借鉴国内外经验，积极探索建立一套合理有效的风险分担网络体系，由多个经济主体，包括产业上下游企业及组织、银行及保险公司等金融机构、政府、农户、草地中心共同分担种草养畜产业的自然风险及市场风险，推进政策性农业保险试点工作，积极开展种草养畜商业保险，完善农村金融服务体系，构建新型农业产业保障机制。

（三）建立多渠道资金投入制度

1．尽快建立公共财政为主的草地农业投入机制

种草养畜建设具有很强的公益性，客观上需要通过建立扶持机制，由国家和地方政府在各方面尤其是财力上给予足够的支持。基于草地农业在公共财政中的定位，以及现阶段草地农业公共产品难以通过构建相应市场来实现货币化的客观事实，草地农业的投入体系必将以公共财政投入为主。因此，建立以公共财政投入为主、多渠道投资为辅的草地农业投入保障机制，是市场经济在草地农业发展中的必然取向。

2．进一步明确草地农业资金投入重点

一要加大退耕还草工程力度。加大建设任务和投资力度，增加工程建设内容，提高围栏补助标准，对严重退化的草地实行草种补助。二要加快启动已垦草山草坡退耕还草工程。三要尽快启动全省草地资源详查工作。目前，草地资源家底不清已严重影响到基本草地、禁牧与休牧草地、已垦草地重点植被恢复区、搬迁移民区的区域界线和草地的科学保护及利用，因此必须加紧进行草地资源详查工作。

3．加大草地农业投入机制优化力度

各级政府要将草地生态保护建设纳入当地国民经济和社会发展计划，做

好国家重点工程的配套投资和管理等工作。在坚持国家和各级政府长期稳定投入的同时，要争取来自社会各方面的、多渠道的资金投入，坚持"谁投资、谁建设、谁受益"的原则，鼓励国内外企业和当地农牧民个人投资草地生态保护建设，积极探索和引导资本市场进入草地保护建设，逐步建立起多层次、多方位的市场化投资机制。

4．通过改革拓宽草地农业融资渠道

进一步深化农区金融体制改革，建立一套完善的草地农业信贷金融体系。

5．激励农户的草地农业投入行为

有效的利益诱导机制具有激发农户草业投入的内在动力和优化草地农业投入行为方向的作用。为此，一是要通过建立草地流转机制，改革现有草地制度，提高草地农业经营的规模效益来强化农户对草地的投入；二是要通过建立草地农业投资补偿经营机制，从税收、服务、价格等方面给予农户优惠，将农户的投资更多地导入草业。

（四）对草地农业发展继续实行优惠税赋政策

对草产业全面落实减税政策。草地农业是集生态、经济、社会效益为一体的行业，与种植业相比，它的生态功能更强，但发展时间短，所以在税收方面应区别对待，应尽快制定草业免税政策，特别是对草业经营企业，应给予适当的税收优惠政策，鼓励这些企业进行草业产品特别是牧草产品（包括草产品、种子产品）的开发、加工，同时应加大退耕还草、退牧还草等工程中优惠政策落实的执行力度。

（五）按生态功能建设种养结合示范园区，带动饲用作物推广应用 及种植业结构调整

根据草地应具备保持水土、涵养水源、调节气候和保护环境等生态功能的要求，采用灵活多样的组织形式，发展饲用作物专业化生产和集约化经营，按照饲用作物生产基地区域化布局，围绕龙头建基地，调整农区产业结构，建设有特色的饲用作物生产基地。采取农牧户、专业大户、种植小区、规模

化种植企业等多种经营模式，逐步由分散向适度规模经营转变，使基地与市场需求相衔接，与龙头企业相配套，实现种植区域化、生产规模化、经营集约化，并针对不同地质、气候、海拔和地理纬度，建立产业发展与环境保护协调的省级、国家级种养结合项目示范园区，并做好科学研究和技术开发，带动饲用作物推广应用及种植业结构调整。

（六）在饲用作物优势产区建立国家饲草料储备库，确保饲料安全，推进草食畜牧业持续健康发展

针对人畜争粮问题，调整种养业结构，尤其是调整畜牧业养殖结构，增加草食家畜养殖比例，减少耗粮型畜禽养殖比例，在饲用作物优势产区建立国家饲草料储备库，有效解决近年来频繁发生的极端灾害性气候对畜牧业的影响，结合适度规模合理放牧利用天然草地资源，推动草食畜牧业持续健康发展，确保食物安全。

主要参考文献

陈荣喜. 2003. 发展种草养畜优化牧业结构. 遵义科技, (3): 9~10

贵州省农业委员会. 2010. 贵州省"十二五"生态畜牧业发展规划

贵州省情编辑委员会. 1986. 贵州省情. 贵阳: 贵州人民出版社

胡宜挺, 蒲佐毅. 2011. 新疆种植业农户风险态度及影响因素分析. 石河子大学学报(哲学社会科学版), 25(3): 1~6

黄俊明. 1995. 贵州省种植业生产现状及发展对策. 耕作与栽培, (2): 44~47

李文才, 邱建军, 邱锋. 2012. 农牧户家庭种植业生产经营行为影响因素分析——以西藏典型县(市)为例. 安徽农业科学, 40(11): 6794~6797

李先桥, 龙忠富, 孟军江, 等. 2009. 贵州退耕还草用草种筛选研究. 山地农业生物学报, 28(4): 324~332

李显荣. 2002. 把发展节粮型畜牧业作为黔东南州农村经济结构调整的突破口. 农村经济与技术, (1): 34~35

林波, 周定众, 邓主权. 2007. 加快贵州畜牧业发展的思考. 养殖与饲料, (6): 80~82

罗冬云. 2009. 恩施市草地畜牧业发展之路. 中国牧业通讯, (11): 26~27

马艺. 2012. 加快贵州生态畜牧业和优势特色农业发展的思考. 贵州信息与未来, (3): 35~41

莫本田, 罗天琼, 王普昶, 等. 2010. 贵州牧草产业现状及发展对策. 贵州农业科学, 38(6): 165~167

唐成斌, 龙忠富. 2007. 贵州省牧草育种研究现状及发展方向. 贵州农业科学, 35(6): 143~146

王天生，冉亚明，王瑶，等.2003.贵州种植业结构调整的问题探讨.贵州农业科学,31(1): 61~63

向爱春.2012.贵州省畜牧业发展存在的问题及对策.北京农业,(6): 38~39

于法稳.2012.贵州省农业可持续发展优势分析及对策研究.贵州财经学院学报,(2): 99~103

詹瑜，杨成，赵明坤，等.2011.贵州草地生态畜牧业产业化科技扶贫项目实施现状与对策.贵州农业科学,39(3): 149~155

张殿发，周德全，王世杰.2004.贵州省农业产业结构调整研究.地域研究与开发,23(3): 22~26

赵国富.2005.种植业结构调整的内涵与外延.广西热带农业,(1): 44~46

赵楠，罗京焰，刘贵林，等.2012.贵州省积极推进秸秆饲料化工作.中国畜牧业,(24): 35~37

祖立义，傅新红，李冬梅.2008.我国种植业全要素生产率及影响因素研究.农村经济,(5): 51~53

专题七　发展饲用作物、调整种植业结构，促进云南农区草食畜牧业持续健康发展战略研究

种植业结构是指种植业内各种粮食作物、经济作物和饲用作物的比例关系。种植业结构由传统的"粮-经"型向"粮-经-饲"三元结构过渡，是我国21世纪农业实现现代化的一个重要条件。发展饲用作物是世界上广泛采用的先进农业形式，在畜牧业发达的国家尤其普及，在保证农业可持续发展方面发挥着重要的作用。

"粮食安全"指"足够、安全和富有营养的食物"。粮食安全的本质是有充足食物，食物安全的核心是有足够的营养。因此，科学调整种植业结构，合理增加优质饲用作物的种植规模，提高草食畜牧业的生产效率，是粮食安全和食物营养安全的重要保证（毛文星和苏效良，2013）。发达国家的经验表明，在解决食物安全问题上，粮和饲草具有同等重要的地位。

云南省山地约占总土地面积的84%，地貌类型复杂多样，气候的区域差异和垂直变化十分明显，且光照偏少，土地零散，耕层浅薄，植物籽实生产效率相对较低，目前云南生产的粮食中有近50%用于饲养家畜，饲料粮供给不足成为影响云南粮食安全的主要问题。与籽实农业相比，以收获植物营养体为产品的饲草料生产更具潜力，单位土地面积的经济效益较高。种植多年生牧草可提高土壤肥力、减少水土流失，改善农田生态环境。从云南农业资源实际情况出发，借鉴欧洲和日本等发达国家草食家畜养殖经验，调整种植业结构，大力发展饲用作物生产，有利于建立高效安全的草食畜牧业生产模式，提高养殖业稳定性和持续性；有利于满足人们对草食畜动物产品日益增长的需求，实现资源利用合理、生态环境友好、效益稳定的草食畜牧业发展格局，对促进云南社会、经济和生态的可持续发展具有重要的意义。

在项目组的安排和部署下，本专题于2013年5月启动，组建了由云南农业大学毕玉芬教授、单贵莲博士、陈功教授、罗富成教授为成员的专题组，

根据荣廷昭院士主持的中国工程院重点咨询项目"发展饲用作物，调整种植业结构，促进西南农区草食畜牧业持续健康发展的战略研究"的要求，进行了该项专题研究，旨在向国家和云南各级政府提出在建设云南高原特色山地草食牧业大省进程中，因地制宜，发展新型饲用作物，调整种植业结构，提高草地畜牧业生产开发效益，促进经济社会又好又快发展的重大建议。

一、发展饲用作物、调整种植业结构，加快草食畜牧业发展的战略意义

云南是以山地为主的省份，与籽实农业比较，以收获植物营养体为产品的饲草料生产更具潜力。借鉴发达国家草食家畜养殖经验，调整云南农业种植业结构，发展饲用作物具有以下重大战略意义。

（一）发展草食畜牧业将惠及整体农业

长期以来，我国传统农业仅限于耕地农业。近年来，我国粮食连续增产，而居民年人均口粮消耗量却呈逐年减少趋势，已从 1986 年的 207.1kg 下降到 2010 年的 148.0kg，降幅为 28.5%（任继周，2013）。与此相反，动物性食品需求量逐年增加。从消费需求看，尽管猪肉依然是我国居民肉类消费的"主体"，但牛羊肉消费所占比重不断上升，逐步向国际趋势的"三三制"过渡（猪肉、牛羊肉、禽肉各占1/3）。统计数据显示，2010 年，我国城镇居民、农村居民人均购买牛肉分别为 3.78kg、1.43kg，但与世界平均水平相比，我国人均牛肉消费量还比较低，消费增长的空间仍然较大（刘国信，2012）。发达国家经济发展规律表明，国民经济收入达到人均 1000 美元的时候，牛肉消费日渐兴旺（刘文君，2011）。这就意味着伴随口粮消耗的下降，饲料需求相应增加，目前我国饲料需求量已经达到口粮的 2.5 倍，这是我国传统"耕地农业"无法承受的，近年来抢购国外奶粉及三聚氰胺事件也凸显了问题的严重。从发展趋势来看，饲料的缺口将越来越大，而这个缺口需要牧草和饲用植物来填补，而不是粮食（任继周，2013）。西方国家，以及亚洲的日本和韩国的实践经验都证明，随着社会的进步，动物性产品的人均消费将保持较快增长。

云南平坦土地较少，坡度＜8°的耕地仅占 8.9%，＞15°的耕地占 77.3%，且土地零散，土壤贫瘠，光照不足，不利于生产植物籽实。更令人担忧的是，在这样的土地上生产的粮食中有近 50%用于饲养家畜，土地使用的不合理既造成了资源浪费，也带来严重的生态问题。草食家畜饲料中 70%可以是饲草和粗饲料，提供量足、质优的饲草料是草食畜牧业健康发展的基础。利用部分耕地生产饲草料既可以提高土地资源的利用效率，又可以确保山地农业系统的稳定性。

（二）耕地种植优质饲用作物可培肥地力，保护生态安全

云南现有耕地中，宜农耕地占 79.3%，不宜农耕地占 20.7%。为了提高农作物产量，大量使用农药和化肥已成普遍事实，既污染环境，又增加了生产成本，导致农民增产不增收。农耕作业对土壤扰动频繁易引起水土流失。将这些不宜农耕的土地种植多年生饲用作物，建立优质的人工草地，其生产力可以比天然草地牧草产量提高 4～5 倍。草田轮作一个周期（3～5 年）可以提高土壤有机质 20%左右，每公顷增加氮素 100～150kg，至少可减少现有化肥用量的 1/3。几种牧草混播，可丰富田间的生物多样性，减少作物病虫害，节约农药用量。轮作中的草地，一旦市场急需增加粮食供应，可以立即改为粮田，以更高的土壤肥力投入粮食生产（任继周，2013）。牧草具有强大的根系，且生长迅速，能很好地覆盖地面，可减少雨水冲刷及地面径流。研究表明，目前我国的水土流失有 70%来自耕地，草地一般比农田减少水土流失70%～80%（任继周，2013），建立人工草地是保持水土的重要手段。因此，发展饲用作物，调整种植业结构，推动现代草食畜牧业发展，是实施"沃土工程"、提高土壤肥力、减少水土流失的重要举措，对于改善草地和农田生态环境、促进农业可持续发展有深远意义。

（三）发展饲用作物有利于发挥资源潜力，提高生产效率

从经济产量看，籽实农业生产中只有籽实产量才是经济产量，而营养体农业的生物产量就是经济产量（贠旭疆，2002）。据有关资料显示，传统籽实农业的经济收获量不到 50%，而营养体农业却可达到 90%以上。云南气候温

和，降水充沛，植物生长期长，但光照相对不足，具有发展营养体农业的优势。牧草和饲用作物生产以收获营养体为目的，属于营养体农业范畴，其产品由于收获时期较早，茎叶蛋白质、粗脂肪、糖分等营养物质含量高，木质化和纤维化程度低，具有较高的营养价值（负旭疆，2002），且每年都有一些季节不利于收获作物籽粒，但对饲用作物影响较小。用耕地种植苜蓿等优质牧草，能大幅度提高饲草的产量和蛋白质饲料总量，是解决目前畜牧业生产中优质粗饲料缺乏问题的有效措施。

（四）发展饲用作物可为云南发展高原特色山地牧业提供保障

近年来，云南经济、社会取得了较快的发展，人们的生活水平普遍提高，食物消费结构也发生了重大的变化，粮食消费量逐年减少，而动物性食品需求量逐年增加，这就加大了对饲草饲料的需求。世界发达国家饲用作物在农业资源配置结构中占有重要的地位，其成功经验就是大力发展饲用作物，较好地实行了草地农业。云南省列入国家畜禽遗传资源名录的品种已达 60 多个。其中，牛羊地方品种以肉质好、耐粗放饲养管理、适应性好、抗逆性强等优良特性成为云南草食畜产业独特的种质基础。云南省 129 个县（市、区）有近 110 个县（市、区）是发展牛羊等草食家畜的适宜区。这些独特的资源和地域条件为云南发展高原特色山地牧业提供了条件，但其基础仍然是充足、优质饲草料的生产和供给。因此，改变传统饲草料生产观念，根据草食家畜的需求构建苜蓿和青贮玉米为主的饲草料基地，大力生产优质饲草料，对云南畜牧业成为大产业目标的实现具有重要的作用。

（五）发展饲用作物有利于增加农民收入和维护社会稳定

由于云南特殊的地理环境和社会历史原因，造成经济和社会发展明显的区域性差异。边远山区为解决温饱问题而开垦坡耕地种植粮食的情况非常严重。坡耕地的开垦虽然暂时增加了一些粮食产量，但严重的水土流失造成土壤肥力及保水抗旱能力降低，耕作价值逐渐降低，使当地群众渐失生存条件。种植多年生饲用作物，一次播种可多年收获，劳力、种子、化肥、农药、机具、动力等都比种植粮食作物大为节约（任继周，2013）；优质的饲草用于饲养草食家畜，带动草食畜养殖产业的发展，可使耕地增值 50%。近年来，因农村劳动力进城务工而全荒或半荒的耕地也在逐年增多，利用这一部分土地种植优质饲用作物，对耕地实施草田轮作，不但可降低劳动力成本，还可挽回全荒或半荒的耕地，有利于农村劳动力向城镇转移（任继周，2013）。在岩溶地区、旱农地区和灌溉地区的试验证明，种草养畜一般提高农民收益 2～3 倍，其产业链的延伸还可以吸纳就业人员，提高群众的收益。坡耕地退耕还草，建立集中连片的热带和亚热带优质人工草地，发展草食畜牧业，有助于促进地区经济和社会的发展，增加群众收益和改善民生，进而维护社会的稳定。

二、云南农区种植业、养殖业现状分析

云南省地处我国西南边陲，总面积 39.4 万 km^2，全省共有耕地 607.21 万 hm^2。全省土地面积中，山地约占 84%，高原、丘陵约占 10%，盆地、河谷约占 6%。由于盆地、河谷、丘陵、低山、中山、高山、山原、高原相间分布，各类地貌之间条件差异很大，类型多样复杂。云南全省大部分地区具有冬暖夏凉、四季如春的气候特征，兼具低纬气候、季风气候、山原气候的特点，气候的区域差异和垂直变化明显。云南的这种地貌和气候特点，适宜多种作物及饲草生长和家畜的饲养，形成了各种类型的种养业结构。

（一）农牧业产值比例

畜牧业是云南农业中的一个支柱产业。除 2009 年受到金融危机和甲型 H1N1 流感影响，导致畜牧业产值在农业总产值中的比重下降到 33%外，"十一五"至"十二五"期间，云南畜牧业产值在农业总产值中所占的比重基本稳定在 35%左右，但与国内畜牧发达的省（自治区、直辖市）相比，尚存在较大的差距（王叶华，2011）。

（二）种植业、养殖业结构

1. 种植业结构

云南是一个典型的农业省份。云南的种植业结构以粮食作物和经济作物

为主。粮食和经济作物的种类包括玉米、水稻、小麦、马铃薯、蚕豆、油菜、蔬菜、烟草、橡胶、甘蔗、茶叶、水果、干果（仅核桃种植面积就达到 160 万 hm^2）和花卉等。其中，玉米种植面积 141 万 hm^2，主要产区为曲靖、昭通、文山、楚雄、红河、保山等市（州）；水稻种植面积 107 万 hm^2，主要产区为曲靖、楚雄、大理、德宏、景洪、思茅、红河、玉溪、文山等市（州）；小麦种植面积 44 万 hm^2；马铃薯种植面积 50 万 hm^2；油菜种植面积 28 万 hm^2，主要产区为曲靖（罗平）、玉溪（红塔区、新平、峨山）和保山（腾冲）；蔬菜种植面积 87 万 hm^2，主要产区为昆明（呈贡）、玉溪（通海）、红河（建水）和楚雄（元谋）；甘蔗种植面积 33 万 hm^2，主要产区为临沧、德宏、保山、普洱、西双版纳、玉溪和红河等市（州）；烟草种植面积 53 万 hm^2，主要产区为保山、红河、昆明、曲靖、昭通、楚雄、大理和玉溪等市（州）；橡胶种植面积约 56 万 hm^2，主要产区为西双版纳、普洱和临沧等市（州）；茶叶种植面积 39 万 hm^2，主要产区为普洱、西双版纳（勐海）、大理（云龙、南涧）、临沧（云县、凤庆）、保山（昌宁、腾冲、施甸）、德宏（龙陵、梁河、盈江）、红河（绿春、屏边）。种植的饲用作物主要有紫花苜蓿、王草、青贮玉米、大麦、光叶紫花苕、蚕豆、多年生黑麦草、多花黑麦草、白三叶、鸭茅、臂形草、东非狼尾草、非洲狗尾草、苇状羊茅、菊苣等，种植面积 36 万 hm^2，仅占作物播种总面积的 5.8%左右。可见，目前云南的种植业仍然基本上是"粮-经"二元结构。

2. 养殖业结构

养殖业是云南的另一大支柱产业。云南省的养殖业结构以猪、家禽、牛、羊为主，另有一定比例的马、驴和骡。2010 年各类畜禽年末存栏头数为：猪存栏 3696.98 万头，羊存栏 1092.74 万只，牛存栏 976.28 万头，马存栏 73.95 万匹，驴存栏 34.98 万头，骡存栏 67.73 万头，家禽存栏 14 253.59 万只。目前云南省的养殖业结构仍然是以耗粮型的生猪为主。就主要畜禽的主产地来看，生猪的主要生产基地为红河、曲靖、昭通、昆明等市（州）；牛的主要生产基地为大理、曲靖、楚雄、文山等市（州）；羊的主要生产基地为大理、曲靖、楚雄、昆明等市（州）；家禽的主要生产基地为昆明、玉溪、曲靖、红河、大理等市（州）（王吉报和蒋永宁，2012）。

2012 年全省肉牛存栏达 1040 万头（居全国第 3 位），出栏 366 万头（居全国第 7 位），肉羊存栏达 1200 万只，居全国第 11 位，出栏 800 万只（居全国第 10 位）。

除猪、牛、羊及家禽的养殖外，从 20 世纪 50 年代开始，在昆明、曲靖、玉溪、西双版纳、保山、红河等地还发展了养鱼业，目前云南省鱼产量为 10.2 万 t，养殖方式包括池塘养鱼、稻田养鱼、水库养鱼、网箱养鱼和温流水养鱼。

（三）饲草料资源开发利用现状

1. 草山草坡和饲用植物资源

云南有草山草坡 1526.67 万 hm^2，其中可利用草地面积 1186.67 万 hm^2（吴维群，2001a）。从草地纬度分布、垂直分布等的综合差异看，云南省草地可划分为高寒草甸、亚高山草甸、山地草甸、山地灌丛草丛等 11 类草地类型。温带、寒温带草地占全省草地总面积的 12.42%，亚热带草地占 53.71%，热带草地（包括南亚热带和干热河谷）占 16.79%，零星草地占 16.8%，湖河草地占 0.28%（吴维群，2001b）。全省草地饲用植物丰富，有 199 科，1404 属，4958 种（草本占 78.2%，乔灌木占 15.29%）。其中，野生饲用植物达 3200 余种。

云南的草山草坡具有水热条件好、单位面积生物量高、牧草生长期长、易于改造等优势，同时也存在分布较为零散、地形起伏、交通不便等限制其集中开发的因素（武丕琼，1989）。云南草山草坡多为森林反复破坏后的次生草地，其土层较薄，在过牧、滥垦、樵采等影响下，草山草坡出现退化严重、产草量低、牧草质量差、毒害草种类多等问题。据不完全统计，云南省严重退化的草地在 20%左右，中度和轻度退化的草地在 60%左右（罗富成，2001）；云南草地石漠化面积达 3.48 万 km^2，岩溶面积达 11.1 万 km^2（刘兴明，2012）。一些岩溶地区，上百万年形成的薄层土壤已被冲刷殆尽，形成了光秃秃的卧牛石，因失去土壤再生能力而形同"石漠"。

近年来，针对草山草坡退化和石漠化问题，云南先后实施了退耕还草、飞播牧草、高寒山区种草、草山草坡综合开发、石漠化治理等工程（项目），使少部分退化和石漠化草山草坡得到了一定程度的恢复。但大面积草山草坡退化严重的状况没有得到根本的改善。

云南草山草坡的利用较为滞后，大部分地区仍然依赖自然草地放牧养畜，草山草坡开发利用的比例不足30%，满足不了云南畜牧业快速发展对饲草饲料的需求。

2．作物秸秆

云南农作物秸秆资源丰富，主要包括玉米秸、稻草、麦秸、大豆秸、蚕豆秸、油菜秸、马铃薯藤、甘薯藤及甘蔗叶梢、木薯茎叶等，每年全省农作物秸秆资源总量约为3000万t，其中玉米秸的数量最多，占秸秆资源总量的42.06%；其次是稻草，占秸秆资源总量的31.59%；麦秸、大豆秸、蚕豆秸、油菜秸、马铃薯藤、甘薯藤及甘蔗叶等占全省秸秆资源总量的 26.35%（胡晓明等，2009）。目前云南作物秸秆有一半被焚烧或作肥料，有约 50%直接或间接作为饲料被家畜利用，其中有近1000万t左右的作物秸秆直接用来饲喂草食家畜，仅有 500 多万 t 的作物秸秆被氨化或青贮后用来饲喂牛羊。

3．农产品加工副产物

云南农产品加工副产物的种类包括稻壳、甘蔗渣、麦麸、米糠、玉米皮、薯渣、豆皮、豆渣、酒糟、饼粕、果渣等。随着农产品加工业的发展壮大，农产品加工副产物的量也随之增多，据中国统计年鉴（2010）资料，每年云南甘蔗加工副产物产量为 1280 万 t，稻壳产量为 130 万 t，柑橘皮渣产量为19.2 万 t，主要是直接用于饲喂牛、羊等草食家畜，利用率仅为 10%左右。

三、云南农区发展饲用作物、调整种植业结构的制约因素

云南农区发展饲用作物、调整种植业结构存在的制约因素可概括为以下几个方面。

（一）传统农耕文化意识的影响

云南农民自古以来就是以农耕文化为主导，农区发展的历史就是开垦草

地种植粮食作物的历史。在重农轻牧、重粮轻草、重耕轻养的传统农耕文化背景下，人们普遍认为，农民的主业就是种好耕地，多打粮食。农区普遍的种植模式是粮食作物和烟草（或其他经济作物）的二元种植模式，"粮-经"种植模式在偏远山区更是普遍，群众只把畜禽养殖作为种粮之余的"副业"。据测算，云南每年饲料用粮约 1500 万 t，占云南粮食总需求量的 50% 左右。云南每年需从省外调进 80 万 t 左右的玉米补充饲料用粮，蛋白质饲料 90% 以上靠从省外或国外调进。群众宁愿用玉米或小麦、稻谷作饲料，也不愿意把这些耕地用来生产饲草。目前种草养畜还没有被社会广泛认识和接受。

（二）饲用作物技术服务体系不健全

与农作物相比，饲用作物科技创新与推广服务体系薄弱。自主培育的饲用作物新品种较少，良种化程度极低；饲用作物生产单项技术多，集成配套少；科技成果转化率低、速度慢；政策性金融支持力度不够，风险分担机制尚未完全建立；政府相关政策性引导不够有力。这些因素导致饲用作物的生产难以形成规模经营效应和产、加、销一体的产业化生产经营格局。此外，云南从事牧草和饲料研究的科研院所和科技人员较少，科学研究和产业规划立项少，经费支持力度不够，理论成果和应用技术更新较慢，行业从业人员较少，劳动者文化素质偏低，这些也都间接影响云南农区饲用作物的发展。

（三）国家对种草养畜的扶持不够

国家高度重视粮食生产，对粮农给予了许多补贴政策，种植粮食作物都会得到一定的补贴。林业方面，国家对使用良种苗木在宜林荒山荒地、沙荒地人工造林和迹地人工更新且面积不小于 1 亩（含 1 亩）的组织或个人，补助标准为：人工营造 1 亩乔木林补助 200 元，灌木林补助 120 元，木本粮油经济林补助 160 元，水果及木本药材等其他经济林、新造竹林、迹地人工更新补助 100 元。在畜牧业方面，国家近年来虽也出台了一些鼓励和扶持的政策，但相比之下，国家扶持种植饲用作物、发展肉牛和肉羊养殖业的配套政策较少，目前云南人工种草良种补贴每亩仅 10 元，天然草原禁牧补助每亩仅

6 元，草畜平衡奖励每亩仅 1.5 元，肉牛良种补贴约为 5 元/头。农区种植饲用作物没有补贴政策和支持措施，无法与种植业和林业相比；而且国家仅有的投入也以支持草原区生态建设为主，缺少直接支持农区饲草料产业发展的专项投资。

四、云南农区发展饲用作物、调整种植业结构的潜力

云南有限的草地资源不能满足当今现代畜牧业发展的需要，实现养殖业规模化和草地生态环境的协调发展最有效的措施就是调整传统的农作物种植结构，大力发展农区饲用作物，推行舍饲圈养，积极实行种草养畜。云南农区发展饲用作物的潜力主要有以下几个方面。

（一）气候优势明显，饲用植物资源丰富，生产潜力大

云南气候兼具低纬气候、季风气候、山原气候的特点，除少部分海拔较高的地区为温带气候以外，多属于亚热带气候和热带气候，气候暖热，雨量充沛，植物生长时间长，生物产量高，农田种植优质饲用作物鲜草产量可达 $100\sim150t/hm^2$，可以刈割 5～7 次/年，且具有较高的营养价值。云南具备这样环境的区域较大，蕴藏饲用作物生产的巨大潜力。

云南植物种类极为丰富，在 3200 余种野生饲用植物中有 500～800 种生长繁茂，适口性较好，且具有培育成优良饲用作物品种的潜质。云南温暖湿润的气候条件适宜大多数外引优质饲草的生长。目前，云南引自欧洲、美国和澳大利亚等地区和国家的优良栽培牧草表现出较好的适应性，如 WL-525HQ、WL-903HQ、猎人河（Hunter-river）等紫花苜蓿品种；海法（Haifa）白三叶品种；邦德（Abundant）、钻石 T（Diamond T）、安格斯 1 号（Angust No.1）等多花黑麦草品种；凯力（Kanli）、麦迪（Mathilde）等多年生黑麦草品种；安巴（Amba）、德纳塔（Donata）等鸭茅品种。这些品种在云南种植获得了较高的产量和较优的品质。

（二）特色草食家畜养殖对饲草饲料需求呈增长趋势

云南具有丰富独特的畜种资源，如怒江独龙牛、槟榔江水牛、中甸牦牛，

以及圭山山羊、龙陵黄山羊等优质地方牛羊品种，因其具有特异的区域适应性和较强的抗逆性已成为不同区域的特色草食畜种。这些特色畜种在实现云南高原特色山地牧业的发展目标中起着重要的作用。云南多年的养殖经验证明，仅靠天然饲草和农作物秸秆，难以保证这些特色草食家畜养殖的特色品质和较高效益。在提高这些特色草食家畜养殖效益的技术中，利用部分耕地种植饲用作物，提供优质的饲草料已经成为重要的手段。目前，云南农区特色草食家畜养殖业发展态势强劲，因此，对优质饲草料的需求将呈逐渐增长的趋势。

（三）农业劳动力资源相对充足和稳定

云南是一个以农业为主的省份。据第六次全国人口普查数据显示，云南省农业人口为 2978.6 万人，占总人口的 64.80%。农区人口集中，劳动力资源富裕。由于特殊的地理位置和特有的民族风俗，农民不愿外出务工，加上农村生活的逐渐好转，就地务农成为多数农民的选择。农业劳动力资源相对充足和稳定，为发展种草养畜、有效延长产业链、提高农业经济效益创造了有利的条件。

（四）农区草食家畜舍饲养殖已具备良好的基础

21 世纪初，云南省大力推进农区舍饲养畜，并开始推广农田（地）种草，目前云南省存栏肉牛 100 头以上规模的养殖场（户）达 730 个，存栏肉羊 100 只以上规模的养殖场（户）达 7500 个以上。其中，2012 年新建存栏 100 头以上肉牛规模的养殖场 306 个，新建存栏 100 只以上肉羊规模的养殖场 2015 个（张锐和胡晓蓉，2013）。农区草食家畜舍饲养殖业已具备良好的基础，随着力争在 5 年内把云南畜牧业打造成 2000 亿元大产业目标的确立，农区舍饲养畜规模将进一步扩大，这就必然需要安排更多的耕地来种植紫花苜蓿或青贮玉米等饲用作物。

五、发达国家饲用作物发展概况及对我们的启示

饲用作物在一个国家种植业或大农业中的地位，与畜牧业在国民经济中

的发达程度直接关联。传统农业以生产粮食为主，饲用作物不受重视；现代农业因动物产品在农产品中的比重上升，饲用作物的地位持续强化。深入分析发达国家饲用作物的发展历程和成功经验，对云南发展饲用作物，探索草地畜牧业持续发展道路具有重要的借鉴意义。

（一）发达国家饲用作物发展概况及主要做法

1．利用一定比例的耕地服务于畜牧业生产

早在 19 世纪末，当欧洲人看到谷物产量开始下降时，便意识到没有牧草和畜牧业的农业是不完备的农业，并开始注重栽培饲料作物和牧草。前苏联农学家威廉士进一步指出，草田轮作是一种合理的耕作制度，如果没有动物饲养参加，不论从技术方面还是经济方面来看，要合理地组织植物栽培是不可能的（张明华，1994；孙兆敏，2005）。

20 世纪 30 年代以来，草地农业在世界各国快速发展。美国是草地农业发展较早的国家之一，既有成功的实践经验，也有水土流失、环境污染和"黑风暴"等的沉痛教训。美国在严峻的现实面前积极推崇草地农业制度，目前草地农业在整个农业中占有十分重要的地位，并产生了巨大的经济效益（张明华，1994；孙兆敏，2005）。例如，将优良牧草紫花苜蓿作为四大作物之一，形成了苜蓿草产业。目前，世界发达国家的农业系统尽管经营规模大小各异，但饲用作物在农业资源配置结构中的基本地位大致相同。据有关报道，在欧共体 9.3 亿 hm^2 耕地中，有 17%以上为畜牧业生产服务；前联邦德国的饲用作物播种面积始终保持在耕地面积的 40%左右；美国不断加大玉米等饲用粮作物种植面积，2007 年比 1980 年增加 20%，占当年农作物种植面积的 32%，是人用粮种植面积的 1.8 倍。同时，美国、澳大利亚、新西兰等国大力种植牧草和建设人工草地，用于发展草食畜牧业。美国牧草种植维持在 2500 万 hm^2 以上，近 20 年干草产量维持在每年 1.4 亿 t，青贮作物产量达 1 亿 t 以上，饲料用粮和牧草种植已经形成了一个重要产业；荷兰用 2/3 的耕地种植饲用作物，发展草地畜牧业，将牧草称为"生命之本"。尽管荷兰仅有 3.7 万 km^2 土地和 1400 万人口，但农产品的出口量却雄踞世界第二位，仅次于美国，他

们的成功经验就是较好地实行了草地农业（张明华，1994；孙兆敏，2005）。

2. 草地畜牧业和谷物产业同等重要

发达国家既有强大的谷物产业，又有兴旺的草地畜牧业。粮和草在解决食物安全方面具有同等重要的地位。自 20 世纪 70 年代以来，世界上许多国家都非常重视草业生产，西方发达国家和一些中等发达的国家，如英国、德国、法国、美国、澳大利亚、加拿大、俄罗斯、阿根廷等，都已经完成了农业从粮食和经济作物的"二元"结构向粮食作物、经济作物和饲料作物"三元"结构的转型。有些国家种草的面积甚至超过了种粮面积。发达国家畜牧业的迅速发展是以挖掘牧草和其他绿色饲料的潜力、突出发展草食畜牧业为前提的。欧美发达国家畜禽产品 60%以上是由牧草转换而来的。草业的发展，对国家的食物安全、农业经济发展和生态环境的优化起到了至关重要的作用（毛文星和苏效良，2013）。

3. 发展饲用作物促进农业整体效益的提高

巴西、阿根廷等国积极调整种植业结构，扩大饲料作物种植面积，保障养殖业发展所需的饲草料供应。美国的种植业与养殖业协调发展，20 世纪 70 年代以来，畜牧业产值的比重一直稳定在 50%左右，饲用作物高产优质栽培与利用为此提供了可靠的物质保障。农业种植业结构的调整，促进了一些相关产业的发展，如美国近 1/4 的耕地种植紫花苜蓿，苜蓿草产业直接经济效益每年达十几亿美元，其中苜蓿草粉和草捆平均年出口获利超过 5000 万美元；同时还拉动了养殖、农机制造、专用肥料和农药，以及加工、运输等相关产业的发展，总收益达 100 亿美元以上，实际上这也是草地农业系统内各组分耦合所产生的效应（洪绂曾，2000，2009；赵玲，2003）。前苏联种植业与畜牧业并重，畜牧业产值在农业总产值中的比例达到 60%以上。欧盟永久草地占农业用地面积的 32%，达到 5160 万 hm²，保障了其养牛业的可持续发展。

澳大利亚和新西兰的共同特点是草地面积比例大，耕地面积比例小，气候条件适宜牧草生长，因此两国均优先发展草地畜牧业，并逐步将其发展成为国家支柱产业（毛文星和苏效良，2013）。澳大利亚畜牧业产值占农业总产值的 50%以上，畜产品出口占全国出口总值的 1/3。新西兰畜牧业产值占农业产值的 80%以上，畜产品出口占全国出口总值的 50%以上。两国早期畜牧养殖模式主要以大规模粗放型放牧为主，但随着饲养规模的扩大，过度放牧和草地生态环境问题日益突出，也直接影响到畜牧业的持续发展。因此，两国开始转变发展方式，一方面控制草地载畜量，保持适度规模经营；另一方面，大力发展人工草地和草地改良。澳大利亚在中雨和多雨地区建立优质高产的一年生、多年生人工草地，面积达 3000 万 hm^2。选用的豆科草种主要有紫花苜蓿、白三叶、红三叶，禾本科草种有草芦、鸭茅、黑麦草、无芒雀麦等。利用人工草地放牧育肥羔羊和肉牛，10 月龄羔羊活重可以达到 55～60kg。紫花苜蓿、菊苣在干旱季节生长良好，为家畜提供放牧利用的青草。新西兰目前已经建立人工草地 76 万 hm^2，并计划不断扩大，以逐步摆脱饲草料依靠进口的局面。

4. 建立饲用作物种质资源保存、繁育及销售体系

发达国家对饲用作物的研究和应用起步较早，一方面根据本国特点开发和利用多种饲用作物资源，同时在品种资源保障方面注重优良品种引进和自主品种培育的战略思路。加强自主品种培育工作，建立种业创新机制，经过较长时间发展，在饲用作物种质资源的收集保存、品种繁育、种子生产加工及销售形成了科学而完善的研发体系，既保证了本国需求，也通过出口产生了巨大的经济效益。

饲用玉米、饲用高粱、燕麦、小黑麦、菊苣等饲料作物的繁育和种子生产在发达国家普遍受到重视。饲用玉米营养丰富，木质素含量低，单位面积的干物质产量潜力大，与其他青贮饲料相比具有较高的能量和良好的吸收率（翟洪民，2011）。畜牧业发达国家，如美国、法国、加拿大、英国、荷兰等都培育了大量的饲料专用玉米用于进行全株青贮，青贮玉米饲料已成为反刍家畜日粮中主要有效成分和幼畜育肥的强化饲料。据统计，欧洲种植的饲用玉米面积达 330 万 hm^2，约占玉米总播种面积的 80%；法国每年种植饲用玉米 151 万 hm²；美国青饲玉米约占玉米总种植面积的 12%，生产出的青贮饲料价值总额约为 15 亿美元。此外，澳大利亚、俄罗斯、巴西等国家也培育出了饲用高粱、燕麦、小黑麦的高产优质品种。例如，饲用高粱"大力士"为澳大利亚最新培育的非常晚熟的品种，具有适应性强、高产和品质优良等特性，饲喂家畜后的奶产量和肉产量明显增长。

　　一年生牧草和多年生牧草是饲用作物的重要组成部分。发达国家均十分重视牧草种质资源的收集和保存，并以此为材料开展资源评价与筛选、优良牧草品种选育和种子生产及销售工作，形成了一整套严密的组织制度和资源保存评价及良种繁育体系，种子生产达到了相当高的标准化、机械化和商业化程度。澳大利亚、美国、新西兰保存牧草种质资源分别达到 3.3 万份、2.5 万份和 2.5 万份。北美洲是目前世界上最大的牧草种子生产区，主要分布在美国西部的俄勒冈州、爱德华州、华盛顿州和加拿大的西南四省区，其商品种子生产量占世界商品种子的 50%左右（马其东，2004）。美国的草种生产在世界上处于领先地位，牧草种子年总产量约 23 万 t。加拿大约有 7 万多 hm²草种生产田。以苜蓿为例，美国拥有改良品种 300 个以上，1997 年苜蓿种子生产面积达 17.2 万 hm²，单产 267kg/hm²，总产 4.6 万 t，1999 年达 5.22 万 t。欧洲是世界上第二大草种生产区，主要分布在欧洲中北部的荷兰和丹麦等国。奥地利、法国和德国也生产草坪草种子，怛产量不是很大，包括草地早熟禾等在内的一些种子仍需进口。近年来，东欧地区的匈牙利、罗马尼亚和捷克等一些国家，正在积极开辟草种生产基地。澳大利亚和新西兰畜牧业很发达，为了满足国内和国际市场需求，分别建立了比较完善的草种繁育和销售体系，成为重要的牧草种子生产国。澳大利亚区域性分工十分明显，国家根据生产实际需要，在具代表性的不同地区建立了 9 个种质资源中心，每个中心都建有资源库，从事紫花苜蓿、三叶草、鸭茅等种质资源的收集、评价、保存和开发研究（杨爱莲和陈燕，1997）。新西兰南岛干旱区建有专业牧草种子生产田，占新西兰牧草种子生产田的 80%以上，生产的白三叶种子占世界总产量的 2/3（马其东，2004）。

5．注重草产品的生产经营和机械化

世界上畜牧业发达国家，如美国、澳大利亚、新西兰等，从草地作业机械化开始，在牧草收获中实现了以拖拉机为动力机具的割草、搂草、翻草、拾草、捆草机械化系列作业，饲草加工储存技术先进且相当普及。世界范围内绿色饲料产业的形成是在 20 世纪 70 年代以后，最初的草产品以青干草为主，然后形成了方草捆、圆草捆、烘干草粉为主的技术体系，80 年代先后形成了草颗粒、草饼、草块、叶蛋白等多种产品。青贮饲料也在青贮窖、青贮塔的基础上发展形成了罐装青贮、高压袋装青贮、半干青贮、捆裹青贮等技术体系。牧草加工调制的草产品种类多样、品质优良。

目前，美国、加拿大、澳大利亚是草产品主要出口国，其中，紫花苜蓿的生产量和销售量最大，年产值达数十亿美元，被誉为"现金作物"。美国苜蓿干草生产处于世界领先水平，高产纪录为：旱作地 2.2 万 kg/hm^2，灌溉地 5.4 万 kg/hm^2，平均价格 102.5 美元/t，草捆和草粉年获利 4940 万美元。

在美国等畜牧业发达国家，"紫花苜蓿青干草+青贮玉米"是解决奶牛所需优质青干草和优质青贮料普遍采用的模式。紫花苜蓿是牧草之王，专用青贮玉米可谓青贮饲料之王，两者搭配构成最佳组合。加拿大每年生产青干草 2500 万 t，青贮饲料 500 万 t。每头牛年平均供给青干草和青贮饲料 2.5t，加上配合饲料，可以充分满足半年的补饲需求，在冬季也能够持续增重。

（二）值得我们借鉴的经验

1．把发展草业经济纳入现代农业系统

发达国家草业经济在整个农业系统中占有十分重要的地位。牧草和饲用作物在农业资源配置结构中占有 40%～50%的耕地资源，且呈现不断增长的趋势，干草、青贮作物、饲料用粮形成种植业的第二大产业。牧草和饲用作物由于收获营养体，可刈割多次，单位面积生物产量高。草产品生产、加工、销售及草食家畜饲养等环节延长了产业链，增加了草产品的附加值。多年生人工草地可有效防止水土流失，草田轮作、间作、套作可以起到沃土的作用，有效改善农田生态环境。

发展山地牧业是云南农业现代化的重要内容。特有的农业气候条件和山地农业特点决定了走欧洲畜牧业发展模式的可能性较大。把发展草业经济纳入现代农业系统，大力发展牧草和饲用作物，不仅可以促进云南农业现代化进程，而且也可以作为商品出口到周边国家，提高农业的总产值和效益（陈功，2006）。

2．加强种植业与养殖业的结合，提高养殖业产值占农业总产值的比重

综合分析发达国家的现代农业系统，草食畜牧业在维持系统稳定和增加产值方面发挥着重要的作用，其共同的特点是把发展畜牧业作为发展现代农业的重大国策。澳大利亚、新西兰和欧洲等农业发达的国家和地区畜牧业产值占农业总产值的比重较高，为 50%～80%，远远高于传统种植业的比重。种植业与畜牧业有机结合也是发达国家的成功经验之一。饲草料种植和加工利用，为畜牧业生产提供了可靠的物质基础。畜牧业发展为种植业提供了大量的有机肥料，为种植业产品的综合利用拓展了更多的空间，也以其高额产值为种植业发展积累了资金。

3．注重草产品加工的研究与开发

建立先进和完善的草产品加工和存储体系是发达国家草产业成功的又一经验。从 20 世纪 80 年代开始，由澳大利亚和英国研制生产的大型牧草捆裹青贮技术及相关机械设备，在世界许多国家得到了广泛的应用。涉及的牧草包括紫花苜蓿、红三叶、多年生黑麦草、意大利黑麦草、大麦、黑麦、燕麦、箭筈豌豆等。同时，澳大利亚、英国、美国等在牧草捆裹青贮及储存过程中的营养成分分析、青贮质量评价、对动物生产性能的影响及经济效益分析等方面还进行了深入细致的研究工作，形成了一整套科学而可行的监测管理体系。发达国家还对草产品的生产控制、加工技术与机械配置、储藏与运输方法、利用技术和经营管理等进行了深入细致的研究，形成了科学实用的配套技术体系。目前，朝鲜、日本、巴西和非洲一些国家先后引进了该项技术及

其相关的机械设备，并针对各国特有的自然条件和生产条件，就适宜捆裹青贮的牧草种类及其组合、捆裹青贮和常规青贮质量比较及评价等方面做了大量的试验研究。上述研究成果对草地资源的高效利用和畜牧业的持续发展起到了十分重要的推动作用（陈功，2000）。

六、云南农区发展饲用作物、调整种植业结构的效价评估

（一）经济效益评估

1. 种草养畜整体效益较高

研究表明，每公顷全株玉米青贮饲料所提供的可消化总养分、粗蛋白、胡萝卜素，分别是同样面积收获的玉米籽实的 1.44 倍、1.86 倍和 30.88 倍，青贮玉米饲料已成为反刍家畜日粮中的主要成分。在奶牛饲养中，采用"紫花苜蓿青干草＋青贮玉米"已成为普遍接受的最好养殖模式。在单位耕地面积内种植优质饲用作物，所收获的营养物质比粮食作物至少要高 50% 以上。每公顷苜蓿草所含的粗蛋白比粮食作物收获的籽实所含的粗蛋白要多 70kg。用饲用作物饲喂家畜，与用粮食作饲料相比较，相当于节省约 1/3 的粮食。饲料成本的降低即意味着养殖经济效益的提高。

云南的生产实践证明，多花黑麦草'邦德'、'安格斯 1 号'等品种生长季平均鲜草产量达 105t/hm^2 以上，紫花苜蓿'WL525HQ'年均鲜草产量 180t/hm^2 以上。种植 1hm^2 饲草可解决 15 头泌乳奶牛或者育肥肉牛（300kg 左右）的优质青料。饲喂一年生黑麦草和苜蓿较传统青绿饲料可以提高奶牛产奶量或者肉牛日增重 10% 以上，尤其是紫花苜蓿饲喂奶牛的增产效果更明显。据洱源县试验，奶牛饲喂苜蓿青草，产奶量提高 20% 以上，节约精饲料 30%，受胎率提高 3%～5%。一般情况下，种植一年生黑麦草的成本在 2700 元/hm^2 左右，苜蓿在 6000 元/hm^2 左右。按每千克黑麦草鲜草 0.2 元和苜蓿鲜草 0.3 元计，1hm^2 黑麦草收入 2.1 万元以上、苜蓿收入 5.4 万元以上，其经济效益显著。

2．案例分析

1）种草养羊的效益

曲靖市沿江乡万亩高山禾本科-豆科混播人工草地，产草量较天然草地提高 5～8 倍，蛋白质产量提高 8～10 倍，按 $0.13hm^2$ 人工草地可养 1 只细毛羊计算，该乡利用所建人工草地共养细毛羊 7.69 万只，以每只羊年产毛 5kg 计，按照近年来的市价估算，该乡仅出售羊毛年产值就可达 3945 万元，比种植玉米的年产值高出 8 倍左右。

2）种草养牛的效益

"种好一亩草，养好三头牛，一年能致富"，这是云南省西畴县柏林乡的真实写照。该乡人均耕地仅 0.79 亩，且大部分是梯田和坡地，种草面积占耕地总面积的 60%以上，并用草养牛。目前该乡已出现一大批年出栏肉牛 50 头以上、年纯收入十几万元的规模养殖户。此外，会泽县新街乡、嵩明县嵩阳镇回辉村都是远近闻名的养牛乡、养牛村，种草养牛户年均收入均在 10 万元左右。

3）种草养鹅的效益

楚雄市树苴乡马家村地处冷凉高海拔山区。自 1989 年全村开始种植优质牧草养牛、养鹅以来，草食畜牧业发展很快，农户积累了丰富的养鹅经验。鹅能采食大量青绿饲料，生长发育快、消耗精料少、育肥能力高、易管易养。2001 年，全村种植苜蓿、白三叶共 $100hm^2$，除养牛以外，33 家农户还出栏肉鹅 1157 只，制售腊鹅 710 只，养鹅经济收入 7.7 万多元，户均仅养鹅一项就增收 2300 多元。

马家村农户由于种草养鹅经验丰富，效益显著而远近闻名。马家村的鹅苗、鹅蛋、鹅绒、腊鹅都成了楚雄市的紧俏商品。经调查，1 亩优质牧草地可承载 50 只肉鹅，年出栏 4～5 批，扣除鹅苗、精料、人工等成本后，每养 1 只鹅育肥后出售，农户可增收 20～30 元，制售腊鹅可增收 50～100 元。

4）种草养火鸡的效益

火鸡是草食家禽，耐粗饲，生长快，适应性强，既可舍饲，又可放养。罗富成等在昆明市退耕地种植多年生黑麦草放养火鸡试验表明，较传统饲养方式，火鸡全天放牧采食多年生黑麦草，缩短了育肥周期，降低了饲料成本，提高了经济效益。火鸡每增重 1kg 较农村传统养鸡少耗精料 2.09kg，按目前价格计算，至少可节约饲料费用 5.0 元以上。

5）种草养鱼的效益

云南农区玉米、饼粕类能量和蛋白饲料十分缺乏，但有相当面积不宜种植粮食的坡耕地、鱼塘池埂，这些土地种草养鱼，可减少或代替部分精饲料，降低饲养成本，经济效益十分可观（李金宝，2002）。例如，嵩明县嵩阳镇部分农户利用冬闲田、鱼塘池埂和坡耕地种草养鱼，每一农户养鱼的年收入都在 10 万元左右。据测算，一般每 20kg 紫花苜蓿或一年生黑麦草可生产 1kg 草食性鱼类，获经济收入 12 元左右。

（二）资源利用效率评估

1．土地资源的利用效率

受自然条件的限制，云南省有效的耕地资源少。从数据来看，中低产田土地占耕地总面积的比例高达 67.1%，有近 2/3 的耕地只能靠天吃饭，平均每年农作物受旱面积占播种面积的 30%，有 1/4 左右的耕地受到洪水威胁，水土流失面积和石漠化面积分别达 14.6 万 hm^2 和 3.48 万 hm^2（田东林和王姗姗，2011）。大部分耕地种植以收获籽实为主的粮油作物，产量低而不稳。而用于种植以收获营养体为主的饲用作物，则能获得较好的收成。近年来随着农区舍饲养畜规模的扩大，按家畜营养需要对饲草料的数量需求将有限的耕地部分用来种植饲用作物，单位面积生物产量得到了大幅度的提高。农田种草在云南洱源、建水、个旧等地逐步推广，改变了用耕地种粮再用粮食养猪的习俗，提高了耕地的利用效率和畜产品生产效率。有些地区采用轮作、间作、套作等方式生产优质饲草，也增加了优质饲草的供给，同时起到保持水土和改良土壤的作用。

2．气候和生物资源利用效率

云南从事营养体农业具有得天独厚的条件，试验证明，云南建立人工草地比天然草地产草量高 4～5 倍，营养物质提高 3～4 倍，生长期延长 2～4

个月。利用冬闲田、轮歇地、中低产田的水热资源实行草田轮作，每年可以生产 800 万 t 左右的优质豆科青干草。云南轮歇地如果全部实现粮草轮作，每年可以生产优质青干草 150 万 t 以上。在云南亚热带坡耕地退耕还草，用白三叶、多年生黑麦草、鸭茅等优质牧草建立混播草场，当年产草量可达到 40t/hm²，第二年产草量可达到 54t/hm²，且全年可以放牧。在红河的试验证明，5.3hm² 的混播草地可以放牧 60 只山羊，且饲草充足，饲养的山羊膘肥体壮，提高了饲养效率。

（三）生态效益评估

1. 控制水土流失

据报道，28°～30° 不同植被的山坡地每年土壤总流失量分别是：草地早熟禾 0.075t/hm²、灌丛禾草地 1.2t/hm²、玉米地 331.3t/hm²、棉花地 426t/hm²，在降水量多时，牧草的保土能力是作物的 300～800 倍，草地截水量达降水量的 60%～80%，甚至 100%（李雄，2008）。紫花苜蓿地埂比对照地埂减少土壤侵蚀 95.86%，其根系抗拉强度为 278kg/cm³，土壤崩解速率远远小于对照地埂；种植紫花苜蓿 3 年的土壤比未种植的土壤含水量增加 3.06%，渗透速度是空旷地的 2.42 倍，土壤年侵蚀量减少 6210t/hm²；20° 的坡耕地种植苜蓿比种粮食作物减少径流量 88.4%，土壤冲刷量减少 91.4%。紫花苜蓿茎叶的吸水率可达自身重量的 52.89%。与农作物相比，其人工草地可减少地表径流量 93.7%，减少土壤冲刷量 88.65%。由此可见，种植饲用作物，开展粮草合理间作、果草合理套作，可以起到减少水土流失、保护农区耕地、涵养水源等作用。

2. 改良土壤

云南农区种植紫花苜蓿的实践表明，种植 3 年的紫花苜蓿土地，>0.25mm 土壤团粒结构增加 32.34%，土壤孔隙度增加 9.06%，土壤容重降低 0.24g/cm³；种植 4 年的苜蓿地，土壤有机质提高 20.3%，速效氮增加 25%，每公顷土地残留的根茬累计增加土壤氮素 33.3%，且根茬中约含氮 214.5kg、五氧化二磷 34.5kg 和氧化钾 90kg；建植 7 年的紫花苜蓿草地，0～40cm 土层中有机质含量提高 28.43%,全氮含量提高 42.45%;随着紫花苜蓿种植年限的延长,耕层土壤有机质、速效养分含量逐渐增加(秦嘉海,2004;张建波等,2006;吴开贤和罗富成,2008;李雄,2008)。

据粗略估算,如利用云南省全部冬闲田、轮歇地、中低产田实行草田轮作,每年可以向土壤提供 8 万 t 左右的有机氮,对后作粮食作物的增产效果相当于增施尿素 16 万 t 以上。经初步推算,云南轮歇地如果全部实现粮草轮作,每年因减少土壤养分流失而挽回的间接经济损失至少超过 1 亿元。此外,残留于土壤中的有机氮对后作产量的影响至少与增施 2 万 t 尿素相当,可减少化肥施用量,在一定程度上避免了农田化学污染。牧草庞大的根系及其分泌物还有助于消化、分解土壤中过多的硝酸盐类物质,可减轻农田地表水体污染。

3. 美化环境,净化空气

大多数饲用作物是很好的地被植物,不仅能美化生活环境,提高农区居民的生活质量,还能吸收空气中的 CO_2 与灰尘,稀释、转化大气有毒物质。据测定,每平方米草地每小时可吸收 CO_2 1.5g;刮 3～4 级大风时,裸地上空的尘埃浓度是草地上面的 13 倍,一块 $20m^2$ 的草地可减轻噪声 2 分贝。据研究,牧草尤其是多年生黑麦草可分解水和土壤中的酚、氯化物、硫化物,净化空气和水土(李金宝,2002;李雄,2008)。

牧草还能促进有益微生物的繁殖,使之加速对有毒有害物质的分解。紫花苜蓿是一种很有潜力的清除高含量铅(Pb)、镉(Cd)、铜(Cu)、锌(Zn)的土壤污染修复植物,尤其对土壤铅(Pb)污染是一种理想修复植物(姚克军和刘开崇,2008);在单一污染下,紫花苜蓿对于镉(Cd)的吸收累积浓度最高可达到 1088.5mg/kg;4 日龄的苜蓿幼苗能忍耐锌(Zn)500mg/L 胁迫而正常生长;土壤铜(Cu)含量为 400mg/kg 时,紫花苜蓿铜的总积累量达 617mg/kg,是对照的 12 倍。因此,种植多年生饲用作物是消除土壤铅(Pb)、镉(Cd)、铜(Cu)、锌(Zn)等重金属污染、净化水源较为理想的手段。

此外,豆科饲用作物以其丰富的根瘤菌群共同组成的生态系统能有效地去除土壤中多种有机污染物。紫花苜蓿对污泥中多氯联苯、有机氯农药和多环芳烃等 3 类共 19 种有机化合物有较好的积累作用；紫花苜蓿对土壤中的柴油具有降解作用，通过泥炭保护其根系，促进根系细菌和真菌的繁殖，可显著提高紫花苜蓿根区土壤柴油降解率。因此，种植紫花苜蓿等多年生饲用作物，对重金属和有机物污染均有较强的富集、忍耐、转化、分解效应，挖掘并利用其植物修复功能和环境改良效应，对污染治理、食品安全和生态保护有重要意义（吴开贤和罗富成，2008）。

（四）社会效益评估

云南农区通过发展饲用作物和实施草田轮作等方式，大力发展肉羊、肉牛、奶牛等草食家畜，已经成为许多农户家庭的主要收入来源，既就地转移了农村富余的劳动力，又实现了边疆民族地区的社会稳定。

案例一：晋宁县利用冬闲田种植多花黑麦草、苜蓿、菊苣等，鲜草产量达 200t/hm² 左右，可配套养肉牛 16～18 头，或肉羊 80～140 只，或菜鹅 1800～2200 羽，每个环节都需要劳动力，且群众可以直接获得收益。陆良县通过发展"水稻/多花黑麦草-肉鹅"生产模式，在确保水稻单产不减，甚至有所提高的基础上，每公顷农田约产鹅肉 5t。同时，牧草进入农田生产系统，有利于劣质小麦、早稻的缩减和冬季农业开发，也利于调整农区以饲养生猪占绝对优势的畜牧业结构。草业的发展及其产后加工业的跟进，有利于农村剩余劳动力的安置。

案例二：寻甸县发展立体农业，推广种草养猪，配建沼气池，从根本上解决了发展养猪业与保护环境之间的矛盾，有效促进了资源的持续利用和生态农业的循环发展。在"草-猪-沼"经济生态循环中，1 个 10m³ 的沼气池生产的沼气作燃料，每年可节柴 2000kg，相当于 0.25hm² 薪炭林或 0.4hm² 用材林的年林木蓄积量。长期使用沼肥的土壤，有机质、氮、磷、钾等营养元素含量明显增加，土壤酶活性增强、物理性状逐渐改善，土壤肥力显著提高，促进了农业持续发展。人畜粪便是许多疾病的传染源，用沼气池处理人畜粪便可杀虫灭菌，减少疾病发生。据卫生部门调查总结，凡是集中连片建沼气池的村庄，蚊虫减少了 70%，农民消化系统疾病减少了 8%～10%（夏清阳等，

2009）。

案例三：丽江市玉龙县拉市乡以"果园种草"、"稻-草轮作"等方式推广利用菊苣、一年生黑麦草、苜蓿等优质饲用作物，坚持走牲畜→沼气→林果→牧草→牲畜的生态农业发展模式，既提高了耕地复种指数，又保证了畜产品质量安全，使该乡畜牧业走上了一条健康、规范、标准、生态的发展道路。通过龙头企业的示范和带动作用，种草养畜积极性提高，既实现了农业增效、农民增收、企业增益，又转移了农村剩余劳动力，维护了民族地区的社会稳定。

案例四：昆明雪兰牛奶有限责任公司是云南省最大的液态奶生产企业。目前该公司拥有4个专业化奶牛养殖场，11个奶牛合作社，饲养荷斯坦奶牛和杂交黑白花奶牛15 000余头，全部实现机械化挤奶。其量足质优的奶源为雪兰公司的发展奠定了坚实的基础，并为昆明市现代乳业的发展和满足市场需求发挥了积极的作用。该公司每年收储的青贮饲料中青贮玉米就有 2000万 kg 左右，其"公司＋合作社＋农户"的生产模式带动了周边县（区）大力发展饲用作物。辐射区农户普遍种植青贮玉米、多花黑麦草、紫花苜蓿等优质饲草，除留足自用外，均销往该公司4个奶牛养殖场、11个奶牛合作社。该公司除解决了原昆明市牛奶公司、昆明市一农场、昆明市二农场、昆明市三农场、昆明市红星农场、昆明市乳畜研究所、昆明市农垦总公司、云南省种畜场奶牛场绝大部分职工的就业问题外，还就地转移农区剩余劳动力上千人。

七、云南农区发展饲用作物、调整种植业结构的战略构想

（一）总体思路与基本原则

1．总体思路

以科学发展观为指导，遵循 2014 年"中央一号文件"精神，以农业产业结构调整为契机，充分利用云南农业环境资源优势和生物资源优势，在保护生态安全、粮食安全的前提下，将饲用作物生产和草食家畜饲养纳入到农业系统，大力发展饲用作物，建立高效安全的草食畜牧业生产模式；加大政府

政策指导和扶持力度，以科技进步为支撑，以适度规模化为手段，培植龙头实体，推进现代化草场建设，促进草食畜牧业逐步向规模化、集约化、标准化发展；把饲草产业与生态建设、扶贫开发等结合起来，加强生态治理区域种草养畜综合开发，促进云南农村经济和社会的发展。

2．基本原则

坚持因地制宜原则：从云南省各地区自然资源的差异性、经济发展水平、社会需求的实际出发，为不同地区确立不同的适宜饲用作物种类（品种）及其高产优质栽培措施，形成各具特色的种养结合模式。

坚持生态、经济、社会效益兼顾原则：发展饲用作物，调整种植业结构，把农民增收与生态环境建设结合起来，既能综合发展农业生产、改善农业生态环境，也能有效提高当地人民的生活质量。

坚持高产、优质、高效原则：以推动种植业结构转变为核心，在注重生产效率持续提高的基础上，改善饲草料的饲用价值，实现饲用作物的专业化、区域化、集约化生产和加工转化利用。

（二）战略目标

1．近期目标

到 2020 年，完成全省不同气候带饲用作物适宜种植区域规划，建立南亚热带、中亚热带、北亚热带、温带区域有代表性的草食家畜养殖和饲用作物生产核心示范区各 1～2 个；构建高产优质栽培配套技术规范，初步形成不同气候带各具特色的草畜平衡模式、草田轮作模式、饲用作物轮作模式和果草间套作模式；完善优质饲草料供给体系和社会化服务体系的构建。

（1）建立与草食家畜养殖规模相适应的紫花苜蓿和青贮玉米种植基地 100 万 hm^2，确保草食家畜优质粗饲料的供给。

（2）农作物秸秆的利用率总体提高 5%以上，重点开发玉米、木薯茎叶、香蕉茎叶、甘蔗梢等。

（3）连片规划草场，优化土地资源配置。通过对耕地、林地、草地统一规划和综合治理，在保持耕地总量平衡的基础上，规划＞25°的坡耕地和废弃荒地建立永久草地，新增人工草地 50 万 hm²。

（4）做好饲草料作物种质资源的引进、收集、鉴定、筛选和适应性区划，完成区域性良种良法配套技术的研发。

（5）通过间作、复种、套种等农业栽培技术，利用优越的水热环境资源，提高土地利用率和生产效率。大力推进水稻-多花黑麦草、青贮玉米-小黑麦、果树/光叶紫花苕、小麦/苜蓿、玉米/苜蓿、果树/鸭茅、果树/苜蓿等轮作或套作模式的应用。冬闲田利用率由目前 26% 提高到 50% 以上，以支持农区肉牛业、肉羊业和奶业的快速发展。通过草食家畜养殖建立农牧结合良性循环的农业生态系统，实现农业的转化增值。

（6）加强草产品的研发，提升机械化水平，形成适宜云南草产品生产、加工、储藏的技术体系。

2．中长期目标

到 2030 年，全省农区饲用作物种植面积达到耕地总面积的 20% 以上；建立紫花苜蓿和青贮玉米等优质饲草饲料生产基地 150 万 hm²，新增人工草地 80 万 hm²；农作物秸秆的利用率提高 10%；在不同气候带形成各具特色的草粮轮作模式、饲用作物轮作模式、种养结合模式；饲用作物种植、加工、利用科技创新体系和推广体系基本完善，科技贡献率达到全国先进水平。

（三）战略重点

云南省发展饲用作物的战略重点是，加快农区种植业结构调整和经济发展方式转变；满足优良饲用作物品种供给；规范饲用作物高产栽培配套技术；拓展草产品加工利用渠道；提高草产品附加值；有效保障草畜供求平衡。

1．规模化种植推进战略

坚持适度规模和强化协作的规模化推进战略，探索不同地区及不同种植模式下的适宜种植方式和种植规模，研究和推广一系列规模化先进种植配套技术；加强科技培训，优先支持拥有一定专业技术和一定种植数量的适度规模种植基地，加大扶持力度，加快推进规范化规模种植实施；优化种植业区域布局，提高优势区域集中度，促进牧草及饲用作物适度规模化发展。

2．科技进步促进战略

加大科技投入，拓宽投入渠道，提高资金利用效率；加强科技创新团队和领军型创新人才培养；加快重点实验室、产业技术体系等平台建设；坚持产学研用紧密结合，加强应用型技术的集成和推广；建立健全饲草良种繁育、创新草产品加工及其储藏体系；提高科技自主创新能力，培育饲用作物突破性新品种；建立先进完善的饲草生产和草产品科技推广体系。

3．饲草料供给保障战略

坚持调整结构、挖掘潜能和拓宽渠道的饲草料供给保障战略。政府应加大对草业的各项直接补贴和转移支付，实行以草定畜发展草食畜牧业，并给予优惠政策，鼓励农民种草养畜；在保证口粮供给的前提下，扩大饲用作物的种植面积；注重开发利用当地饲用价值高的野生牧草和木本饲用植物资源，拓宽饲草料来源；加强技术培训，建立完善高效的青干草、青贮料等饲草加工技术推广体系和质量监管体系。

4．环境生态保育战略

坚持政策引导、载量控制和综合利用的环境生态保育战略。完善相关法律法规，奖励与惩罚相结合，以财政补贴等形式鼓励种植饲用作物和建立草产品加工存储设施；高度重视人工草地的生态效益，通过多种手段使载畜量与生态保护达到平衡；充分发挥草地生态系统的固碳功能，将人工草地的保育纳入到国家低碳经济战略之中；以农牧结合为重点，因地制宜推广农、牧、林、渔结合的复合种养模式；通过饲用作物生产带动种植业结构调整，实现资源循环和高效利用，促进农业环境改善。

5．新兴草产业培育战略

坚持依靠科技和立足长远的新兴草产业培育战略；重点打造饲用作物种业、草产品加工产业等战略性新兴产业；制订和实施相关战略性新兴产业的发展规划，加大投入，加强自主创新和技术集成推广，推进产业的产学研结合和产业化运作；建立企业为主导的产学研结合草产品加工科技创新体系和国家为支撑的饲用作物育种体系，形成较为发达的自主种业，为种植业转型和持续发展提供坚实基础，为云南省国民经济发展提供新的增长点。

（四）对策措施

1．优化管理体系、加强法制监管

突出饲用作物在调整种植业结构、调整农业产业结构中的战略主导地位，依据社会、经济发展趋势，协调粮食作物、经济作物和饲用作物种植比例，使种植业与养殖业协调布局、有机结合，整体推进农业向循环经济和生态农业的方向发展。

加强地方政府在种植业结构调整、发展饲用作物中的组织领导作用，整合监管机构，依法加强饲用作物种子检疫、化肥和农药、草产品生产加工及销售等环节的监管力度。依托大专院校和科研机构，加强检测技术平台建设和技术储备，建立公益性的质量监督和保障体系，形成责权分明、运转高效的监管机制。

2．强化政策引导，完善支撑保障体系

针对农区饲用作物种植产业的薄弱环节，加大国家和地方政府的支持及引导作用，加快建立完善支持保障体系，实现对种植业结构调整的宏观调控，促进农区饲用作物逐步向可持续方向发展。

加大基础设施建设投入，扶持饲用作物良种选育和繁育体系建设，规模化种植基地的标准化改造和配套设施建设、饲草料加工机械及基地建设、人工草地生态保护基础设施建设。

加大金融支持力度，运用财政贴息、补助等方式，引导和鼓励各类金融机构增加对饲用作物种植、加工、流通销售的贷款；支持发展政策性农业信贷担保机构，支持采取联户担保、专业合作社担保等方式，鼓励发展多元化信贷担保机构，为规模化种植农户提供担保服务，探索建立适合我国国情的农区发展饲用作物政策性保险体系。

3．加大科技投入，优化产学研科技创新体系

加大支持大专院校和科研机构在饲用作物基础研究、前沿技术研究、社会公益性研究等领域的原始创新，力争攻克一批制约产业发展的关键技术难题；加快大专院校和科研机构草业学科及科技创新平台建设，改进现代农业院校和科研机构人才培养机制，在国家和地方层面建设梯级创新队伍，提升草业整体科技创新能力。

鼓励企业资助大专院校和科研机构的草业科学研究，共同参与科研项目尤其是重大科研项目或跨学科研究，加强科技交流，发挥企业对大专院校和科研机构创新研究的导向作用。

4．完善科技推广体系，提升从业人员科技水平

加大饲用作物科技创新成果的推广和相应科技知识的普及与培训，满足从业人员科技需求。多渠道提供科技服务，有效提升饲用作物从业人员和基层农技推广人员的科技素质和运用科技的能力。

以国家和省级农业主管部门为主导，各级政府相关部门积极配合，以大专院校和科研机构为依托，以基层专业技术服务部门、专业合作社、龙头企业等的农技人员，以及种植专业户和基层干部为骨干，构建全省性的科技推广服务体系。

根据发展饲用作物从业人员实际科技需求，加强职业教育和岗前培训，开设多种形式的新技术培训班进行免费培训，如举办饲用作物种植及其草产品加工储藏科技讲座、建立农业信息网站和乡村图书馆、编写和赠送有关技术书籍、提供专家咨询等。

5．加强国际国内合作，充分利用国内外资源和市场

鼓励科技人员与国内外开展科技交流与合作，积极引进饲用作物育种、高产栽培、饲草产品加工储存、草食畜营养调控等先进技术，并经消化和再创新，使云南省饲用作物繁育、栽培种植、加工利用水平达到国内先进或领先水平。

积极参与国际、国内重大科研项目的申请和组织实施。适当进口部分饲

用作物种质资源以及加工生产机械，满足省内和国内需求，保障农区草食畜牧业持续发展。

八、发展饲用作物、调整种植业结构，促进云南农区草食畜牧业持续健康发展的重大建议

未来 20 年，云南经济、社会将进入快速发展时期。充分利用云南地理优势独特、气候优势突出、物种优势明显、开放优势巨大等条件，打造草食畜产品绿色品牌，增强农业发展的活力和后劲，走出一条具有云南高原特色的农业现代化道路，是这个时期全社会的重要历史使命。发达国家既重视谷物产业，又有兴旺的草食畜牧业。构建"粮-经-饲"三元种植业结构也是发达国家农业现代化的成功经验。为进一步促进云南饲用作物的发展与种植业结构的调整，根据发展战略的要求，提出以下重大建议。

（一）充分认识发展饲用作物的重要性

1. 明确草食畜牧业在现代农业中的战略地位

转变长期以来"重粮轻草"、"重畜轻草"、"重林轻草"的观念，在制定各项农业政策时，摒弃"以粮为纲"的传统观念，统筹规划种植业和养殖业的协调发展，科学布局饲料作物的生产，提升饲用作物等粗饲料生产在草食畜牧业发展中的战略地位。以草食家畜优质粗饲料生产为纽带，强化种植业结构调整，开创云南草食畜牧业快速发展的新局面，推动农业现代化建设。

2. 以饲用作物生产引领农业结构调整

根据云南经济社会发展规划，在保障粮食安全的前提下，加快种植业结构调整。根据草食畜牧业发展战略，因地制宜规划饲用作物和粮食生产的区域布局。通过科技进步大幅度提高粮食单产，用生产饲料粮的农田发展优质饲用作物，扩大种植面积，大幅度提高饲草料产量，为草食畜牧业健康发展提供优质饲草料。同时，要加快优质草产品的开发，大幅度提高饲用作物生产的附加值，确保草产业的持续发展。

3．制定扶持饲用作物生产的相关政策

云南是一个以山地为主的省份，适合草产品开发的土地资源总体上呈零星分布状态，难以形成规模优势。少数集中连片、适合草产品开发的土地资源又主要分布于海拔较高、坡度较大、土壤贫瘠、环境相对恶劣、交通运输条件较差的地区。政府应出台相关政策，扶持草山草坡连片人工草地改建，中低产田连片饲用作物生产基地建设，山地现代牧场和农区舍饲建设，以及水电、交通运输等基础设施建设，加快推进种草养畜的规模化、集约化、专业化和产业化。

（二）推进草山草坡和中低产田种草养畜计划

1．培育特色中小型牧场和家庭牧场，促进种草养畜适度规模发展

制定和实施一系列优惠政策，鼓励和引导从事草食畜牧业生产的龙头企业，通过自身发展壮大或兼并重组向品牌化和集团化方向发展，使其逐步具备行业影响力和竞争实力；鼓励个体和中小型企业发展特色中小型牧场及家庭牧场，开发特色牧场经济。同时，要大力扶持行业协会和产业联盟的建设，充分发挥其科技、人才、信息、资金等方面的优势，为云南农区种草养畜产业发展提供保障。

2．制订土地可持续利用发展规划，提高土地利用效率

云南自然、社会经济条件的区域差异十分明显，必须因地制宜制订土地可持续利用的长远规划，优化土地资源配置，调整产业布局和种植业结构，提高土地利用效率。为此，应通过对耕地、林地、草地的统一规划和综合治理，积极建设和扩大人工优质草场，有计划地推进农田种草和草田轮作，扩大冬闲田土种草面积，把紫花苜蓿和青贮玉米纳入作物种植计划，不断提高蛋白饲草和青贮玉米的产量和品质。

3．加强基础设施建设，改善草山草坡开发条件

云南地处边疆山区，土地资源开发利用的难度较大，生态环境脆弱。应增加投入，加强基础设施建设，有效改善土地资源的开发利用条件。加强基

本草场建设，变广种薄收为高产多收；坡耕地种草实行坡改梯或等高种植，防治水土流失，增强抗御自然灾害能力；加强水利建设，采取蓄、提、引并举等措施改善灌溉条件，扩大人工草地水浇面积，提高牧草产量和品质，解决干旱地区的人畜饮水问题；加强交通建设，实现村村通公路，促进商品流通和物资、人员、文化、科技交流，为山区和边远地区社会、经济发展打下良好基础（郝性中，1998）。

4．组建农民协会和农业合作社，提高农民的组织化程度

引导家庭牧场、中小型企业、技术服务机构等组建州（市）、县（区）、乡镇三级农民协会和农业合作社，提高农民的组织化程度，增强农民在各种谈判中的地位和能力，维护农民的利益；此外，农业合作社还可向农民提供生产技术、农产品加工、资金筹措等方面的服务，以及向政府争取优惠政策等。以上举措将有力地推动种草养畜产业的发展。

（三）实施饲用作物科技推进工程

1．科技创新工程

1）建立饲用作物种业科技创新专项

云南有丰富的饲用作物种质资源，但目前多处于野生状态而未被利用。此外，云南省除光叶紫花苕种子年生产能力可达 1000t 以上外，其余饲用作物种子的产业化生产几乎仍为空白。人工草地和粗饲料基地所用草种多数引自国外，每年购买种子约 1000t 以上，其中紫花苜蓿约 50t 左右，多花黑麦草种子 200t 左右；青贮专用玉米品种中适宜在云南利用的品种也较少。上述问题影响了草业的可持续发展。为了加强饲用作物遗传资源的保护和利用，大幅度提升饲用作物品种培育创新能力，加快自主知识产权品种培育步伐，打造农区草食家畜特色产业，应重点开展：①饲用作物育种相关理论研究和前沿技术研究，提高饲用作物育种科技原始创新能力；②饲用作物遗传资源的调查、收集和保护，重点收集和保护本土品种资源，加强国外高性能品种的引进和利用；③饲用作物品种选育，重点开展本土饲用作物种质资源和青贮专用玉米品种的改良及新品种培育；④良种繁育体系和推广体系的建设，重点繁育和推广本区域审定登记的品种。预期到 2020 年实现品种自给率达到 30%，良种覆盖率达到 90% 以上，牧草种业增加产值 1 亿元，形成完善的良种繁育体系和推广体系。

2）设立饲用作物优质高效生产与利用技术创新专项

未来 20 年，我国草食畜牧业总产值将逐渐提高，而饲草料日益短缺必将成为草食畜牧业可持续发展的主要瓶颈之一。近年来，我国苜蓿草产品进口量持续增加，用玉米秸秆青贮后饲喂奶牛效益低下，良种与良法不配套造成资源的浪费等现象严重。为了缓解优质饲草料严重短缺局面，大幅度提高产量、品质和利用效率，应重点开展：①紫花苜蓿和青贮玉米高产优质栽培理论研究，重点是提高干物质产量和营养转化率；②种植模式的研究与实践，探索适宜不同气候带和区域的"粮草"或"果草"种植模式；③饲用作物副产物资源的高效综合利用，重点开发热区农副产品，如木薯茎叶、香蕉茎叶、甘蔗梢等加工利用和高效转化；④草产品的研发，重点开展豆科饲用作物草产品的研发；⑤草畜结合利用技术研究，加强草食畜胃肠道微生物代谢与利用方面的研究，形成饲草料的高效转化与利用。

2．科技推广示范工程

（1）扶持基层科技推广机构。重点支持农技推广站、畜牧兽医站、农业职业学院、农村人才培训基地等基层科技推广机构，同时对科技中介企业或专业技术服务队、生产型企业和专业合作社等的技术服务与培训机构等进行扶持。

（2）实施推广人才和实用技术人才培训工程。依托高等院校培养或培训技术人才，并开展职业资格认证。设立基金资助高校毕业生和优秀人才投入饲草料生产和草产品加工等创业活动。

（3）开展从业人员培训计划。以从事饲草料生产加工的人员为对象，通过培训班、开办网站、建立图书室等多种形式进行免费培训。

3．创新人才培养工程

支持草业相关产业、云南高校和科研院所的建设，加快高校和科研院所草业学科及科技创新平台建设的步伐，培养和汇聚一批具有国际先进水平的草业学科带头人和教学科研团队。

4．条件能力建设工程

（1）科学中心（基地）、重点实验室和工程研究中心建设。建议在云南建立国家级饲用作物创新中心或重点实验室，为饲用作物育种、产品生产和加工利用搭建综合性研究平台。

（2）公益性平台建设。建设和完善一批饲用作物生产技术、科技服务、产品信息等公益平台，为科技成果示范推广和为基层群众提供技术及信息服务。

主要参考文献

陈功.2000.高寒地区一年生人工草地——藏羔羊育肥能量转化效率研究.甘肃农业大学博士论文

陈功.2006.云南草地农业实用技术.昆明：云南科技出版社

郝性中.1998.云南土地资源可持续利用研究.云南地理环境研究(增刊),10:81~88

洪绂曾.2000.谈谈饲料作物和牧草与种植业结构调整的问题.作物杂志,(2):1~4

洪绂曾.2009.发展饲草作物，推进现代农牧业.牧草与饲料,3(3):3~6

胡晓明,张无敌,尹芳.2009.云南省农作物秸秆资源综合利用现状.安徽农业科学,37(23):11167~11169

李金宝.2002.南方农区草业效益分析.四川畜牧兽医,29(2):28~29

李雄.2008.湖南农区牧草周年高效供青生产模式的研究.湖南农业大学硕士学位论文

刘国信.2012.牛肉价格持续上涨，肉牛养殖前景看好.北方牧业,(21):13

刘文君.2011.肉牛市场看好，养殖前景可观.农家科技,(10):36

刘兴明.2012.南方草地开发利用现状及存在的问题.养殖与饲料,(3):79~82

罗富成.2001.云南草地资源的合理开发与利用.四川畜牧兽医科学,(6):26

马其东.国内外草种生产概况.中国花卉报,2004-4-23

毛文星,苏效良.2013.以"振兴奶业苜蓿发展行动"为引领，发展农区草地畜牧业.中国奶牛,(5):48~51

秦嘉海.2004.河西走廊荒漠化土壤资源及生物改土培肥的效应.农村生态环境,20(1):34~36

任继周.2013.我国传统农业结构不改变不行了——粮食九连增后的隐忧.草业学报,22(3):1~5

孙兆敏.2005.宁南旱作农区草地农业发展模式与技术体系研究.西北农林科技大学博士论文

田东林,王姗姗.2011.多点稳粮：云南粮食安全的战略选择.云南农业大学学报(社会科学版),5(2):32~36

王吉报, 蒋永宁. 2012. 云南畜牧业产业发展状况分析. 云南农业大学学报, 6(2): 23~26, 31

王叶华. 2011. 云南种植业现状、问题及发展对策探讨. 安徽农学通报, 17(4): 10, 61

吴开贤, 罗富成. 2008. 紫花苜蓿生态功能及应用前景分析. 草业与畜牧, (4): 23~27

吴维群. 2001a. 科技是云南草地畜牧业可持续发展的关键因素. 草业科学, 18(1): 43~49

吴维群. 2001b. 在西部大开发中加快云南草地的保护和建设. 草业科学, 18(2): 21~27

武丕琼. 1989. 云南草地资源. 贵阳: 贵州人民出版社

夏清阳, 杨春艳, 付强. 2009. 种草喂猪是山区特殊养殖模式. 畜禽业, (11): 40~42

杨爱莲, 陈燕. 1997. 澳大利亚牧草种质资源的保护与研究. 中国草地, (4): 69~73

姚克军, 刘开崇. 2008. 紫花苜蓿的利用价值. 畜牧兽医科技信息, (12): 32~33

负旭疆. 2002. 发展营养体农业的理论基础和实践意义. 草业学报, 11(1): 65~69

云南省统计局. 2011. 云南统计年鉴. 北京: 中国统计出版社

翟洪民. 2011. 饲用玉米的高产高效栽培技法. 农家科技, (5): 8

张建波, 白史且, 张新全, 等. 2006. 紫花苜蓿根系与土壤物理性质的关系. 安徽农业科学, 34(14): 3424~3425, 3427

张明华. 1994. 略论草地农业系统. 草地学报, 2(1): 83~88

张锐, 胡晓蓉. 2013. 牛羊产业面临怎样的困局. 云南日报, 2013-09-02

赵玲. 2003. 平原农区县域饲草料生产结构最佳配比的研究. 新疆农业大学硕士论文

专题八　实施生态功能置换，发展西藏农区种草养畜战略研究

一、西藏自治区基本情况

西藏自治区地处青藏高原腹地，位于祖国西南边陲，与尼泊尔、不丹、印度、缅甸、克什米尔等国家或地区相邻，战略地位十分重要，是国家安全的重要屏障。西藏是青藏高原的主体，素有"世界屋脊"和"地球第三极"之称。青藏高原扮演着我国乃至亚洲"江河源"和"生态源"的重要角色，是重要的生态安全屏障。

该区平均海拔 4000m 以上，具有气候多变、空气稀薄、日照充足、气温较低、无霜期短、降水较少的气候特点。全区面积 120 多万 km²，约占全国国土面积的 1/8，辖 7 地（市）、74 个县（市、区）。截至 2010 年底，全区常住人口 300.2 万，近 80%是农业人口。自治区人口以藏族为主，藏族和其他少数民族占全区人口的 95%以上，历来喜食牛羊肉、酥油茶。农牧业是西藏国民经济的基础和支柱产业。2000 年西藏粮油肉基本实现自给（关树森等，2011），2011 年全区国民生产总值 507.5 亿元，其中 21.4%来自农林牧渔业。农牧业产值基本持平，分别为 46.1 亿元、48.9 亿元。全区现有耕地 23 万 hm²，粮食总产 92 万 t，主要种植青稞、小麦、油菜、豌豆、蔬菜等作物。

二、实施生态功能置换战略，发展西藏农区种草养畜背景

（一）背景

西藏共有各类天然草地 8200 万 hm²，约占全国天然草地面积的 1/5，主要分布在那曲、阿里和拉萨市当雄县等藏西北高原地区。西藏牧区目前面临的主要问题是：①草原退化、荒漠化严重。西藏大部分草地分布在海拔 4300m 以上的亚寒带和寒带气候区。由于气候条件恶劣，草地生态环境极其脆弱，

草地沙化、沼泽草地盐渍化，鼠、虫、毒草危害严重。中科院成都分院最新的研究数据显示，西藏地区草原退化面积高达 4333 万 hm^2，占草原总面积的 50%以上，其中重度退化草场 1000 万 hm^2，中度退化 1400 万 hm^2，轻度退化 1933万 hm^2。若以目前形势发展下去，青藏高原很可能成为全球主要的沙尘源地之一。②超载问题严重。西藏草场全年超载率高的现象普遍存在，除阿里西部、日喀则西南部外，其他地区已普遍超载。早在 2006 年，中科院地理科学与资源研究所郑度院士就指出，那曲理论载畜量为 700 万个羊单位，但事实上却承载了 2000 万个。2011 年农业部全国草原检测报告也指出西藏牲畜超载率已达 32%，为全国最高。③草场生产力低下。目前，西藏草地生态环境极为脆弱，牧草低矮、稀疏，产量低（蒋兵涛等，2011）。西藏号称全国"五大牧区之一"，但草地提供的畜产品却远低于内蒙古、新疆、四川、青海，仅居全国第 5 位。牧区平均亩产干草 25.6kg，为全国最低水平，需 30 多亩草场才能饲养一只羊。除此之外，西藏割草地贫乏，可供割草的草地尚不足草地总面积的 0.1%。与 20 世纪 80 年代初期相比，西藏现有草地生产能力已普遍降低 20%～40%。

过去 40 年中，政府对西藏整个牧业基础建设的投资仅为农业投资的 8%。虽然已建成了 6 万 hm^2 人工草地和 54 万 hm^2 围栏草场，但这仅占可利用草地面积的 1%。一方面，鉴于西藏草地是我国重要的生态安全屏障，以及目前我国国力有限，尚不能投入巨资进行退化草地整治及生产力恢复的客观实际，实施以保护为主的西藏草地畜牧业势在必行，已不可能再通过扩展牲畜量来大幅度增加畜产品的供给。另一方面，近年来随着经济的发展和社会的进步，西藏畜产品的需求急剧增加，对拉萨市、日喀则市、山南地区等主要城镇的调查表明，西藏城镇居民对畜产品的需求量每年以 7%的速度增加。新形势下，如何保证自治区农牧业的健康发展、农牧民的持续增收，在实现西藏畜产品有效供给的同时，又不至于影响粮食安全和造成草地超载、草场退化及生态破坏，已成为西藏畜牧业发展的战略问题，也是国家和自治区政府必须面对和亟待解决的现实问题。

在上述背景下，实施农牧区生态功能置换战略，充分发挥农区种草潜力，发展农区种草养畜，实现西藏畜牧业重心转移到农区，已成为解决这一瓶颈问题的必然选择。

（二）生态功能置换的概念与内涵

生态功能置换是新的生态保护观和生态治理战略，旨在发挥特定区域的自然资源和生态环境优势基础上，建立和发展一个新的经济增长生态区域，将资源、环境、产业和经济效益连接成链，在保障生态安全的前提下，从区域布局和宏观经济发展上实施生态功能格局调控，实现经济发展的重心转移，推进区域经济优势互补的可持续发展（金涛和尼玛扎西，2011）。根据上述生态功能置换理论，针对西藏农区、牧区自然资源和生态环境的状况，西藏实施生态功能置换战略的具体内涵应是在自然条件和农田基础设施相对较好的农区，在有效调整和优化种植业结构的基础上，大力发展种草养畜，同时为牧区提供优质饲草料，通过牧区推行舍饲或半舍饲养殖，从而满足市场对畜产品的需求，以此来减少牧区载畜量，降低因超载放牧对草地生态环境引起的破坏，把本应由牧区承担的畜产品生产与供给分出一部分由农区发展种草养畜来解决。

三、西藏农区种草养畜现状分析

由于民族风俗和消费习惯的不同，西藏农区除以种植业为主外，尚有较发达的农区畜牧业，藏民均有养殖牦牛、黄牛和绵羊等大型草食牲畜的习惯。2011年末，西藏牧区以外的农区、半农半牧区牲畜存栏量达1136.2万头（只），占全区牲畜存栏量的52%，可见西藏农区具有种草养畜的基础。

青稞、小麦、油菜等作物秸秆是西藏农区最主要的农作物副产品，全区常年秸秆资源总量约102万t，是当前农区畜牧业的主要粗饲料，其采食率接近100%，为全国最高水平，但存在利用粗放、营养价值较低的问题，而农作物收获后的残茬则多留作放牧。在昌都地区的部分县，由于受温度、水分等条件的限制，青稞或小麦无法正常成熟，一些农民就将扬花后不久的青稞收掉，直接晾晒干草作为冬季饲料。西藏农区也有夏季青稞植株直接刈割饲喂牲畜的习惯。

相对于作物秸秆，饲用作物具有更高的营养价值和经济产量。经过西藏科技人员不懈的努力，西藏目前的饲用作物除了传统的蚕豆、豌豆、野燕麦、雪莎、然巴草外，已从国内外引进的多种饲用作物中筛选出了适宜主要河谷农区种植的箭筈豌豆、饲用玉米、紫花苜蓿、饲用燕麦、饲用甜菜、早熟毛苕子等多个品种（施介村等，2011；曲广鹏，2012）。科技人员相继开展了饲用玉米、饲用甜菜、饲用燕麦等新型饲用作物的高产、高效栽培和标准化生产，以及青贮加工和饲料配比等技术研究（原现军等，2012），成功地实现了小面积的高产栽培和一定面积的示范推广。通过示范，部分农民已逐步意识到饲用作物的巨大生产潜力，开始自觉地引草入田，种植饲草。2004 年全区种植饲用作物 1 万 hm^2，2008 年 1.9 万 hm^2，2010 年达 2 万 hm^2，呈现逐年上升的趋势。这都为农区调整种植业结构、建立高产稳产饲草料生产基地奠定了良好的基础。但由于受耕地、传统习惯等多种因素的影响，目前西藏农区饲用作物总产量尚不足 200 万 t，仍落后于其实际存栏牲畜对饲草料的旺盛需求。若与实施生态转移战略、发展农区种草养畜的要求相比，则存在更大的差距。

四、发展西藏农区种草养畜产业的主要策略

近年来，西藏粮食总产量一直稳定在 90 万 t 左右，以青稞为原料的粮食加工业发展迅速，西藏粮食安全仍处于"脆弱性安全"阶段。因此，在未来相当长的时期内，西藏农区发展饲草料生产应遵循的基本原则是"不与粮争地"、"不与人争粮"，在此原则的指导下，应采取以下发展策略。

（一）提高粮油作物单产，调整优化种植业结构，实现增粮增草

最近 10 年来，西藏青稞、小麦、油菜等主要粮油作物单产均有较大提高，但与全国平均单产水平相比仍较低（强小林，2011）。目前，全区青稞平均亩产仅在 250kg 左右，和一些亩产量 400kg 的片区相比，尚有很大提升空间。今后若能进一步改变一些地区延续的粗放耕种习惯，结合农区高标准农田建

设，选用高产新品种，配套高产高效栽培技术，实现"三高"有机结合，切实推动良田、良种、良法"三良"有效配套，充分发挥和挖掘作物高产潜力，必将大大增加粮食总产，保证粮食安全。在此基础上，就可将部分耕地调整为种植饲用作物，建成高产、稳产的饲草料生产基地，从而确保农区养畜和牧区饲草料的需求。以全区种植面积最大的青稞为例，若能将全区青稞现有平均单产提高 5%，在保证青稞总产不变的情况下，便能腾出近 7000hm² 耕地建成高标准饲草料生产基地。这应是西藏农区发展种草养畜，投入少、见效快的重要策略。

（二）有效转变种植方式，大力推广粮草复种技术，实现稳粮产草

西藏农区、半农半牧区自然条件相对好于纯牧区，大部分为河流谷地，土地平整、集中，灌溉条件好，海拔在 4200m 以下，降水量在 400mm 左右。西藏最主要的农区位于藏中部的一江两河流域，该区大部分为河流宽谷，年均气温 5～8℃，全年无霜期 120～150 天，以种植冬小麦、春青稞为主。该区＞0℃积温 2888～3100℃，而青稞全生育期仅需 1330～1990℃，尚有 900～1500℃可利用。生育期较长的小麦，能利用 2350℃，还剩余 500～750℃。剩余积温主要分布在 8 月、9 月的全部和 10 月部分，这 3 个月降水较多、温度适宜(尼玛扎西等，2009)。若选用合适的冬小麦和冬青稞早熟品种，还可有一部分积温可用。西藏一些地区完全可以利用正季作物后的余热资源，增种一季饲用作物。据初步估算，西藏农区适宜复种土地有约 1.3 万 hm²。若能得到合理利用，相当于再造 1.3 万 hm² 高产农田。今后西藏农区应在提高耕地利用率、单产、复种指数等方面做文章，适当调整种植模式和改革耕作制度，进行复种和间套作。增种的饲用作物应以高产饲用玉米、饲用油菜、箭舌豌豆、元根为主，品种应具备苗期长势旺盛、早熟、耐密植的特性，生育期最好为 80～90 天。在昌都地区的芒康县，已有不少农户在收获青稞后，采用撒播方式，高密度（5 万～8 万株/亩）种植饲用玉米，作为牲畜的青饲料。

除此之外，西藏尚有很多地区的热量资源满足不了一季粮食作物生产，在这些地区也可利用饲用作物收获的经济产量是营养体，作物营养生长对光、

温等自然条件要求较低的特点种植饲用作物。

（三）开发边际性土地，建立饲用作物种植新基地，实现增草增收

在西藏粮食安全尚处于"脆弱性安全"阶段，必须在保证粮食总产稳定的情况下，发展种草养畜。这就不能仅依靠机械地减少粮食作物种植面积来增加饲用作物种植面积。西藏农区光热条件较好，土壤肥沃，农业基础设施较完善，生产条件较优。在西藏农区和半农半牧区有宜农、宜牧、宜林荒地 17.3 万 hm²，这类边际性土地目前尚不适合开发为粮食生产基地，但可通过改良土壤、改善灌溉条件等措施，建成对生产条件要求较低的饲用作物种植新基地。

（四）发展粮草双高青稞品种，科学利用秸秆资源，实现增粮增畜

据研究，多数农作物光合作用产物的一半以上存在于秸秆中，秸秆富含氮、磷、钾和有机质。秸秆作为农作物生产的最大副产品，用来养殖牲畜具有价格低、利用方便的优点，通过饲喂牲畜将秸秆过腹还田，又可培育土壤肥力，实现真正意义上的农牧结合、种养结合。事实上，自古以来西藏饲草料和青稞生产都是紧密结合、相辅相成的，粮草兼顾是西藏主要粮食作物的一大特点。一些高秆、抗倒青稞品种，既可收获人民赖以生存的粮食，又获得了秸秆作为牲畜饲草料。今后，应进一步加大粮饲兼用作物的研发力度，寻求粮食生产和秸秆生产的最佳平衡点，大力发展新型粮饲兼用作物。

西藏全区目前年产 102 万 t 作物秸秆，但秸秆以未经任何加工的粗放利用占主导地位，适口性差、牲畜采食量低、浪费大和实际利用效率低下的问题严重。若对秸秆进行青贮、氨化、碱化及热喷、微储等加工，则可降低木质素含量，改善秸秆适口性，提高粗纤维消化率，便于牲畜充分消化、吸收作物秸秆中的营养物质。另外，将作物秸秆加工成草块、草捆等产品，使之便于储存和运输，降低秸秆浪费，也可在一定程度上缓解饲草资源空间分布不平衡的局面。

（五）建设高原两用温棚，推行冬棚夏草模式，实现产草增畜

高原高寒牧区，低温是限制草地生产力的劣势，而日照充足是优势，温室技术可以充分利用日光，创造良好的植物生长环境。通过温室技术充分发挥西藏高原光能优势，克服低温劣势，生产优质饲草饲料，能为高寒养畜提供饲料基础。同时，高寒地区冬季严寒，牲畜过冬掉膘严重。因此，以户为单位建造小型温室，只要设计合理，即可以在冬季作为牲畜暖棚，夏季用于种草，实现"冬棚夏草"模式。温室建设必须设计科学，确保经久耐用；种草必须精耕细作、科学栽培，确保设施长久发挥作用并持续提高生产效益（金涛和尼玛扎西，2011）。当前，一是着手对西藏不同海拔高度的草地生产力及其畜牧承载力进行研究；二是着手进行高寒牧区温室种草养畜的经济、生态和社会效益分析；三是着手试验研究工作，总结提炼出与不同区域、不同条件、不同社会基础相适应的温室种草养畜技术体系。基于上述设想，2014年项目组已在拉萨市的林周县，开展了高原温室种植新型饲用作物饲草玉米F80的印证试验。目前温室种植的饲草玉米长势良好，可望取得较好的示范效果（图1），探索出青藏高原农区发展种草养畜的新途径。

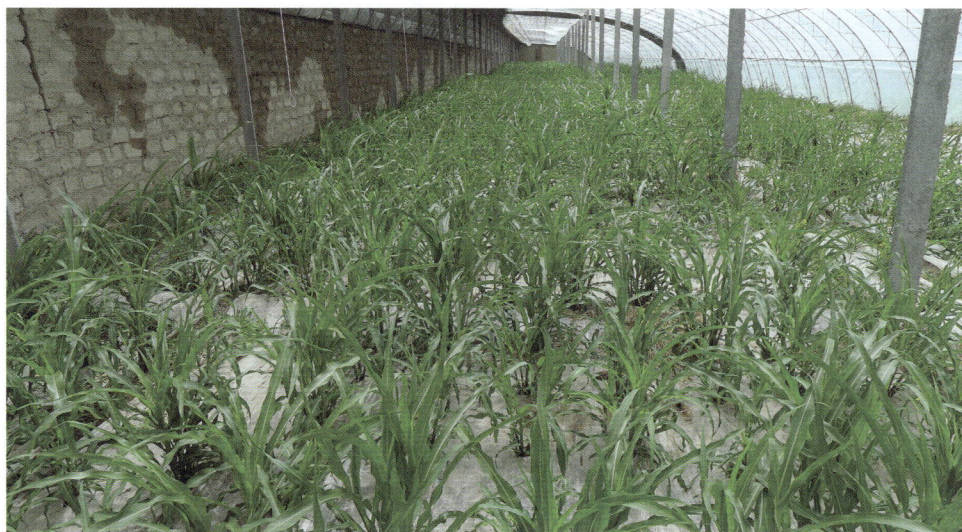

图1　2004年春西藏林周县温棚内种植的饲草玉米F80（分蘖期）

五、发展西藏农区种草养畜的政策建议

（一）加大对农区种草养畜产业的政策引导与扶持力度

对于世代依靠作物秸秆和放牧喂养牲畜的农牧民来说，种草养畜是一项新事物，需要引导和实践并取得直观效益后，才能被逐步接受。草产业在西藏也是一项新兴产业，在其发展过程中必然会出现诸多问题。各级政府要加强对草产业的宏观调控和正确引导，对草产业开发企业在土地使用、产品外运等方面出台地方性优惠政策，建立草产业开发专项资金，以贴息的形式对带动作用强的饲草种植、草产品生产、加工和转化的龙头企业进行有效支持；建立饲草良种、生产机械引导扶持基金，增大饲草良种的推广力度，增加饲草机械的保有量；将草产业开发列为高新产业，积极协调金融部门支持草产业的发展，借西部大开发的机遇，争取更多的政策性投资。

（二）设立新型饲草研发重大专项，加大饲用作物新品种选育及配套 技术研发的投入

西藏目前推广的新型饲用玉米、饲用油菜等品种，几乎全是引进品种，尚无一个自选品种。引进饲用作物品种具有短平快的特点，但往往存在适应性差、品种开发受制于人的问题。西藏地域辽阔，有多种类型植物生长，在长期的进化和选择过程中，已形成了良好的适应性，具有开发为饲用作物的潜力。在一些地区尚有部分饲草料作物的地方品种、野生种及近缘植物，都可作为饲草选育的优异种质资源加以利用。今后，政府应加大资金投入，设立饲草研发重大专项，推进高产、优质、适宜机械化作业或轻简栽培饲用作物新品种的选育，并注重相应配套栽培技术、加工利用技术的研发与推广应用。

（三）加强饲草科技队伍建设，设置专门草业研究机构

目前，西藏专业性的饲草品种选育、推广开发人员缺乏，无稳定的饲草科技队伍，一些科研人员从事饲草研究也仅仅是出于项目需要，跟着项目走，

项目验收结束后，即不再从事相关研究。目前全区专业性草业研究机构仅有2010 年成立的西藏高原草业工程技术研究中心，自治区尚无饲草品种审定机构。在条件成熟情况下，建议政府整合资源，成立西藏草业科学研究所或草业研究与开发中心，引进、培养、带动和稳定一支精干的饲草业科研队伍，全面开展饲草品种选育、种子生产、栽培管理、病虫防治和加工利用研发及示范推广工作。对于自治区急需的饲草科研人员，在工资待遇、职称评定等方面给予适度倾斜。

主要参考文献

关树森, 巴果, 刘国一. 2011. 西藏农牧业发展的障碍因素及解决办法. 西藏农业科技, 33(2): 45~48

蒋兵涛, 王喜龙, 杨晓菊. 2011. 合理调整产业结构, 促进西藏农业发展. 中国园艺文摘, (1): 46~48

金涛, 尼玛扎西. 2011. 西藏农区饲草生产技术研究. 北京: 中国农业出版社

尼玛扎西, 禹代林, 金涛, 等. 2009. 西藏种植业结构调整与发展对策. 北京: 中国农业出版社

强小林. 2011. 试论现代农业科技对西藏种植业生产的推动发展. 西藏科技, (7): 40~43

曲广鹏. 2012. 西藏农区牧草和饲草作物引种试验研究. 中国农业科学院硕士论文

施介村, 刘纪华, 严茂超. 2011. 农业科技成果 '科青 1 号' 青贮玉米新品种在西藏的成功转化. 北京农业, (24): 15~16

西藏自治区人民政府. 2012. 西藏自治区 "十二五" 时期科学和技术发展规划. 藏政发[2012] 53 号

原现军, 余成群, 李志华, 等. 2012. 西藏青稞秸秆与多年生黑麦草混合青贮发酵品质的研究. 草业学报, 21(4): 325~330

专题九　我国西南农区发展饲用作物、调整种植业结构综合效价评估

科学地分析评价种植业结构调整综合效价，对促进农业种、养产业的健康持续发展具有重要意义。根据项目研究需要，本文采用国内外通用的AHP-FCE 评价方法，以资源利用效率、生态效益、经济效益和社会效益四要素二级评价指标体系为基础，构建了西南农区发展饲用作物、调整种植业结构的综合效价评估模型，并对西南农区发展饲用作物综合效价进行实证分析。

一、评估意义

（一）发展饲用作物、调整种植业结构的理论需要

种养结构调整战略思路的提出，为西南农区饲用作物种植和草食畜牧产业发展指明了方向。然而，战略构想的实现还需要客观地分析其在经济社会上的有效性和资源生态上的可行性。因此，对西南农区发展饲用作物进行综合效价评估是战略构想实施的需要和补充。通过建立科学的效价评估指标体系与标准，准确地分析西南农区发展饲用作物的优势与不足，以此更好地推进西南农区种草养畜向规模化、现代化方向发展。

（二）政策制定、项目实施、产业发展的科学依据

西南农区发展饲用作物综合效价评估，可以为中央、地方部门制定相应配套政策提供决策依据，可以为地区产业发展规划编制提供分析标准，对于企业来说，发展饲用作物综合效价评估可以为企业的经营决策提供参考，从而实现种植优质的品种，选择合适规模，生产有效产品，获得较高效益的协调统一。同时，综合效价评估也给农户带来了致富的信息，通过饲用作物与粮食作物、草食畜牧与耗粮畜牧的综合效益比较，农户们会选择一条适合自己发展的农业生产经营新路子。

（三）实现西南农区转型发展、促进农业增效农民增收的战略需求

西南农区发展转型的根本出路在于农业产业结构的调整，而农业产业结构调整的主要抓手在于种养结构的调整。因此，基于种养结构调整的西南农区发展饲用作物综合效价评估对改变西南农区农牧结构、推动农区农牧产业的高效、持续发展具有一定的指导意义，能为促进西南农区农业增效、农民增收开拓新的发展道路。本研究结合西南农区的种养现状，选择区域内具有代表性的饲用作物和粮油作物作为比较对象，分析西南农区不同种养方式的成本收益，结合课题组对种草养畜的实地调研，对西南农区发展饲用作物、调整种植业结构效价进行综合评估，对于全面把握西南农区种养结构调整的关键节点、制定科学合理的对策措施、实现西南农区转型发展、促进农业增效农民增收具有重要的意义。

二、评估依据

农业技术经济效果是一个综合性的概念，它包括社会节约程度、社会需要满足度、资源和生态环境的持续利用程度和经济效益的提高四个方面。先进的农业技术必须坚持技术效果与经济效果的统一，局部经济效果和整体经济效果的统一，经济效果、生态效果和社会效果的统一。因此，农业技术效价评估，必须坚持资源利用、生态效果、经济效果、社会效果的统一，在指标的构成上，做到资源利用效果指标、生态环境效果指标、经济效果指标和社会效果指标的结合使用。

农牧生态系统是由生物、资源、经济和技术四大要素组合而成的具有开放性和不稳定性的多层次复合系统，这一系统包括由土地、水和气候等在内的自然生态子系统和由受特定经济目的、技术水平及其行为者（劳动力及其合作组织、集体经营组织等）直接影响的社会经济子系统。对种植业结构调整综合效价评估应以农牧生态系统为基础，以光、热、水匹配状况及其对作物各生育期的保证率和作物的生态特性为依据，把作物安排到生态条件最适宜的地区，以便使资源利用效率价值、经济价值、生态价值和社会生活价值

都能够达到最优化。

西南农区是我国极为重要的经济、社会和生态区域，也是我国主要的丘陵山地农牧业区。但是在整体发展过程中，由于受"以粮为纲，猪安天下"传统思想的影响，粮食作物和饲用作物、耗粮畜牧和草食畜牧一直处于博弈状态。所以从博弈理论最优化的视角分析"粮-经-饲"三元结构、耗粮畜牧和草食畜牧的合理均衡度，是进行西南农区发展饲用作物、调整种植业结构效价评估的重要着眼点（付登伟等，2010）。

三、评估模型

（一）指标体系

通过查阅大量相关文献，以国内外关于种植业结构调整效益评价研究中提到的指标为基础，并对其中的指标进行筛选和补充，增加了资源利用效率这一准则层。指标体系分为一、二两级。一级指标有 4 个：资源利用效率、生态效益、经济效益和社会效益；二级指标有 20 个，具体内容如表 1 所示。

表 1　发展饲用作物综合效价评估指标体系

目标层	一级指标	二级指标	二级指标含义
四川丘陵区发展饲用作物综合效益（A）	资源利用效率（B1）	光热资源利用率 C1	作物利用光热资源生产有机物的效率，用光热生产潜力表示
	生态效益（B2）	降水量利用率 C2	单位降水量物质产出，用降水利用系数表示
		农业土地利用率 C3	土地的利用程度和强度，用土地复种指数表示
		作物分蘖能力 C4	作物生产营养体的能力
		营养体蛋白质含量提高率 C5	饲用作物作为饲草资源的营养价值及品质
		碳利用率 C6	作物对二氧化碳及肥料中碳的吸收转化，又称固碳能力
		水土流失减少率 C7	作物种植对水土保护的有效程度
		农地作物覆盖率 C8	作物种植对土壤水分和营养的保护效果
		抗灾能力 C9	作物对各种自然灾害的抵抗能力，用作物受灾绝收比表示
		畜禽废弃物利用率 C10	饲用作物种植对农业废弃物的吸纳处理能力
	经济效益（B3）	产量增长率 C11	饲用作物与传统作物比较产量增加量，以干物质产出为标准
		产值增长率 C12	饲用作物的经济收益效果
		粮草效益比 C13	饲用作物与种粮的收入效益比较

续表

目标层	一级指标	二级指标	二级指标含义
四川丘陵区发展饲用作物综合效益（A）	经济效益（B3）	物耗产值率 C14	饲用作物综合物耗和产值水平
		商品率 C15	作物商品开发利用程度
	社会效益（B4）	居民膳食结构优化度 C16	饲用作物对高蛋白饲料的替代比例
		饲料结构优化率 C17	不同食物品种在居民膳食结构中的比重
		区域种植结构优化度 C18	粮、经、饲等作物种植的比例结构
		区域养殖结构优化度 C19	生猪、家禽、草食牲畜养殖比例结构
		机械化水平 C20	机械化利用水平，规模化发展的程度

1．资源利用效率指标

根据现行的农业资源分类体系，农业资源主要分为农业自然资源和农业社会经济资源。习惯上把农业自然资源分为气候资源、水资源、生物资源和土地资源四大类。本研究以自然资源利用效率为主构建了光热资源利用率、降水量利用率、农业土地利用率、作物分蘖能力和营养体蛋白质含量提高率五个指标。

（1）光热资源利用（C1）。光热资源利用是指光、热资源通过生物化学作用转化成生物物质的质量。作物光热资源转化效率的高低既影响作物的产量产出，又体现了一个地区种植结构的自然适宜度。光热资源利用效率指标可以很好地反映饲用作物对种植地区光热资源的利用程度。

$$光合生产潜力=0.219×作物经济系数×作物生长期太阳总辐射量$$

（2）降水量利用率（C2）。降水的利用体现在一定的作物品种和耕作栽培条件下，一定水资源量所获得的产量或产值。降水利用率反映了水量的投入产出效率，是衡量农业生产水平和农业用水科学性与合理性的综合指标。

$$降水利用系数=\frac{饲用作物的总产量}{饲用作物生长周期内的降水量}×100\%$$

（3）农业土地利用率（C3）。农业土地利用率，是在农业生产活动过程中，如何用最低的土地成本创造出最大的农业收益。农业土地的利用程度与农地的种植结构和方式紧密相连，种植什么样的品种以及如何种植决定了对土地的开发利用程度。

$$农地复种指数 = \frac{一年内农作物总播种面积}{耕地面积} \times 100\%$$

（4）作物分蘖能力（C4）。作物分蘖是指禾本科植物在地面以下或接近地面处所发生的分枝，直接从主茎基部分蘖节上发出的称一级分蘖，在一级分蘖基部又可产生新的分蘖芽和不定根，形成次一级分蘖。以收获营养体为目的的饲用作物，分蘖能力的强弱直接决定了作物营养体的产量。

（5）营养体蛋白质提高率（C5）。营养体蛋白质含量代表了作物的营养价值和开发利用价值。蛋白质所占比重越高，说明作物营养越丰富。这一指标能够科学地测算作物的营养价值，评估饲用作物的利用价值（任勇，2006）。

$$营养体蛋白质提高率 = \frac{新型饲用作物蛋白质含量 - 一般饲用作物蛋白质含量}{一般饲用作物蛋白质含量} \times 100\%$$

2．生态效益指标

农业生产中讲究生态效价，即要使农业生态系统各组成部分在物质与能量输出、输入的数量上、结构功能上，经常处于相互适应、相互协调的平衡状态，使农业自然资源得到合理的开发、利用和保护，促进农业和农村经济持续、稳定发展。所以，生态效价的评估指标包括碳利用率、水土流失减少率、农地作物覆盖率、抗灾能力、畜禽废弃物利用率。

（1）碳利用率（C6）。农作物在全球碳循环中占有重要地位，引入碳利用率对当下中国发展低碳农业有较强的指导意义。作物对碳的储备利用主要通过叶部的光合作用和根部对碳肥料的吸收转化实现，可以利用作物光合作用反应方程式，以单位干物值需要的 CO_2 来评估碳的利用率。

（2）水土流失减少率（C7）。饲用作物种植一方面使农村闲置土地能有效利用起来，从而增加耕地植被覆盖率，固化土地，减少水土流失，提高土壤肥力，增强耕地生产能力；另一方面，多年生饲用作物的种植可以减少对土地的耕种次数和强度，一定程度上保护了土壤的浸失。

$$水土流失减少率=\frac{\begin{array}{c}饲用作物种植前\\水土流失面积\end{array}-\begin{array}{c}饲用作物种植后\\水土流失面积\end{array}}{农地总面积}\times 100\%$$

（3）农地作物覆盖率（C8）。作物的覆盖可以保护土壤免受强降水和干旱风沙的侵蚀，从而保护土壤的肥力，保证土地的生产潜力。在一定程度上植被覆盖率越高，越有利于水土的涵养。

$$农地作物覆盖率=\frac{饲用作物种植覆盖农地的天数}{365}\times 100\%$$

（4）抗灾能力（C9）。抗灾能力是指农作物抵御干旱、大风、洪涝等气象灾害，以及对各种病、虫灾害的免疫能力。

$$绝收比=\frac{受灾后绝收的作物面积}{受灾作物面积}\times 100\%$$

（5）畜禽废弃物利用率（C10）。畜禽废弃物利用率是指畜禽排泄或制造的废弃物的再利用程度。废弃物的再利用主要是种植业施肥，实现变废为宝和资源化利用。畜禽废弃物再利用不仅能够减少环境污染，还能够培肥土壤，提高土地生产能力。

$$畜禽废弃物利用率=\frac{畜禽废弃物的利用量}{畜禽废弃物的产出量}\times 100\%$$

3．经济效益指标

经济效益是成本支出与有用生产成果之间的比较。本报告选取产量增长率、产值增长率、粮草效益比、物耗产值率和商品率 5 个指标进行经济效价评估。

（1）产量增长率（C11）。产量增长率指种植新型饲用作物较传统饲用作物的单位面积产量（干物质）增加比率。这一指标能够较为直观的反映新型饲用作物种植的经济效益，单位面积产量增长率越高，说明新型饲用作物种植潜力越大。

$$产量增长率=\frac{单位面积新型饲用作物产量-单位面积传统作物产量}{单位面积传统粮食作物产量}\times 100\%$$

（2）产值增长率（C12）。产值增长率是指产品增产前后的产值差与原产值之间的比值。产值增长率越高，说明新型饲用作物的种植越具有现实意义。

产值增长率统一运用货币指标表示。

$$产值增长率 = \frac{饲用作物总产值 - 传统粮食作物总产值}{传统粮食作物总产值} \times 100\%$$

（3）粮草效益比（C13）。种草与种粮效益比是指种植粮食作物产生的经济效益与种植饲用作物产生的经济效益之间的比值。通过对这两种作物经济效益的比较，能够直观地反映出种植业调整前后效益变化。

$$粮草效益比 = \frac{单位面积粮食作物产值}{单位面积饲用作物产值} \times 100\%$$

（4）物耗产值率（C14）。物耗产值率一般指某一产业总产值与其消耗的物质消费量的比值，本报告中采用单位面积进行计算，反映的是新型饲用作物种植的物质投入产出情况。物质消耗越少，说明作物的物质投入越少，种植过程更加经济节约。

$$物耗产值率 = \frac{单位面积饲用作物总产值}{单位面积饲用作物质投入总和} \times 100\%$$

（5）商品率（C15）。商品率是指产品商品量在产品总量中所占的百分比。饲用作物和传统作物的商品率与农业人口、农业生产专业化程度、产品价格、农业规模经营等有密切关系。商品率越高，表明该作物生产水平越高，专业化程度越高，它同社会其他部门关系越密切。

$$商品率 = \frac{饲用作物商品量}{饲用作物总产量} \times 100\%$$

4．社会效益指标

社会效益是指项目实施后为社会所作的贡献，也称外部间接经济效益，主要包括居民膳食结构优化度、饲料结构优化率、区域种植结构优化度、区域养殖结构优化度和机械化水平。

（1）饲料结构优化率（C16）。饲料结构是指各种饲料原料在总体饲料用量中所占的比重。畜牧业的饲料结构优化主要是减少传统的粮食饲料原料消耗，转而大量使用高蛋白含量的饲用作物，以此替代传统的饲草和蛋白补充料。

（2）居民膳食结构优化度（C17）。膳食结构是指膳食中各类食物的数量在膳食中所占的比重。发展农业种养产业，增加居民膳食结构中牛、羊等草食畜禽肉类消费比重，以便优化国民的膳食结构，提高身体素质和生活水平。

$$居民膳食结构优化度 = \frac{草食畜禽消费量}{总的畜牧产品消费量} \times 100\%$$

（3）区域种植结构优化度（C18）。产业结构的优化对于更好地配置资源、更合理地进行产业发展有极为重要的作用。区域种植业结构优化度能够较好地反映发展饲用作物对农业生产资源、劳动力资源等的配置合理程度，是衡量种植业结构调整所带来的社会效益的重要指标。

$$区域种植结构优化度 = \frac{饲用作物实际种植面积}{饲用作物适宜种植面积} \times 100\%$$

（4）区域养殖结构优化度（C19）。区域养殖业结构的优化不仅能够突出区域特色，使养殖户、养殖企业更好地发展产业，还能够对改善居民膳食结构起到积极作用。区域养殖业结构的优化度反映了新型饲用作物在畜牧产业运作过程中发挥的作用，同样是衡量社会效益的重要指标。

$$区域养殖结构优化度 = \frac{草食畜牧养殖量}{适宜草食畜牧养殖总量} \times 100\%$$

（5）机械化水平（C20）。种草机械化水平是指饲草的种植、加工过程所实现的机械化运用程度。机械化不仅能够使作物种植更为科学合理，还能够节约劳动时间和劳动力；在饲用作物加工过程中，运用机械化，能够提高饲草的细碎化程度和利用效率，减少饲草的浪费。

$$机械化水平 = \frac{饲用作物机械化水平}{传统作物机械化水平} \times 100\%$$

（二）评估标准

评估标准的制定会直接影响评价结果的科学性、可信性。因此，在制定定量指标评价标准值时，除了综合现有研究成果及评价对象自身特性以外（张丽娜，2006），还应该参考以下原则：

（1）凡已有国家标准或国际标准的指标，尽量采用规定的标准值；

（2）依据现有的环境与社会、经济协调发展的理论，力求将其定量化作为标准值；

（3）尽量与我国现有相关政策研究的目标值相一致；

（4）对于目前统计数据不十分完整，但在指标体系中又十分重要的指标，在缺乏有关指标统计数据前，采用专家咨询确定。定性指标评价标准构建的过程中常采用专家打分法、定性指标定量化等方法来确定。

本报告的数据来源为现有的技术标准、相关的研究成果及地区政府部门的调研数据，筛选评价等级分为"差"、"一般"、"良好"、"好"、"优" 5 个标准，见表 2 所示。

表 2　指标评价标准

评价指标	单位	等级				
		优	好	较好	一般	差
光热资源利用率 C1	%	60	45	20	10	5
降水量利用率 C2（系数）		0.8	0.6	0.4	0.2	0.1
农业土地利用率 C3（指数）		4	3	2.5	2	1
作物分蘖能力 C4	株	100	80	60	40	20 以下
营养体蛋白质含量提高率 C5	%	100	70	50	25	5 以下
碳利用率 C6	%	100	60	30	15	5
水土流失减少率 C7	%	100	60	40	20	10 以下
作物覆盖率 C8	%	100	90	70	50	30 以下
抗灾能力 C9	%	10	30	50	70	100
畜禽废弃物利用率 C10	%	100	80	55	35	15
产量增长率 C11	%	100	50	30	10	5 以下
产值增长率 C12	%	100	75	50	20	5
草粮效益比 C13	%	200	160	140	120	100
物耗产值率 C14	%	200	180	150	130	110
商品率 C15	%	100	70	50	30	10
饲料结构优化率 C16	%	100	60	30	20	10 以下
居民膳食结构优化度 C17	%	100	65	45	10	5
区域种植结构优化度 C18	%	100	70	30	15	10
区域养殖结构优化度 C19	%	100	70	30	15	10
机械化水平 C20	%	100	60	30	10	5

注：表中的评价标准数据来自相关技术标准、文献资料和专家咨询意见。

（三）评估方法

1. 利用层次分析法（AHP）确定指标权重

层次分析法（analytic hierarchy process，AHP 法）是美国运筹学家 T.L.Saaty

在 1973 年提出的一种能有效地处理决策问题、实用的多方案或多目标的决策方法。其主要特征是合理地将定性与定量的决策结合起来，按照思维、心理的规律把决策过程层次化和数量化。它强调人的思维判断在科学决策过程中的作用。自 20 世纪 80 年代引入我国起，该法已受到越来越多人的重视。层次分析法是一种把定性与定量相结合的分析方法，这种方法把复杂问题分解为若干有序层次，并根据对一定客观事实的判断，就每一层次的相对重要性给予定量表示，利用数学方法确定出表达每一层次的全部元素相对重要性次序的数值，并通过对各个层次的分析导出对整个问题的分析。通过排序计算，可得出系统中各种因素的影响强度及最终排序结果，决策者据此就可以对系统进行决策优化、政策分析、选择方案、制订和修改计划、分配资源、预测未来，以及找到解决冲突的方法等（吴钢等，2002）。这种方法在研究评价指标体系方面运用最为广泛，是影响最大的一种方法。

第一步：构建判断矩阵。由专家利用 1-9 比例标度法，分别对每一层次评价指标的相对重要性进行定性描述，并用准确的数字进行量化表示，见表 3。

表 3　比较判断矩阵

A	B_1	B_2	$\cdots$	B_n
B_1	1	a_{12}	$\cdots$	a_{1n}
B_2	a_{21}	1	$\cdots$	a_{2n}
$\vdots$	$\vdots$	$\vdots$	$\vdots$	$\vdots$
B_n	a_{n1}	a_{n2}	$\cdots$	1

第二步：计算判断矩阵的特征向量。利用方根法求判断矩阵的最大特征根 λ_{max} 和特征向量 $\boldsymbol{W}$，其中 $\boldsymbol{W}$ 为对应 λ_{max} 的特征向量，其分量 $\boldsymbol{W}=[w_1, w_2, \ldots, w_n]$ 就是指标的权重。

第三步：一致性检验。一致性检验是为了避免出现甲比乙重要、乙比丙重要、丙比甲重要的情形而进行的验证。根据矩阵理论，一致性的条件是 CR＝CI/RI＜0.1。如果 CR＞0.1，则需调整判断矩阵，直到满足一致性条件为止。

$$\lambda_{max} = \sum_{i=1}^{N} \frac{(Aw_i)_i}{nw_i}, \quad i=1,2,\cdots,N; \quad CI = \frac{\lambda_{max} - n}{n-1}$$

$\boldsymbol{A}$ 为 $\boldsymbol{A\text{-}B}$ 判断矩阵，n 为矩阵阶数，$\boldsymbol{W}$ 为权重向量，λ_{max} 为最大特征根，

RI 为随机一致性指标，见表 4。

表 4　平均随机一致性指标 RI 的取值

阶数	1	2	3	4	5	6	7	8	9	10
RI	0.00	0.00	0.58	0.90	1.12	1.24	1.32	1.41	1.45	1.49

2．利用模糊综合评价模型（FCE）进行评价

模糊综合评价法（fuzzy comprehensive evaluation，FCE 法）是一种基于模糊数学的综合评标方法。模糊集合理论的概念于 1965 年由美国自动控制专家 L.A.Zadeh 教授提出，用以表达事物的不确定性。该综合评价法根据模糊数学的隶属度理论，把定性评价转化为定量评价，即用模糊数学对受到多种因素制约的事物或对象做出一个总体的评价。其结果清晰，系统性强，能较好地解决模糊的、难以量化的问题，适合各种非确定性问题的解决。模糊综合评价法的显著特点有：①相互比较，以最优的评价因素值为基准，其评价值为 1，其余欠优的评价因素依据欠优的程度得到相应的评价值；②可以依据各类评价因素的特征，确定评价值与评价因素值之间的函数关系（即隶属度函数）。确定这种函数关系（隶属度函数）有很多种方法，如 F 统计方法、各种类型的 F 分布等。采用多级模糊综合评判模型，克服了传统评价方法中以某一简单数字指标作为效果等级的界线，造成效果相差很小的两个评价单元可能被分为截然不同的两个等级的弊端（王丽梅等，2005；李建平等，2013）。

第一步：确定评价因素集合 $U=\{u_1, u_2, \cdots, u_N\}$，其中 u_i（$i=1, 2, \cdots, N$）为评价因素，N 是同一层次上单个因素的个数，这一集合构成了评价的框架。

第二步：确定评价等级标准集合 $V=\{v_1, v_2, \cdots, v_n\}$，其中 v_j（$j=1, 2, \cdots, n$）是评价等级标准，n 是元素个数。这一集合规定了某一评价因素评价结果的选择范围。

第三步：确定隶属度矩阵。本研究采用环境科学中广泛应用的半梯形分布函数作为隶属度函数来确定隶属度矩阵。设评价指标因素集 $X=\{x_1, x_2, \cdots, x_m\}$，评价等级标准 $V=\{v_1, v_2, \cdots, v_n\}$，设 v_j 和 v_{j+1} 为相邻两级标准，且 v_j

$<v_{j+1}$，则 v_j 级隶属度函数为

$$r_1=\begin{cases}1 & x_1\leqslant v_1\\ \dfrac{v_2-x_1}{v_2-v_1} & v_1<x_1<v_2\\ 0 & x_1\geqslant v_2\end{cases}$$

$$r_2=\begin{cases}1-r_1 & v_1<x_i\leqslant v_2\\ \dfrac{v_3-x_i}{v_3-v_2} & v_2<x_i<v_3\\ 0 & x_i\leqslant v_1\text{或}x_i\geqslant v_3\end{cases}$$

$$r_j=\begin{cases}1-r_{j-1} & v_{j-1}\leqslant x_i\leqslant v_j\\ \dfrac{v_{j+i}-x_i}{v_{j+i}-v_j} & v_j<x_i<v_{j+1}\\ 0 & x_i\leqslant v_{j-1}\text{或}x_i\geqslant v_{j+1}\end{cases}$$

根据上式，计算评价指标 i 隶属于评价等级 j 的隶属度 r_{ij}，生成隶属函数 R。

$$R=\begin{bmatrix}r_{11} & r_{12} & r_{13} & \cdots & r_{1n}\\ r_{21} & r_{22} & r_{23} & \cdots & r_{2n}\\ r_{31} & r_{32} & r_{33} & \cdots & r_{3n}\\ \vdots & \vdots & \vdots & \vdots & \vdots\\ r_{m1} & r_{m2} & r_{m3} & \cdots & r_{mn}\end{bmatrix}$$

第四步：进行多级模糊综合评价。首先进行一级因素的综合评价，设对第 i（$i=1$，2，$\cdots$，N）类中的第 j（$j=1$，2，$\cdots$，N）元素进行综合评价，评价对象隶属于评价结果集合中的第 k（$k=1$，2，$\cdots$，m）个元素的隶属度为 r_{ijk}（$i=1$，2，$\cdots$，N；$j=1$，2，$\cdots$，n；$k=1$，2，$\cdots$，m），于是第 i 类因素的模糊综合评价集合为：

$$B_i=w_i\bullet R_i=(w_{i1},w_{i2},\cdots,w_{in})\bullet\begin{bmatrix}r_{i11} & r_{i12} & \cdots & r_{i1m}\\ r_{i21} & r_{i22} & \cdots & r_{i2m}\\ \cdots & \cdots & \cdots & \cdots\\ r_{in1} & r_{in2} & \cdots & r_{inm}\end{bmatrix}=(b_{i1},b_{i2},\cdots,b_{im})$$

式中，$i=1$，2，$\cdots$，N；B_i 为 B 层第 i 个指标所包含的各下级因素相对于它的综合模糊运算结果；W_i 为 B 层第 i 个指标下级各因素相对于它的权重；R_i

为模糊评价矩阵。

　　最底层模糊综合评价仅仅是对某一类中的各个因素进行综合，为了得到综合的因素比较，还必须进行各类之间的综合评价。进行类之间因素的综合评价时，所进行的评价为单因素评价，而单因素评价矩阵应为最底层模糊综合评价矩阵：

$$\boldsymbol{B} = \boldsymbol{w} \bullet (B_1, B_2, \cdots, B_N)^{\mathrm{T}} = (w_1, w_2, \cdots, w_N) \bullet (B_1, B_2, \cdots, B_N)^{\mathrm{T}}$$

四、实证分析

（一）数据来源

1. 基层调研

　　2012 年 5 月至 2013 年 7 月课题组先后对四川省洪雅县、简阳市、乐至县、射洪县、资中县、自贡市大安区、南充市顺庆区和高坪区、南部县、阿坝州等地区的基层领导、专合组织（企业）、种养大户、农户进行了实地调研或专题讲座。通过基层座谈、实地考察、专题讲座等形式发放调研问卷 760 余份，收回有效问卷 680 份。

2. 专家咨询

　　根据 AHP 专家打分法的需要，饲用作物效价评估指标体系权重和评判共咨询经济管理学科及自然学科的相关专家、基层领导、农技干部、专合组织（企业）、种养大户等 60 余人，收回有效问卷 56 份。

3. 统计年鉴及文献资料

　　饲用作物的技术特性数据主要查自饲用作物相关文献、《四川省农业统计年鉴（2002—2011）》、《全国农产品成本收益资料汇编——2012》等。

（二）评价计算

1. 指标值及其权重、隶属度确定

　　评价指标的数值通过对问卷、实验数据和相关技术验收标准的运算处理得到；指标权重值是运用层次分析法根据相关专家的评分，结合基层意见，运用层次分析软件计算平均得到；指标值模糊分布则是将指标值代入相应的

模糊分布函数，确定其隶属度，见表 5。

表 5　西南农区发展饲用作物综合效价指标权重及单一指标等级评价

一级指标	权重 r_1	二级指标	权重 r_2	权重 r_3	指标值	优	好	较好	一般	差
B_1	0.2356	C1	0.1372	0.0798	25%	0	0.2	0.8	0	0
		C2	0.2728	0.0392	0.5	0	0.5	0.5	0	0
		C3	0.1196	0.0468	4	1.0	0	0	0	0
		C4	0.2267	0.0584	90	0.5	0.5	0	0	0
		C5	0.2464	0.0577	60%	0	0.5	0.5	0	0
B_2	0.2984	C6	0.1968	0.0476	20%	0	0	0.35	0.65	0
		C7	0.2500	0.0566	75%	0.4	0.6	0	0	0
		C8	0.1328	0.0578	80%	0	0.3	0.7	0	0
		C9	0.2006	0.0679	5%	1.0	0	0	0	0
		C10	0.2198	0.0689	90%	0.5	0.5	0	0	0
B_3	0.2758	C11	0.1886	0.0495	25%	0	0	0.75	0.25	0
		C12	0.2564	0.0583	65%	0	0.4	0.6	0	0
		C13	0.2049	0.0383	260%	1.0	0	0	0	0
		C14	0.2010	0.0443	242%	1.0	0	0	0	0
		C15	0.1491	0.0585	100%	1.0	0	0	0	0
B_4	0.1902	C16	0.2019	0.0384	24%	0	0	0.4	0.6	0
		C17	0.1789	0.0354	15%	0	0	0.2	0.8	0
		C18	0.1974	0.0439	67%	0	0.9	0.1	0	0
		C19	0.1821	0.0275	50%	0	0.5	0.5	0	0
		C20	0.2379	0.0252	25%	0	0	0.75	0.25	0

注：① 权重 r_1 为一级指标相对于总指标的权重，r_2 为二级指标相对于一级指标的权重，r_3 为二级指标相对于总指标的权重；
　　② 指标 C_8 作物覆盖率是通过饲草玉米生长周期天数与全年天数比所得；
　　③ 指标 C_{17} 居民膳食结构优化度、C_{18} 区域种植结构优化度、C_{19} 区域养殖结构优化度是取 2012 年调查区实际结构比例与适宜结构比例的比值确定。

2．多层模糊综合评价

由表 5 的二级指标权重组成权重矩阵 A，二级指标等级隶属度组成单因素绩效评价矩阵 R，计算一级评价指标的绩效等级 B 及其特征值。

（1）资源利用效率的评价结果：

$$B_1 = A_1 \bullet R_1 = \begin{bmatrix} 0.1372 \\ 0.2728 \\ 0.1196 \\ 0.2267 \\ 0.2464 \end{bmatrix}^T \begin{bmatrix} 0 & 0.2 & 0.8 & 0 & 0 \\ 0 & 0.5 & 0.5 & 0 & 0 \\ 1.0 & 0 & 0 & 0 & 0 \\ 0.5 & 0.5 & 0 & 0 & 0 \\ 0 & 0.5 & 0.5 & 0 & 0 \end{bmatrix} = [0.2330, 0.4004, 0.3666, 0, 0]$$

（2）生态效益的评价结果：

$$B_2 = A_2 \bullet R_2 = \begin{bmatrix} 0.1968 \\ 0.2500 \\ 0.1328 \\ 0.2006 \\ 0.2198 \end{bmatrix}^T \begin{bmatrix} 0 & 0 & 0.35 & 0.65 & 0 \\ 0.4 & 0.6 & 0 & 0 & 0 \\ 0 & 0.3 & 0.7 & 0 & 0 \\ 1.0 & 0 & 0 & 0 & 0 \\ 0.5 & 0.5 & 0 & 0 & 0 \end{bmatrix} = [0.4105, 0.2997, 0.1618, 0.1280, 0]$$

（3）经济效益的评价结果：

$$B_3 = A_3 \bullet R_3 = \begin{bmatrix} 0.1886 \\ 0.2564 \\ 0.2049 \\ 0.2010 \\ 0.1491 \end{bmatrix}^T \begin{bmatrix} 0 & 0 & 0.75 & 0.25 & 0 \\ 0 & 0.4 & 0.6 & 0 & 0 \\ 1.0 & 0 & 0 & 0 & 0 \\ 1.0 & 0 & 0 & 0 & 0 \\ 1.0 & 0 & 0 & 0 & 0 \end{bmatrix} = [0.5550, 0.1026, 0.2953, 0.0471, 0]$$

（4）社会效益的评价结果：

$$B_4 = A_4 \bullet R_4 = \begin{bmatrix} 0.1798 \\ 0.2019 \\ 0.1974 \\ 0.1821 \\ 0.2379 \end{bmatrix}^T \begin{bmatrix} 0 & 0 & 0.2 & 0.8 & 0 \\ 0 & 0 & 0.4 & 0.6 & 0 \\ 0 & 0.9 & 0.1 & 0 & 0 \\ 0 & 0.5 & 0.5 & 0 & 0 \\ 0 & 0 & 0.75 & 0.25 & 0 \end{bmatrix} = [0, 0.2687, 0.4058, 0.3255, 0]$$

（5）西南农区发展饲用作物综合效果评价结果：

$$B = A \bullet R = \begin{bmatrix} 0.2356 \\ 0.2984 \\ 0.2758 \\ 0.1902 \end{bmatrix}^T \begin{bmatrix} 0.2330 & 0.4004 & 0.3666 & 0 & 0 \\ 0.4105 & 0.2997 & 0.1618 & 0.1280 & 0 \\ 0.5550 & 0.1026 & 0.2953 & 0.0471 & 0 \\ 0 & 0.2687 & 0.4058 & 0.3255 & 0 \end{bmatrix} = [0.3305, 0.2632, 0.2933, 0.1130, 0]$$

3．综合评价结果

从利用 AHP-FCE 模型对西南农区发展饲用作物，调整种植业结构综合效价评估的结果可知，西南农区发展饲用作物综合效价为"优"等级占 33.05%，"好"等级占 26.32%，"较好"等级占 29.33%，"一般"等级占 11.3%，"差"等级占 0。按最大隶属原则，综合效价评估结果为"优"。

资源利用效率为"优"等级占 23.30%，"好"等级占 40.04%，"较好"等级占 36.66%，"一般"和"差"等级均为 0。按最大隶属原则，资源利用效率评估结果为"好"。

生态效益为"优"等级占 41.05%，"好"等级占 29.97%，"较好"等级占 16.18%，"一般"等级占 12.8%，"差"等级占 0。按最大隶属原则，生态效益评估结果为"优"。

经济效益为"优"等级占 55.5%，"好"等级占 10.26%，"较好"等级占 29.53%，"一般"等级占 4.71%，"差"等级占 0。按最大隶属原则，经济效益评估结果为"优"。

社会效益为"优"等级占 0，"好"等级占 26.87%，"较好"等级占 40.58%，"一般"等级占 32.55%，"差"等级占 0。按最大隶属原则，社会效益评估结果为"较好"。

主要参考文献

付登伟, 林超文, 庞良玉, 等. 2010. 四川丘陵区饲草种植的重要意义与模式. 中国农学通报, 26(7): 273~278

李建平, 肖琴, 周振亚. 2013. 中国农作物转基因技术风险的多级模糊综合评价. 农业技术经济, (5): 35~43

任勇. 2006. 饲草玉米生物学特性及饲用营养价值研究. 四川农业大学硕士论文

王丽梅, 邵明安, 郑纪勇, 等. 2005. 渭北旱塬农林复合系统环境评价指标体系研究与应用. 农业工程学报, 21(3):34~37

吴钢, 魏晶, 张萍, 等. 2002. 三峡库区农林复合生态系统的效益评价. 生态学报, 22(2):233~238

张丽娜. 2006. AHP——模糊综合评价法在生态工业园区中的应用. 大连理工大学硕士论文

专题十 西南农区发展新型多年生饲用作物的可行性与展望

在农耕文化出现之前，地球上绝大部分地方都被多年生植物所覆盖。后来，随着农耕文化的出现，人类为了维持自己的生活，开始栽培植物，在栽培条件下有意或无意就要选择成熟期短、结实率高、均质、适应性强的各种植物，这些栽培植物通过选择逐步使其植物体和种子大型化、收获指数提高、食味变好，以及向一年生方向改变等，于是，在人为干预下使曾经覆盖地球的多年生植物逐渐被每年都必须重新种植的作物所取代，传统意义的种植农业由此而生。现今，农业种植的作物通常是一年生，并以禾谷类、油料和豆科作物为主，它们约占作物种植总面积的 70%以上（Dohleman and Long，2009）。

然而，一年生作物的种植对人类赖以生存的生态系统可能造成不可持续和不可再生的冲击。这是因为，一年生作物虽然产量高，但根系短、只能延伸到土壤表层。伴随着农耕文化开始至今，土壤表层的养分面临消耗殆尽，人们只有通过增施大量化学肥料来维系产量。并且，传统的一年生农业由于耕作次数频繁，容易造成土壤侵蚀，尤其是在贫瘠和坡地上种植一年生作物所面临的土壤流失风险就更高。多年生作物因其根部常年深扎在土壤里，根系面积大，能更加有效地捕获、蓄积和利用水分以及固持土壤，有助于防止土壤侵蚀，保持更多的土壤有机碳。根据科学家试验记录，与种植玉米和大豆的土壤相比，混合种植苜蓿和多年生牧草的土壤水分损失仅 1/5，氮损失更是只有 1/35（Cox et al.，2006）。多年生作物的冠层发育较早，光合时间长，较长的绿叶持续期增加了季节性的光捕获效率（植物生产力的一个重要因素）。多年生作物不需要每年都重新播种，农业耕作的次数更少，对农业机械作业的需求较少，生产投入越少，亦即农民支出越低，比较收益就越高。多年生饲用作物杀虫剂和化肥的使用量也较低，化肥施用量仅为一年生谷类作物的 3%，通过生物自肥作用把部分养料返还给土壤。在土壤贫瘠地区或资源匮乏地区，包括水土流失、过度依赖使用碳氢化合物和除草剂乃至可持续发展，都可以借助多年生作物来解决（Dohleman and Long，2009）。因此，多年生作物有着更为广阔的应用前景。

一、发展多年生作物的可行性

我们不断地谈论和探讨农业发展与环境保护之间的问题，可现有的经济制度总是习惯于将农业开发推进到环境并不适宜的那些地方。现代农业种植一年生作物造成的水土流失、富营养化等问题与生态环境保护在某种程度上是一对不可调和的矛盾。一旦提及农业可持续发展与生态防护，人们自然而然想到退耕还林还草。可是，有没有一种既能获得足够的农业效益，又能够保护生态环境的农作方式呢？也许，唯一切实可行的办法，就是依赖于科学对现有农业进行大力改进，设计出一种隐约可见、优越得多、符合生态原理的新型农业——科学家韦斯·杰克逊称其为"多年生混作农业系统"（Jerry et al.，2012）。这种新型农业系统倡导混合种植各种禾本科、豆科和非禾本草本多年生与一年生饲用作物，模拟草原生态系统的生物复杂多样性。多年生作物较之于一年生作物，具有生长季节长、根系发达和耕作管理简单等一系列优势，这种把根留住的"多年生混合农业系统"无疑将扭转农业与生态每况愈下的趋势。

可是，多年生粮食作物多表现出生长周期长、结实率或产量较低、籽粒成熟不一致、经济价值不理想等，这些较之于一年生作物有明显的劣势，即多年生粮食作物既要维持多年生根系，又要实现种子高产，达到这种平衡似乎很难，以收获籽粒的多年生粮食作物农业还任重道远。因此，我们需要另辟蹊径，以一种全新的眼光来审视和构建多年生农业，即实现多年生饲用作物种植与养殖业耦合的多年生营养体农业，这样一种"经营性"的多年生营养体农业前景广阔。饲用作物生产是以绿色茎叶营养体为目标，在作物营养生长的高峰阶段收割，其地上生物量最大化同时也是地下根系量生长的盛期，地上、地下的积累都要优于籽粒完熟期茎根枯萎所含营养，完全不受上述拟创建的多年生粮食作物劣势的限制。同时，养殖业是利用饲用作物的营养体，可以为多年生作物种植解决出口问题。可见，以收获营养体为主的多年生饲用作物农业与因地制宜发展草食畜牧业的耦合，不仅有助于稳固坡地上的土壤，防止水土流失，保护生态环境，而且还可降低垦殖率，减少人为劳作，节约成本，提高农业综合效益，增加农民收入。这种"经营性"多年生营养体农业可以让我们"鱼与熊掌"兼得。而气候变迁、土壤流失、土地越来越贫瘠等诸多因素以及倡导发展低碳农业，就更使得培育多年生饲用作物、发展多年生营养体农业这种努力愈显迫切。

西南丘陵山地农业，很大部分中低产农田、耕地分布在坡地上，土壤瘠薄，生态脆弱，如果不是大规模、系统化地垦殖梯田，大多不适合一年生粮食作物的生长，并且长期不合理农作系统更使它们受到侵蚀的严重威胁，如水土流失和石漠化等。其实，西南山地农业问题的复杂性不仅在其山多坡陡、土地贫瘠、生态脆弱，还在于它的特殊气候条件。西南多数农区阴雨寡照，不利于作物籽粒生长发育，产量较低，但常年热量充足，这种生态条件却更适宜以利用营养体为主的饲用作物生长，特别是发展多年生饲用作物不失为一种重要选择。相信今后"多年生混合农业系统"将在西南农区发展成为既能获得足够农业效益，又能保护生态环境的一种新型农作体系。

二、多年生饲用作物研究及其进展

毋庸置疑，多年生农业仰赖多年生作物的发展，目前世界各地都在努力培育各种多年生作物。多年生饲用作物是指能多年生长或地上部分在冬季枯萎后于次年能继续发芽生长和开花的饲用作物。代表性的多年生饲用作物有：①豆科的苜蓿、三叶草、合欢、长角豆、木豆等；②桑科的桑、无花果等；③禾本科的羊草、杂交狼尾草、象草、高粱、甘蔗、鸭茅、苇状羊茅、多年生小麦、牛鞭草、多年生黑麦草、冰淇淋草（摩擦禾）等。

植物的多年生牵涉的绝不仅是一个特性或性状，它是一种复杂的生命现象。有关植物多年生性状的遗传研究、材料创制和遗传育种已有一段历史，但由于性状的复杂性，以及受技术和资源的限制，其研究进展一直较为缓慢。

早在 20 世纪中后期，前苏联和美国就曾尝试过培育多年生小麦和玉米的研究，但最终却由于不育和非期望农艺性状的出现而以失败告终。最近，随着科学技术的进步和对多年生农业的渴望，一群满腔热血的阿根廷、澳大利亚、中国、印度、瑞士和美国等国的科学家正致力于开展包括水稻、小麦、玉米、甘蔗、木豆、向日葵、亚麻和芥菜等在内的多年生作物的研究。

　　培育多年生作物多采用直接驯化和远缘杂交的方法。直接驯化是通过地理种源的比较试验，进行稳定的再生长能力、持续的优质高产和对非生物因子胁迫的适应性，以及对病虫害的抗性等评比选优，把那些符合生产、生活需要的个体或群体保留并扩繁推广利用。直接驯化选育的多年生饲用作物有苜蓿、牛鞭草、多年生黑麦草等。通过由一年生和多年生亲本杂交创制新的多年生粮食作物种质资源也是科学家们更为关注的研究动向。杂交是将两种不同种的植物强制杂交，可以把已经驯化的一年生作物与它们的野生多年生近亲优良性状融合起来，选育多年生饲用作物。比较而言，直接驯化野生多年生植物是培育多年生作物最直接的方法。植物远缘杂交虽然比野生驯化速度更快，但还需要更多遗传技术来解决远亲植物之间的遗传不亲和性。

三、新型多年生饲用作物——多年生饲草玉米的研发进展

　　近年来，四川农业大学玉米研究所致力于通过玉米与其近缘属杂交创制多年生饲用作物的研究。选育的多年生饲草玉米'玉草 1 号'具有产量高、品质优、抗逆性强、适应性广、耐粗放管理等特点，在我国南方每年可刈割 2～3 次，年最高亩产可达 14t，且茎叶粗蛋白含量为 10%左右，已在四川、云南、贵州、浙江、新疆、西藏、湖南、甘肃等省（自治区）示范种植，效果反应良好。

　　在此基础上，2006 年，将四倍体玉米与冰淇淋草（摩擦禾）的杂种 F_1 再与四倍体多年生类玉米杂交获得三元杂种，2007 年在三元杂种后代中筛选到一生长旺盛、分蘖多、叶茂密的多年生植株，经 2008～2010 年连续 3 年的观察，该材料表现为植株直立丛生、根系发达、分蘖强、叶片多、无病害、抗寒能力强、在南方可多年生、持续丰产性状好，具有发展成多年生栽培饲

草的潜力（图 1 和图 2）。因该材料是玉蜀黍属的玉米和大刍草与冰淇淋草（摩擦禾）的杂交后代，故取名"玉淇淋草"。2011～2012 年进行品比试验，平均株高为 295.2cm，最高可达 326cm，主茎粗 5～6.4cm，平均分蘖为 42 个（多的可达 61 个），第二年抽雄期单株分蘖平均为 70.4 个（最多可达 127 个），整个生长周期可持续产生新的分蘖，单个茎秆叶片达 21～30 片，叶片深绿细长，可采用分蔸、扦插等无性繁殖方式。玉淇淋草一年收割 2～4 次，第 1 茬刈割亩产鲜草 5t 以上，年平均亩产 10t 以上，肥水充足、管理得当可达 15t 以上，粗蛋白（CP）含量平均为 9.16%，茎叶嫩绿多汁，有特殊香味，适口性好。

图 1　玉淇淋草（2008 年四川雅安多营农场）

图 2　引种试验测产（2013 年 8 月 20 日自贡市大安区）

2013 年，在四川省自贡市大安区和资阳市乐至县等地的肉牛养殖区域布置了玉淇淋草印证试验，进一步探讨其应用推广的价值。4 月 22 日自贡市大安区试点种植，5 月 3 号资阳市乐至县试点种植，各点试验面积均为 6 亩，种植密度为 300 株/亩。8 月 20～21 日分别在自贡市大安区、资阳市乐至县组织专业技术人员对其进行了第一次刈割的产量测定，测定现场与结果如图 2 和表 1 所示。从表 1 可见，大安区庙坝镇柑子村亩产 5.95t，平均株高 241.90cm，平均分蘖 34.01 个；大安区庙坝镇庙坝村亩产 5.83t，平均株高 245.23cm，平均分蘖 30.88 个；乐至县龙门乡石朝门村亩产 5.18t，平均株高 284.49cm，平均分蘖 28.1 个。当地种植户在种植该新型多年生饲用作物后普遍反映"加工打碎时会散发出阵阵清香味，与其他饲草混合饲喂，肉牛进食时都会挑选着吃这种多年生饲草"，并纷纷表示下一步将继续扩大试种面积。实践表明，新型优质高产多年生饲用作物——玉淇淋草在西南"种草养畜"地区种植，具有极大的生产潜力与广阔的推广应用前景。

表 1　大安区和乐至县两试验点第一次刈割鲜草产量

项　目	大安庙坝柑子村	大安庙坝庙坝村	乐至龙门乡
测产面积/m²	39.03	17.04	39.63
测产产量/kg	348.00	149.00	308.00
折算亩产/kg	5947.10	5832.30	5183.80

四、多年生农业发展前景

近来，*Science*、*Nature* 和 *Scientific American* 等国际著名杂志相继刊文，倡导未来应发展一种"隐约可见"的、最有前途的、优越得多的可持续农业——"多年生农业"，多年生农业必将在土地资源、食物安全、环境保护、生物燃料和人类的可持续发展等方面起到至关重要的作用（Glover，2010；Jerry，2012）。这预示着多年生作物将带来下一场农业革命，并成为人类从事农业活动历史上最伟大的一次创新。一旦推广应用，它除了能长期提供农产品收成，还将在维持生物多样性上起着举足轻重的作用，并通过降低垦殖率、防止水土流失达到保护生态环境的目的。特别是在土壤贫瘠地区或资源匮乏地区，多年生农业应用前景更加广阔。从现在开始，我们需要潜心于多年生农业的研究，为未来土壤贫瘠地区或资源匮乏地区的农民提供更多可用的土地，以及种植更丰富的优良多年生作物类型。

多年生作物具有系列优势，以多年生作物取代同类的一年生作物是农业科学家一直以来追求的梦想。可时至今日，多年生农业研究却一直游弋在现代农业研究领域的边缘。原因在于，除了多年生物种遗传研究和品种选育存在很大难度外，另一方面，即使有了较完善的多年生作物，也仍然存在特定区域适合什么作物，什么样的种植管理方式最适合等问题（Glover et al.，2010；Jerry et al.，2012）。怎样把多年生禾本类、豆科类和一年生作物相搭配，并与养殖业相结合等方面的工作还需要做。换言之，多年生农业是一个复杂的农业系统工程，让梦想成真尚需要集中大量科学家对关键技术进行攻关研究，同时更离不开大量人力、物力的投入。

主要参考文献

Cox T S, Glover J D, Van Tassel D L, et al. 2006. Prospects for developing perennial grain crops. BioScience, 56(8):649~659

Dohleman F G, Long S P. 2009. More productive than maize in the midwest: how does miscanthus do it ? Plant Physiology, 150 (4):2104~2115

Glover J D, Reganold J P, Bell L W, et al. 2010. Increased food and ecosystem security via perennial grains. Science, 328(5986):1638~1639

Glover J D, Reganold J P, Cox C M. 2012. Agriculture plant perennials to save Africa's soils. Nature, 489(7416): 359~361

http://www.yogeev.com/article/25089.html

专题十一 发达国家饲用作物生产现状、发展趋势及启示

我国饲用作物产业起步比发达国家晚，优质饲草料主要依靠进口。目前推进"粮-经-饲"三元结构建设，大力发展我国饲草产业，解决日益增加的饲草料需求，是我国应该考虑和重视的战略问题。发达国家根据自身的地理环境、技术资本等条件，经过长期的探索和实践，已形成多种适合各自国情的牧草产业模式。在探讨目前我国饲用作物发展状况的同时，深入分析发达国家牧草产业的生产现状和发展趋势，可为我国发展饲用作物、调整种植业结构，促进草食畜牧业持续健康发展提供重要借鉴与启示，从而探索出一条独特的适合我国国情的发展牧草产业之路。

一、生产现状及发展趋势

（一）美国和加拿大

美国、加拿大的共同特点是土地资源丰富，畜牧业产值占农业总产值的50%～60%，且绝大部分畜牧业产值由人工种植的牧草转化而来。而天然草场的管理相对比较粗放，载畜量较低。

美国是畜牧业大国，牧草产业高度发达，现有草地面积 2.1 亿 hm²，占国土面积的 26.9%，其中人工草地面积为 0.47 亿 hm²，在草地面积中的比重达 22.4%。美国目前的牧草生产是以苜蓿（*Medicago sativa*）为主、多种牧草相搭配的多元化牧草生产体系，根据各地条件集中生产优势牧草，确保牧草的优质高产及合理利用。牧草生产可分为三个主要区域：①西部干旱和半干旱地区，主要是山地，以天然放牧型草原为主，主要牧草有冰草（*Agropyron cristatum*）和无芒雀麦（*Bromus inermis*）；②南部湿润亚热带地区，气候温暖，主要由暖季型草如狗牙根（*Cynodon dactylon*）、巴哈雀稗（*Paspalum notatum*）等构成牧草主要体系；③东北部湿润寒温带地区，海拔较高，主要

种植冷季型草,如高羊茅(*Festuca arundinacea*)、草地早熟禾(*Poa pratensis*)、鸭茅(*Dactylis glomerata*)等。放牧曾经是美国饲养奶牛的主要方式之一,但随着畜群规模增大,土地资源减少,放牧比例逐渐下降,现在只有少数牧场进行放牧饲养,多数牧场采用放牧结合干草饲喂,全部饲喂干草,或利用青贮饲料。

玉米(*Zea mays*)和苜蓿是美国主要种植的饲草料。玉米是美国的第一大农作物,种植面积达 3900 万 hm^2,70% 以上的产量来自于美国中北部平原地区。单产从 20 世纪 60 年代初的 $4t/hm^2$,提高到 80 年代的 $7t/hm^2$,目前稳定在 $9.5t/hm^2$ 的水平上,其产量占世界玉米总产量的 40% 左右,是世界上玉米资源最丰富的国家。美国玉米生产全过程,包括翻地、整地、播种、中耕、施肥、喷药、灌溉、收获、储存等作业都已实现了机械化和自动化,一般家庭农场的种植面积为 240~270hm^2(高明等,2008)。美国生产的玉米主要用于饲料工业、深加工、种子和出口 4 个方面,总产量的 85% 用于国内消费,15% 用于出口,其国内玉米消费的主要渠道是饲料和深加工。2007 年以后,美国饲料用玉米量呈逐年递减趋势,2011 年饲料加工玉米消耗量占美国玉米总消耗量的 36.83%,比 2001 年下降了 22.76%。深加工用玉米数量整体呈逐年递增趋势,2001 年美国用于深加工的玉米为 5187 万 t,2011 年达到了 1.62 亿 t,比 2001 年增长了 2 倍多,占美国玉米总消耗量的 50.05%(李锐和郝庆升,2012)。在 2008 年的调查数据表明,苜蓿产业是美国最重要的产业之一,种植面积仅次于玉米和大豆,与小麦种植面积相当(Charles and Daniel,2008)。美国是苜蓿草产品的最大消费国,也是最大出口国。2005 年美国用于干草生产的苜蓿种植面积 900 万 hm^2,占干草种植面积的 36%,产量 7600 万 t,占总产量的 51%,平均产量为 $8.35t/hm^2$,产值 81 亿美元。2007 年美国苜蓿种植面积为 820 万 hm^2,从 1919 年到 2007 年,90 年间美国苜蓿种植面积从不到 200 万 hm^2 增长到了 800 万 hm^2,增加了 3 倍;年产量从不到 200 万 t 增长到 1200 万 t,最高时达到了 1600 万 t,增加了 5 倍(The US Statistical Yearbook,2008)。2006~2009 年苜蓿种植面积保持在 852.3 万~859.9 万 hm^2,每年苜蓿干草总产量在 6339.5 万~6447.7 万 t(USDA,2011),美国也成为全世界苜蓿种植面积最大的国家。美国苜蓿种植业和畜牧业的总产值占农业总产值的 55%～60%（The US Statistical Yearbook，2008）。美国非常重视苜蓿生产发展的规模化、统一管理和加大科技投入，通常采用装有自动调节定位的播种机具、大型喷灌系统，以及高效率的收获打包机械进行规模化作业，以提高劳动生产率，降低生产成本。

美国也是牧草种子的主要出口国，全世界有 75% 的牧草种子从美国进口。其牧草种子产业在 20 世纪 50 年代以后开始快速发展，现已基本形成以俄勒冈州、华盛顿州、爱达荷州、加利福尼亚州、内华达州为主的牧草种子集中生产区。现有各类牧草种子田 57 万 hm²，年生产各类牧草种子 45.7 万 t，其中黑麦草（*Lolium perenne*）、高羊茅和紫花苜蓿种子分居前三位，年产量分别为 20.7 万 t、14.5 万 t 和 2.6 万 t（Bouton，2007）。经过多年发展，美国的牧草种子产业已经形成专业化农场，与种子公司和经销商签订种子生产合同的产业链发展模式，生产的草种除满足国内市场外，部分出口到欧洲、南美洲、亚洲，以及澳大利亚、加拿大等国家和地区。

美国一直注重青贮饲料的发展及其质量的提高，目前，青贮饲料已成为反刍类家畜日粮中主要的有效能量成分和幼畜肥育的强化饲料。近几十年来，随着奶牛、肉牛等家畜的规模化饲养，干草和青饲料已不能适应和满足生产需要，且由于国际市场上谷物饲料和蛋白质饲料价格不断上涨，对青贮饲料依赖增加，需求更加迫切，青贮饲料产量显著增加。美国从 20 世纪 60 年代开始大力发展青贮饲料，到 70 年代末期，青贮玉米增加了 70%，青贮牧草增加 3 倍以上。美国在扩大青贮饲料种植的同时注重提高青贮加工工艺，发展青贮机械，减少青贮加工过程的营养损失，最大限度地保存饲草料营养。美国还积极研究适宜青贮专用的高产饲草料品种，多途径发展青贮饲料。

加拿大地广人稀，畜牧业的发展和美国具有同样的特点，重视资金以及技术的投入，建立大规模综合型农场。加拿大共有 2635.4 万 hm² 草地，其中天然牧场 1561 万 hm²，人工牧场 440 万 hm²，相当于天然草原面积的 21%（Canada Yearbook，2011）。用于生产干草和青贮饲料的种植面积为 621 万 hm²，用于种子生产的面积为 18.3 万 hm²。从产值来看，加拿大牧草种子年销售额约 1 亿加元，脱水牧草 1.25 亿加元，出口干草 8000 万加元，农场用干草和牧草共 25 亿加元（时彦民等，2005）。加拿大的人工草地依据不同的环境播种不同的草种，多为禾本科和豆科混播。禾本科牧草主要有猫尾草（*Uraria crinita*）、无芒雀麦、冰草、高羊茅、鸭茅等，豆科牧草主要为苜蓿、三叶草（*Trifolium*）、百脉根（*Lotus corniculatus*）、紫云英（*Astragalus sinicus*）等。加拿大的混播技术十分发达，已开发出一些用于牧草混播的软件，对实现高产和提高草地利用率发挥了重要作用。目前，加拿大除了大力发展人工草地，还在农牧区建立了 133 多万 hm^2 饲料地。人工草地和饲料地按用途分为两类：一是人工放牧地，混播多年生牧草，用以弥补天然草原短促的放牧时间，减轻冷季饲料短缺的压力；二是人工割草地和青贮饲料地，种植优质牧草，如紫花苜蓿、猫尾草、三叶草等，实施精细管理，人工控制灌溉和施肥，收获产品用于家畜冬季补饲，实现家畜的持续增肥。

美国和加拿大利用自身国土面积广阔的优势，发展大规模的牧草产业，提高生产效率，生产的牧草和草种除了满足国内需求外，还大量出口到国际市场，为本国带来了巨大的经济效益。

（二）澳大利亚和新西兰

澳大利亚和新西兰都是草地资源丰富的国家，澳大利亚草原面积比耕地大 9 倍，新西兰大 15 倍。这类国家的农业以牧为主，草原畜牧业比较发达，畜牧业产值远大于农作物产值，且 90% 以上的畜牧业产值是由牧草转化而来。这类国家的畜牧业在经过多年的科技和资金投入后，已逐步发展并形成以天然草地或者人工草场为基础，以草定畜，围栏放牧，资源、生产和生态相协调的现代化可持续发展草地畜牧业模式。

澳大利亚的畜牧产业高度依赖于国际市场，是世界上羊毛出口的第一大国（中华人民共和国商务部，2009）。澳大利亚大约有一半的土地用于牧羊，按照其地理气候因素，因地制宜，可分为三种放牧类型：①澳洲西部和北部地区气候干燥，不适宜于发展种植业，有大片天然草场，是畜牧业的粗放经营区，该区面积大，但草场载畜量极低，平均每 $3hm^2$ 养 1 只羊，放牧羊的头数不到全国的 30%；②澳洲北部向南部过度的区域降水量比较充沛，是小麦和畜牧的兼营区，该区有部分人工草场，兼种植谷物，同时饲养肉牛和肉羊，载畜量为平均每公顷 2.9 只羊，是畜牧业粗放经营区的 9 倍左右；③从昆士兰州北部海岸到南澳洲的东南角是澳大利亚的高降水量区，主要是人工种植牧草，广泛使用机械和化肥，是以技术投入为主的集约饲养区，该区的面积最小，但载畜量能达到每公顷 6 只羊（中华人民共和国商务部，2009）。

澳大利亚充分利用天然草地，发展低成本草地畜牧业，同时进行退化草地植被重建，并在气候适宜地区建立人工牧场，通过制定严格的载畜量，保证牧场可持续发展。澳大利亚目前已建立的人工牧场面积达 3000 万 hm², 主要种植黑麦草、三叶草等（Ewing et al., 2000）。人工草地全部使用围栏，集约化程度高，牧场规模虽不大，但单位面积的生产率很高。家庭牧场是澳洲的主要经营形式，饲草料的生产与加工是畜牧业发展的主要保证，因此澳大利亚始终把饲草料生产和饲养管理放在首位，充分利用自然资源。

新西兰 60% 以上的国土为人工草地，主要饲养牛和羊，是世界上草地畜牧业比较发达的国家之一。在建立人工草场时，根据当地的土壤及气候条件选育最适合的牧草品种，最大限度地提高单位面积的牧草生产量。例如，在低地用于奶牛生产的牧场，通常混播多年生黑麦草和白三叶，肉牛生产的牧场则通常播种多花黑麦草（*Lolium multiflorum*）、多年生黑麦草、白三叶（*Trrifolium repens*）和红三叶（*Trifolium pratense*）；在夏季干旱的地区，则普遍选用高羊茅和鸭茅混播（Charlton and Belgrave, 1992）。为确保一年中各个季节产草量的平衡，新西兰人工草场多用冷季型黑麦草和喜温暖气候的三叶草混播，比例一般为 7:3。除了这两种主要牧草，还兼种苜蓿、甘蓝等，作为调节和补充饲草淡季的饲料。

为了保证草场可持续发展，维持较高载畜能力，新西兰的人工牧场普遍实行围栏放牧和划区轮牧。草量多的夏季，充分利用天然草地；草量相对较少的春、秋季在人工草地放牧。新西兰政府曾投资 400 万新元设置放牧围栏 80 万 km², 利用永久性固定围栏，划分放牧小区。经过 100 多年的发展，新西兰已建成人工草场 910 多万 hm², 几乎覆盖了整个平原和丘陵。人工草场生产能力高，在 20 世纪 80 年代已达到平均 0.12hm^2 草地养一只羊（吉呼兰图，2002）。

澳大利亚和新西兰草地经营的现代化水平及草原放牧畜牧业生产水平都居于世界首位。他们已将计算机技术、网络通信技术、空间信息等技术用于放牧地规划、家畜管理、草原围栏，以及放牧地和割草地管理，对草地系统进行监测、模拟、管理与控制，在宏观上对草地的生态、生产、经济进行评估，最大限度地优化生产投入、产量和效益。目前，澳大利亚和新西兰已将数字化技术应用于草业生产、管理、市场经营的各个环节，澳大利亚 40% 以上的牧场应用决策支持系统来进行草地放牧系统的管理和生产经营。

（三）欧盟

法国、英国、荷兰、奥地利、德国等欧盟成员，土地面积较小，牧业经济属于集约经营型国家。这些国家的共同特点是草原面积比耕地面积略小，但畜牧业产值大于种植业产值，60% 的畜牧业产值由牧草转化而来。这类国家资本和技术实力雄厚，在发展畜牧业经济过程中，选择了以机械作业为主、资本密集和技术密集的集约化家庭农场发展道路。

法国是西欧最大的农业生产国，畜牧业在法国农业中占有非常重要的地位。法国牧草面积 1490 万 hm^2，占国土总面积的 23.5%。草场中永久性草地面积约为 1140 万 hm^2，占农业用地面积的 40%（周禾，1995）。永久性草地主要分布于山区及自然条件比较恶劣的地区，管理经营比较粗放，生产力也较低，永久性草地又分为刈割草地、常年放牧草地和高山草地，三种类型草地面积均等，各占永久性草地面积的约 1/3。刈割草地主要用于生产冬季家畜补饲所需的干草，高山草地主要用于夏季放牧。永久性草地的主要牧草品种为黑麦草、鸭茅、早熟禾、三叶草等。

与永久性草地相比较，人工栽培牧草的面积还不到永久性草地的一半，但其所能提供的饲草料总量却与前者近乎等同。从 20 世纪开始，人工种植牧草随着集约化程度不断提高，其发展趋势为：单一豆科牧草种植面积减少了近 80%，需要耗费大量管理时间的饲用作物也缩减了近 3/4，而以禾本科牧草为主的人工草场增加了 3 倍，其中禾本科（鸭茅、羊茅、猫尾草、黑麦草等）与豆科牧草（苜蓿、三叶草、红豆草等）混播的人工草地面积基本维持不变。至 1970 年以后，又出现了一个新趋势，即青贮玉米的种植面积逐年增加，目前已稳定在 150 万 hm² 左右，占饲草料种植总面积的 8%。濒临大西洋的整个西部畜牧业生产区中，1/5 的饲草料来源由青贮玉米提供，诺曼底以及法国东部的某些饲草料种植区，青贮玉米所提供的饲草料资源份额也高达10%。

发达的家庭牧场是法国畜牧业的主体，近年来家庭牧场规模不断扩大，农业机械逐渐普及，养殖业从原来的零星饲养开始向企业化、专业化饲养方向转变，集约化生产使得劳动成本降低，生产效率提高。高度发达的牧草产业为养殖业的发展提供了保障，其中牧草生产的区域化和专业化、经营管理的集约化、生产手段的机械化等发挥了重要作用，同时也有赖于牧草及饲用作物新品种的大量推广利用和栽培管理新技术的应用。除此之外，法国各地也广泛使用家畜复合饲料（基本上是谷物和蛋白饲料）以及农作物的各种副产品，如秸秆、豆饼、油籽饼等。饲草料来源的多样性，不仅给家畜养殖带来了极大的便利和随意性，同时也为畜牧业地区多种多样生产经营体制的建立奠定了物质基础。

荷兰拥有农业用地 249 万 hm²，其中草地牧场面积约 133 万 hm²，耕地面积约 102 万 hm²，园艺业面积约 15 万 hm²。畜牧业是荷兰国民经济的主导产业，占农业总产值的 70% 左右。国内用于种植牧草和饲用玉米的土地面积为 115 万 hm²，约占全国农业用地面积的 67%。荷兰对牧草实行与经济作物、粮食作物一样的精耕细作，草地几乎全为人工草地，主要种植黑麦草和苜蓿，其中 70% 的人工草地用于放牧，30% 用于制作青贮和干草。荷兰以家庭为基本单元的经营管理模式，实现了草地建设与管理的科学化，理论研究与实际生产的紧密结合，推动了草地畜牧业的持续发展。此外，荷兰还十分重视良种选育和培养草地专门技术管理人才，有完整的良种繁育体系和专门的草地技术管理学校。

畜牧业也是英国农业中的重要产业，产值约占农业总产值的 2/3。英国牧

场面积接近全国总面积的一半，为畜牧业服务的饲草料种植面积又占了全国
耕地面积的一半。苏格兰 85%的土地是高质量的草地，养羊和养牛是主要的
农业活动，威尔士 99%的草地为家庭牧场（祝钧等，2012）。其他欧盟国家，
如德国、意大利、奥地利，也是以家庭农场为主的畜牧业经营方式，但他们
已经不是我国传统意义上的小户养殖，而是生产规模较大，机械化程度高，
管理方法科学，种植、养殖、生产、经营一体化的生产体系，具有完整的生
产科研体系和完善的法律法规保护措施。此外，欧盟国家都非常重视青贮玉
米的加工和利用，广泛使用青贮饲料，每年青贮玉米种植面积约占玉米种植
面积的 80%，达到 400 万 hm^2 以上，其中法国 158 万 hm^2、德国 133 万 hm^2
（杨国航等，2013）。英国、丹麦、卢森堡、荷兰等国种植的玉米也基本用于
制作青贮饲料。

（四）日本和韩国

日本境内多山，耕地面积 555 万 hm^2，仅占国土总面积 14.8%。过去日
本粮食单产不高，生产的粮食仅够居民果腹，没有多余的耕地生产畜牧业所
需的饲草，畜牧业一直不发达。随着农业科技的快速发展，粮食单产有了大
幅度的提升，再加上居民饮食结构的调整，对畜产品的需求增多，于是催生了
日本国内的饲草料产业。

在 20 世纪初期，日本改变饲养家畜完全依赖天然草地放牧的做法，开始
大力推广人工种植割草地和放牧草地。在人工草地建立初期，禾本科和豆科
牧草单播比例很大，约占一半，70 年代左右，豆科、禾本科牧草混播面积
逐渐扩大，到 90 年代上升到 90%。人工割草地采用的组合多为以下三种：
①紫花苜蓿、鸭茅、猫尾草；②红三叶、苜蓿、鸭茅、猫尾草；③苜蓿、猫
尾草、牛尾草（*Rabdosia ternifolia*）。人工放牧草地，要求耐践踏，主要组合
有：①白三叶、猫尾草、鸭茅；②苜蓿、猫尾草、高羊茅。北海道是日本重
要的畜产品基地，产量居日本前列，共有 60 万 hm^2 的草地及人工草场，占全
国牧草总面积的 80%左右，每年可生产 2000 万 t 饲草料，其中青贮饲料占
31%。道南气候温暖，是集约化农业区，草地面积仅占全道牧草面积的 5.2%；

道中是以水稻为主体的农业区，牧草面积占全道的 2.7%；道东北可分为旱作区和酪农区，牧草面积分别占全道的 28.5%和 43.6%。北海道的栽培牧草主要为猫尾草、鸭茅、红三叶、白三叶和苜蓿。

目前，日本的畜群饲养主要以户养为主，并辅以多种经营形式。日本人多地少，耕地面积有限，且草地资源不丰富，但是在牧草专用地面积几乎没有变化的情况下，畜牧业却在快速发展。1980 年牧草专用地的面积为 428 万 hm^2，到 2005 年也仅为 430 万 hm^2，其中还有年份专用地的面积下降为 368 万 hm^2，饲草料供不应求的矛盾越来越突出（日本统计年鉴，2011）。1965 年饲料自给率为 59.4%，1972 年为 49.3%，1979 年下降到 41.8%，目前 60% 以上的草料靠进口。日本针对饲草料不能自给这一严重问题，采取了各种有效措施。首先，广辟饲料来源并加以合理利用。1975 年水稻生产过剩后，日本将部分稻田改为种植饲草料作物或与饲草料作物进行轮作。同时，为了提高土地利用效率，农户开始种植高产的饲用作物，如玉米、高粱（Sorghum）、大麦（Hordeum vulgare）、燕麦（Avena sativa）等。目前，几乎所有生产单位或农户都种植玉米，一般每公顷能生产 60~70t 青饲玉米。近几年，虽然日本畜牧业飞速发展，但从国外进口的饲用玉米量从 1995 年到 2010 年都稳定在 1.1 亿 t 左右，饲用高粱的进口量则从 1995 年的 2051 万 t 下降到了 2010 年的 1318 万 t，说明广辟饲草来源这一措施收效显著（日本统计年鉴，2011）。日本的自然气候条件特别适合水稻的生长，长期种植水稻使土壤形成了一系列独特的适于水稻生长的理化特性，而不利于其他旱地作物的生长，因此日本将思路转向饲用稻的开发，并通过各种牧草加工工艺来提高饲用稻的消化率和适口性，充分利用已有资源，大力开发饲用稻。其次，日本的青贮技术十分发达，其原料来源很广，除了牧草，还可将农副产品如稻草秸秆、薯类、萝卜、甘蓝的残叶等和食品加工副产物如各种粕、渣等进行青贮。此外，日本的机械产业高度发达，饲草的播种、管理、收割、加工、运输等方面已经基本实现了全程机械化，避免各个环节对牧草造成的不必要损失，节约了人力资源，提高了生产效率。

日本牧场管理已形成产、供、销一条龙系统工程，重视产业化进程，强调产品的深加工和精加工，重视畜产品出口，提高科技在牧草产业中的贡献率，这一系列措施使得牧草产业在日本得到了空前的发展。

韩国是亚洲仅次于日本的第二大农产品进口国，国内畜产品消费对进口的依存度较高。其国内农业用地面积为 180 万 hm^2，占国土面积的 18.6%，永久性草场面积 5.8 万 hm^2。韩国畜牧业面临着和日本相似的问题，耕地面积小，饲草料主要依靠进口。从 20 世纪 60 年代开始，韩国几乎已经变成一个纯粹的农产品进口国家，农产品进口在饲料和饲料原材料的供应中发挥着重要的作用。韩国饲料构成中的植物性原料缺乏，75%需要从国外进口。其中谷物进口量占 54%，主要从中国、美国、加拿大和巴西进口；油菜籽饼是进口量较大的饲料原料，主要来源是中国、印度和美国，玉米、高粱、大豆饼也主要从中国进口。

二、基本做法

（一）重视发展草业经济

现代化农业国家的人工牧草是种植业的第一大产业。出口谷物最多的美国和加拿大，人工牧草面积高达 40%，荷兰、法国、英国、德国、新西兰等国家 50%以上的耕地种植牧草。人工牧草在所有农作物中经济效益最高，一方面，牧草单位面积合成的生物量多；另一方面，牧草产业的生物链和产业链长，增加了追加值和附加值。此外，牧草多为多年生植物，可以有效防止水土流失。饲用谷物在发达国家中占谷物总面积的一半多，是种植业的第二大产业，包括饲用水稻、饲用麦类、饲用玉米、饲用高粱、饲用薯类等。近年，欧美等国青贮玉米种植面积逐年增加，成为主要饲用作物之一。与食用谷物相比较，饲用谷物生物量和蛋白质更高，适应性更强，种植面积在现代农业中仅排在牧草种植面积之后，居第二位。

牧草产业发达国家的牧草生产除了满足国内需求，还大量出口。例如，美国的干草生产中，苜蓿草粉和草捆每年的出口金额超过 5000 万美元，加上苜蓿与禾本科混播干草及其他牧草的干草产品，产值达到 133 亿美元。干草产品用于饲养奶牛、肉牛、羊、禽，其产值达 1400 亿美元，草地农业已成为美国农业的主要组成部分，为美国带来了巨大的经济效益。

（二）养殖业为现代农业战略主导产业

荷兰、丹麦、英国、法国、德国、新西兰、澳大利亚等国，养殖业产值占农业总产值的 50% 以上，有些国家则高达 70%，远高于传统种植业产值。发达国家，草地畜牧业单位面积产值比种植业高出 1～8 倍，国际上畜牧业发达的国家都把发展草食畜牧业作为发展农业的重大国策。

据 2002 年美国农业普查数据显示，美国当年农业总产值为 2006.5 亿美元，其中畜牧业产值为 1055.0 亿美元，占 52.6%；粮食及经济作物等种植业产值为 951.5 亿美元，占 47.4%。畜牧业在美国农业生产中占据半壁江山。而在畜牧业产值中，以优质饲草为基础的奶牛业和肉牛业产值合计达 654.1 亿美元，占 62%。北美及欧盟各国，以及澳大利亚和新西兰等发达国家都高度重视养殖业的战略地位，而养殖业在产业化、组织化等方面的发展也非常迅猛。

（三）根据养殖业发展需求调整种植业结构

发达国家以养殖业为主导进行农业结构调整，形成了种植业和养殖业良性循环。为了满足养殖业对饲草的需求，其种植业结构已发生显著变化。

美国为了支撑养殖业发展，努力扩大在国际上有竞争力的玉米生产，促进高粱、燕麦的生产发展并转化为饲料。奶牛和肉牛业发达的州通常也是优质牧草与草种生产集中的地区。2012 年美国饲料用作物的种植面积和产量不断创出新高，玉米种植面积约为 3901 万 hm^2，大豆种植面积为 3079 万 hm^2，牧草种植面积基本维持在 2005 万 hm^2，人工草场在全部草地面积中的比重已达 15%。

种植业在欧洲农业中一定程度上是从属于畜牧业的，其主要任务是保证畜牧业有可靠的饲料基地。20 世纪 70 年代后，法国畜牧产值一直维持在占农业总产值的 60% 以上。在不到 40% 的种植业中，生产结构也随着养殖业发展与产业化经营的进程不断优化，以禾本科牧草为主的临时草场面积迅速增加，70 年代以后青贮玉米种植面积也逐年增加。

（四）通过规模化促进种植业现代化

规模化是种植业实现集约化经营、标准化生产和产业化开发的基础，推进适度规模经营已成为发展现代种植业的理性选择。20 世纪 60 年代以来，无论是人多地少还是人少地多的国家，都不同程度地采取了扩大农户种植经营规模的做法，以促进种植业现代化发展。从运营状态看，这些国家均注重建立农业经济合作组织，优先发展农用机械工业，充分依靠科技进步，注重提高劳动生产率和土地产出率，实现机械化作业、集约化经营。

美国等发达国家规模化种植业发展的事实表明，农业经营规模与市场绩效之间明显存在正相关关系，伴随着规模的扩大，专业化与现代化水平不断提高。主要体现在以下几个方面：①技术密集，具有先进的种植、病虫防控等技术；②人员结构优化，以家庭成员及少数雇员为主，从业人员具有较强的相关专业知识和技能；③机械化程度高，拥有与种植规模相适应的设施和装备，自动化与机械化水平较高；④规模因地制宜，根据不同的地区、不同的养殖种类、不同的发展阶段等灵活调整种植规模，以适应养殖业发展需求；⑤以生态化为引领，现代种植业作为发展生态农业的基础产业和集中应用领域，发展趋势为追求产业经济与生态环境、社会发展的统一协调。

（五）建立强大的农民合作组织推进产业化进程

农民合作组织的发展在国外已有 150 多年的历史，已成为市场经济条件下发展农村经济的一个重要组成部分。目前，法国有 13 000 多个农业服务合作社，4000 多个合作社企业，90%的农场主是农业合作社的成员；日本有综合农协 2500 多个，专业农协 3513 个，全国 100%的农民以及部分地区的非农民参加农协；瑞典 90%的农民是农民联会成员（姚於康，2003）。

以美国大农场为代表，在大农业基础上采取跨区域合作社模式是当今西方发达国家农业合作社运作的基本模式。美国农业合作经济组织形式多种多样，有农业合作社、农工商联合体、联营制等，以共同销售为主，一般一个专业合作社只经营一种产品，对该产品进行深度开发。这种开发不仅包括销售，而且包括运输、储藏以及产品的初加工和深加工，充分体现了大农业产业化、现代化的特点。纵观发达国家农民合作组织的建立与发展，可以归纳出以下共同的特征。

1. 农民合作组织与农场是平等、独立的关系

发达国家的农民合作组织都是建立在家庭农场的基础上，农场加入合作组织后仍是一个自负盈亏的独立经济单位，保留土地和生产资料的私有制，拥有完全的自主决策权。

2. 农民合作组织是自发形成的服务性组织，具有相对完善的组织管理制度

发达国家所拥有的各种形式、各种领域的农业合作组织是由广大农民自发建立起的群众性组织，不具备政府的管理职能。发达国家特别重视农民合作组织的建章立制，在会员的权利与义务、机构运作、收益分配等方面都有严格的规章制度。

3. 在减少政府过多干预的基础上依靠市场推动

政府不干预合作组织的业务经营和内部管理，与合作组织是法律上的平等关系。政府的作用在于制定法律法规，建立完善的保障机制，为合作组织提供一个宽松而有序的发展空间，使合作组织在市场机制的作用下不断成长和壮大。

4. 政府强有力的政策支持和帮扶

一是税收政策优惠，美国、德国、日本对农民合作组织往往采用减税、低税或免税的优惠税收政策，美国农民合作组织税收约为工商企业的 1/3 左右，分配给成员的红利、惠顾返还金及其他收入则享受免税待遇；二是财政上的政策倾斜，美国政府每年给农民合作组织发展中心拨款 25 万美元，用于支持新的合作组织发展，日本政府对"农协中央会"的事业费给予补贴（郭翔宇，1995）；三是金融上的政策帮扶，美国由政府帮助建立的农业信贷合作体系专门向农场主和合作社提供信贷支持，德国政府给予信贷合作社一定的财政补贴支持信贷合作社向农民提供低息贷款。

5. 发达的农民教育培训体系

美国、德国、日本等发达国家高度重视提高农民素质，以立法的形式明确农民培训的地位、内容和保障条件，规范政府有关部门、培训机构和农民自身的责任与义务。各国政府不仅成立了遍布城乡的农民教育培训组织机构，而且在教育培训形式和内容等方面也更贴近农户需要。

（六）制定健全的法律法规确保种植户利益不受损害

发达国家健全的法律法规对于保护农户的积极性，保障饲草料以及养殖业生产安全，提高农业生产力等都发挥了显著成效。其主要措施有以下几点：

（1）政府注重基础性投入，将草场资源的保护和科学技术的推广作为支持的重点内容。例如，美国 2002～2007 年财政每年授权 6000 万美元的拨款，鼓励采用可持续放牧方式，如轮牧或适度放牧等，以保护草场发展（翟雪玲和韩一军，2006）。另外还出台草地储备计划，帮助土地所有者种植牧草，恢复草地。

（2）补贴方式由价格支持转向收入支持，补贴环节由流通领域转向生产领域，从而减少直接价格补贴对农产品市场供求的扭曲效应。

（3）补贴重点是农业生产要素，注重提高农业生产能力。发达国家为了保持农业的可持续发展和领先地位，非常重视在农业生产要素领域的投入。例如，美国长期以来一直向农业生产者提供低息贷款，使其有能力购买生产资料和新式农业机械，提高劳动生产率。为了提高农业科技水平，美国政府从 2002 年之后的 6 年内每年增加 13 亿美元用于农业科技的研发。

（4）高度重视环境保护和食品安全。欧盟 2003 年 6 月正式确定了农业补贴与环境保护完全挂钩的农业支持法规，从而使环境保护成为农业补贴的核心。目前，欧盟仍在实施的农业补贴措施中的很大一部分都是以环境保护和食品安全为目的。

（5）价格补贴在支持农业生产方面发挥着基础性作用。例如，美国的营销贷款支持、欧盟的干预价格等形式不同的农业法规，其实是政府对农产品设定最低保护价的不同表现方式。

三、主要启示

（一）提高牧草产业的地位是推动种草养畜产业发展的前提

长期以来，受"以粮为纲"传统指导思想的影响，我国饲用作物和牧草的种植与生产没有得到足够的重视。从目前的状况来看，近年来畜牧业质量和安全问题突出，有力拉动了国内对优质饲草料需求，使得进口量迅速上升，对国外市场的依存度加大；从未来发展趋势上看，以目前耕地减少速度和人口增加率，到2030年靠有限的耕地不能满足16亿人口的粮食需求（韩建国，2001），这就要求我国减少饲养耗粮畜，增加草食畜，将人类不能食用的草、农副产品等转化为人类可利用的畜产品，有效缓解资源的稀缺。所以，重视牧草产业的地位，调整种养业结构，有计划地完善牧草产业体系的建设是形势发展提出的迫切要求。因地制宜发展牧草产业，逐步从传统农业生产中分离出来，使之成为一个独立化、专业化的产业，注重产前、产中和产后的链接，带动、促进一系列产业链的发展，从而提高整个农业系统的效率，是非常必要的。

（二）推进牧草产业适度规模经营是种草养畜产业发展的方向

从国外经验及发展趋势来看，农区发展饲用作物，减轻天然草场和人工草场过牧压力，且经营规模扩大化和生产集中化是牧草产业发展过程的重要特征，也是我国发展牧草产业应选择的方向。扩大生产规模的同时，投入相应的资金和技术资本，降低单位生产成本，增加生产收益，则是规模化的发展目标。

美国、加拿大和欧盟各国以及澳大利亚和新西兰的草地农业经营模式虽然各不相同，但其共同特点都是根据本国或本地区自然资源、科技水平、市场环境等因素因地制宜发展形成的。我国土地资源紧缺、人力成本较低，在大量投入资本技术的同时转移出来的相应劳动力无处安置，会给社会造成压力，所以在发展道路的选择上不能完全照搬发达国家的经验。同时，大规模统一化发展牧草产业要求高度发达的配套措施和技术支持，否则将会影响牧草产业的可持续发展。而欧盟、日本的模式，有利于我国在土地、资金、技术等资源制约下，通过适度规模化促进现代化的实现，较好地解决农村就业问题。借鉴欧盟等国的经验，在我国适宜农区适度规模发展饲用作物，拓展青贮饲料和干草原料来源，保障草食畜饲草料的全年均衡供应，促进畜牧业重心逐步向农区转移，应是我国未来现代化农业的发展方向。同时，在具备天然草原的地区也应改变目前的放牧方式，学习澳大利亚和新西兰的经验，引入科学技术，发展现代草原畜牧业。

与发达国家相比较，我国牧草产业存在自动化程度低、组织化和产业化弱、从业人员科技素质低等问题。在发展饲用作物适度规模种植同时，我国整体上还应借鉴欧盟、日本的适度规模化经营模式，坚持以家庭牧场为主的多元化发展道路。

（三）保障牧草数量质量安全是发展种草养畜产业的核心

近年来随着我国畜牧业的发展，草种和草产品需求量呈快速增长的趋势，但我国草产品生产水平低，国产草种和饲草产品数量严重不足，且质量较差。优质草产品数量的短缺导致饲草料严重依赖国际市场，在 2008 年奶业"三聚氰胺"事件后进口草种和饲草产品市场占有率不断增加，国际市场在一定程度上制约了我国畜牧业发展，因此，加快发展国内饲草料产业，研发适宜我国环境的牧草品种，提高生产效率，加大生产量是目前需要解决的首要问题。草产品的质量直接影响下游畜牧产品的质量，在牧草收割和调制过程中造成的发霉腐烂、农药残留及病虫害等问题，使得草产品产量和质量降低，制约了畜牧业的发展，这也是当前我国牧草产业普遍存在的问题。保障牧草数量质量安全已成为发展草食畜牧业的核心，加强草种和饲草产品的监管迫在眉睫。牧草种子是发展牧草的重要物质基础，需尽快建立起我国牧草种子质量监督检查机构网络，制定各项种子检验制度，保证种子生产者、使用者和销售者的利益，健全种子出售后的技术指导服务，科学种植与规范管理，保证牧草产量与质量。我国虽已颁布 100 余种牧草种子和有关草粉、草颗粒等产品的质量评定标准，但随着加工工艺的不断改进，将会开发出不同规格和质量的草产品，相应的草产品质量标准也需要进一步完善。同时，还应注重检验人员素质的培养提高，加强业务培训，提高业务水平，定期进行资格审查，以保证种子及草产品检验工作的质量。

（四）依托科技支撑是促进种草养畜产业快速发展的关键

牧草产业发达国家对草产业科学研究工作十分重视，不仅科学研究机构和科研人员稳定，而且经费充足，研究手段先进，研究内容紧密结合生产。首先，发达国家重视研究机构的建立与投入。新西兰有 6 个专门研究山地草原改良的草原研究站，3 个土壤化验中心，政府每年为其提供充足的经费；澳大利亚的科研机构分中央和州两级，都建有仪器完善的实验室和试验农场，广泛应用计算机、激光、红外线等先进技术设备。其次，重视牧草资源的保存与开发，保存牧草种质资源、改进品种质量、提高牧草生产潜力是发达国家牧草科研的重点。从 20 世纪 50 年代开始美国培育大量的牧草品种，美国农业部、各州的农业实验站、各州的州立大学以及各大种子公司投入了大量的人力和经费进行牧草品种选育，每年有几十个牧草新品种问世。再次，建立完善的科技推广体系。发达国家的科学研究以生产实际需求为导向，注重科技创新的实用性。例如，美国拥有多级的牧草推广系统——联邦农业推广部、州农业推广局、镇农业推广经理及农业推广负责人，形成一套完整的牧草研究与推广应用网络，使得科研成果的转化率在 60% 以上。目前，我国科技在牧草产业上的贡献率与发达国家相比还有一定差距，主要原因是科研系统的建设不完整，自主培育的牧草品种少，科技推广体系不健全。我国应在进一步加大科研投入的基础上，大力推进牧草科研的自主创新和推广应用，从而引领牧草产业成为一项由科技支撑的可持续发展产业。

（五）加大资金投入和政策扶持是保障种草养畜产业持续健康发展的 必要条件

政府提供的政策和资金支持是对本国农业扶持与保护体系中最主要和常用的手段，可以对农业的发展起到导向和保护的作用。欧美等国对畜牧业的支持政策主要有四大类：一是政府基础性投入政策；二是收入支持政策；三是价格支持政策；四是促销计划投入政策。发达国家对本国畜牧业的支持力度很大，如欧盟畜牧产业从事者的收入中，40%以上来至于政府的资助；支持手段灵活多样，如美国的支持体系包括价格支持、直接补贴、出口促进、粗放化经营补贴、牧场补贴、草场保护补贴等；支持范围广，几乎包括了生产、储存、销售的各个环节，形成了多手段的支持体系（翟雪玲和韩一军，2006）。长期以来，我国对农业的投入主要集中在种植业领域，专门针对畜牧业和牧草产业的支持很少，而且政策零散，没有形成一个较为完善的政策支持系统。我国对畜牧业的政策支持还处于起步阶段，应加强相关的基础研究和政策研究，系统了解国内现有状况以及存在的问题，深入研究发达国家的发展经验，再根据我国目前的状况，针对不同畜牧产品和牧草产品的特点和面临的形势，采取多种政策支持形式，逐步建立和健全相互配套的支持体系。

主要参考文献

高明, 田子玉, 蔡红梅, 等. 2008. 我国与美国玉米生产的差距浅析. 玉米科学, 16(3):147~149

郭翔宇. 1995. 西方发达国家农民合作组织的共同特征及其启示. 中国农村经济, (4):59~62

韩建国. 2001. 我国草业发展的前景广阔. 农机市场, (1):8~9

吉呼兰图. 2002. 集约化经营是草原畜牧业发展的必由之路——对澳大利亚、新西兰草原畜牧业的观察与思考. 理论研究, (3):43~44

李锐, 郝庆升. 2012. 美国玉米深加工的发展经验. 世界农业, (10):28~31, 41

日本统计年鉴. 2011

时彦民, 白史且, 左玲玲, 等. 2005. 加拿大的草地畜牧业. 中国牧业通讯, (21):68~71

杨国航, 吴金锁, 张春原, 等. 2013. 青贮玉米品种利用现状与发展. 作物杂志, (2):13~16

姚於康. 2003. 发达国家农民合作经济组织的发展经验及启示. 世界农业, (12):11~14

翟雪玲, 韩一军. 2006. 发达国家畜牧业财政支持政策的做法及对我国的启示. 中国禽业导刊, (10):15~19

中华人民共和国商务部. 2009. 澳大利亚农业概况. http://www. Mofcom. gov. cn/article/i/dxfw/nbgz/200904/ 20090406188419. shtml

周禾. 1995. 法国的草地农业. 世界农业, 11:19~20

祝钧, 张新跃, 周俗, 等. 2012. 英国瑞士草地畜牧业与草地生态保护考察和启示. 四川畜牧兽医, 39(9):6~8

Bouton J. 2007. The economic benefits of forage improvement in the United States. Euphytica, 154(3):263~270

Canada Yearbook. 2011

Charles G, Daniel H P. 2008. Irrigated alfalfa management. University of California Agriculture and Natural Resource, 1~29

Charlton J F L, Belgrave B R. 1992. The range of pasture species in New Zealand and their use in different environments. Proceeding of the New Zealand Grassland Association, 54:99~104

Ewing M A, Loi A, Norman H C, et al. 2000. The pasture and forage industry in the Mediterranean bioclimates of Australia. Ciheam, 469~476

The US statistical Yearbook.2008

USDA-national agricultural statistics service. 2011

第三部分　调　研　报　告

调研一　四川省宣汉县、大安区种草养肉牛调研报告

近年来，我国牛肉生产量虽大幅度增加，但人均牛肉消费量尚不足世界平均水平的一半，仍不能满足人们膳食结构变化和物质生活水平提高的需要。因此，大力发展以牛羊为主的草食牲畜是我国畜牧业结构调整的重要内容。随着我国传统牧区以生态保护为主战略的实施，草食畜牧业发展的重心已开始由传统牧区向农区转移。目前，我国农区肉牛数量已超过传统牧区，成为肉牛主产区。截至 2009 年年末，我国南方地区肉牛存栏量已达 2414 万头，占全国存栏量 41%，其中四川省肉牛存栏 989.2 万头，居全国第 2 位。四川省宣汉县和大安区（以下简称两区县）肉牛养殖优势明显，存栏量和出栏量均居该省前列。为深入了解两区县在种草养肉牛方面的做法和成效，2012 年 11 月 4 日～6 日、2013 年 11 月 10 日～11 日，项目专题调研组先后两次在宣汉县畜牧食品局、农业局，普光镇铜坎社区肉牛养殖户和大安区畜牧局、农业局，庙坝镇柑子村、庙坝村等进行了较为深入的调研，并就种植业结构调整、种草养畜等问题同畜牧、种植方面的专家及养殖户座谈，进行广泛的交流。现将调研结果报告如下。

一、两区县基本情况

宣汉县隶属达州市，位于四川盆地东北边缘大巴山南麓，面积 4271km²，辖 54 个乡镇，497 个行政村和 70 个社区，总人口 131 万，其中 85% 为农业人口，是四川省农业大县、人口大县，也是川陕老革命根据地和国家扶贫工作重点县。该县地处四川、陕西、重庆交界处，地势东北高西南低，平均海拔 780m，有"七山一水两分田"之称，为四川省丘陵山区大县。境内河流属嘉陵江水系，为亚热带湿润气候，四季分明，气候温和，雨量充沛，无霜期 200 天以上，年均日照 1596.8h，年降水量 1322mm，年均气温 16.8℃，适宜

多种农作物生长。全县耕地面积 5.9 万 hm^2，其中水田 3.69 万 hm^2，旱地 2.24 万 hm^2。宣汉是全国产粮大县和优质油菜生产基地、全国第二大油桐基地。宣汉县曾被列为国家级秸秆养牛示范县和全国商品牛基地县。2010 年农民人均畜牧业现金收入 1856 元，其中牛业收入 410 元。2011 年，该县被四川省列为第二批现代畜牧业重点县，是四川、重庆两地第二大奶源基地，四川省肉牛主产地之一。

大安区隶属自贡市，位于四川南部丘陵区，面积 400km^2，辖 9 镇 3 乡 4 街道，总人口 46 万，其中农业人口 29.6 万。该区群丘起伏连绵，地势北高南低，海拔在 273～451m。境内属亚热带湿润气候，四季分明，无霜期长，雨量充足，年均气温 17.8℃。大安区为自贡城市中心区的重要组成部分，是传统工业基地、农副产物供应基地和文化旅游区，以及全国基层就业和社会保障服务设施建设试点区，具有典型的城郊型经济特点，2008 年被省、市列入城乡综合配套改革重点突破区。全区现有耕地 1.43 万 hm^2，粮食作物以水稻、玉米、红苕、小麦为主。近年来，大力发展"川南肉牛之乡"、"川南肉兔之乡"、"川南花椒之乡"和"中国观赏鱼繁育基地"等农业特色产业，成效显著。2011 年，全区农林牧渔业总产值 1.5 亿元。

二、种养业发展现状

宣汉县常年种植玉米 3 万 hm^2，水稻 2.62 万 hm^2，油菜 1.33 万 hm^2，粮食总产量 61 万 t，人均占有量 460kg。该县有种植三季玉米的耕作习惯，具体为春玉米 3～4 月播种，7～8 月收获；夏玉米 5～6 月播种，主要是用来收获嫩玉米；秋玉米 7 月播种，9～10 月收获。

宣汉县发展草食牲畜业资源优势明显。宣汉黄牛系国家地方优良牛种，被载入《中国牛种志》和《世界牛种志》。历经近 30 年选育的"蜀宣花牛"，于 2012 年通过国家畜禽遗传资源委员会品种审定。2011 年底，全县牛存栏 21.7 万头，出栏 15.5 万头，牛存栏量和出栏量均具全省前列；山羊存栏 23.0 万头，出栏 36.0 万头。同年，全县牛羊肉产量 2.48 万 t，牛奶产量 1.6 万 t，畜牧业产值 34.2 亿元，占农业总产值 46.2%。肉牛养殖在该县畜牧业结构调整和农民增收方面，发挥着越来越重要的作用。近年来，该县肉牛养殖呈现出规模养殖发展迅速，良繁体系不断完善，龙头企业快速发展和市场流通逐步规范的态势。按照"适度规模、相对集中、连片发展"的要求，在全县发展肉牛适度规模养殖，已建成东源牧业、君坝等多个肉牛养殖场（户、小区）。目前，全县规模养殖户（3～5 头能繁母牛，10～20 头育肥牛）达 1100 户以上，100 头以上 30 户。2011 年年底，全县肉牛规模养殖场（户、小区）出栏肉牛 8.7 万头，规模养殖比重达 60.3%。肉牛养殖正向规模化、标准化方向发展。现有县级牛改工作中心 1 个，基本建成县、乡、村三级良种繁育体系，人工授精受胎率达 88% 以上。2011 年全县黄牛改良 6.7 万头，其中冻精人工配种 3.2 万头，黄牛改良率达 72%。全县牛肉加工企业已由最初的 40 多家，整合到以"佳肴"、"巴人村"、"巴人情"等品牌为代表的 8 家，具年屠宰 10 万头肉牛的加工能力。由佳肴食品公司投资 2000 万，新建的 10 万头肉牛生产线即将投入运营。肉牛加工产品主要是牛肉干、手撕牛肉等。全县已建立和完善肉牛交易市场 27 个，以蜀宣花牛专业合作社、吴家梁肉牛交易市场等为重点，年组织对外销售宣汉黄牛及其杂交牛 10 万头以上。

　　大安区农作物以玉米、水稻、小麦、红苕为主。常年种植水稻 0.53 万 hm^2，玉米 0.4 万 hm^2，蔬菜 0.33 万 hm^2。2011 年全区出栏家兔 500 万只，川南黑山羊 13 万只，肉牛 2.8 万头，其中肉牛养殖是该区畜牧业结构调整的一个新的突破点和经济增长点。2002 年，该区庙坝镇庙坝村 1 组一农户引进 4 头肉牛进行养殖，获利 4400 元，其余农户便陆续开始肉牛养殖。2007 年，大安区政府对资源进行整合，全面启动肉牛养殖，把肉牛养殖作为统筹城乡产业发展的主导产业和促进农民增收的突破口，先后出台了《加快推进肉牛产业发展，建设川南肉牛之乡的意见》、《现代畜牧业扶持资金管理办法》等政策，优先支持肉牛养殖示范村和规模养殖场发展。在财政支持方面，对新建圈舍每头牛补贴 150 元，主要疫病（口蹄疫）由国家承担，平时消毒等由区畜牧站统一管理。另每头牛参保 180 元保险，其中农户承担 40%，区财政和市财政各承担 30%。现已初步形成以庙坝镇、何市镇为中心的肉牛产业带。2011年，全区已建成肉牛示范村 8 个，共有肉牛养殖户 1350 户，出栏肉牛已占自贡市出栏总数的 48.7%。大安区庙坝肉牛专业合作社被评为"中国 50 佳农民专业合作社"，申请注册了"庙坝"牌肉牛商标。以长明集团为龙头的牛肉深加工体系已经形成，"火鞭子牛肉"地理标志产品已得到国家质检总局受理。

三、饲草料资源开发利用现状

宣汉县和大安区地貌类型同为丘陵，在可利用饲草料资源方面，有着类似的情况，主要是草山草坡、作物秸秆、饲用作物和酒糟类等粮食加工业副产物。

（一）草山草坡

宣汉县和大安区山坡面积较大，气候适合多种野生牧草生长。宣汉境内有草山草坡 15.13 万 hm^2，大安区有草山草坡 0.13 万 hm^2。天然饲草品种有紫云英、扁穗牛鞭草、红三叶、白三叶、野豌豆、凤眼莲、聚合草、无芒雀麦、老芒麦等，为发展草食牲畜业提供了廉价的饲草资源。

（二）作物秸秆

宣汉县常年种植各类农作物 8 万 hm^2，可年产玉米、小麦、油菜等作物秸秆 100 余万 t，其中 50%以上是玉米秸秆。秸秆大多以初级利用为主，但已开始进行深加工。如 2012 年，蜀宣花牛养殖专业合作社投资 10 万元，新建青贮池加工玉米秸秆 580 余 t。

经估算，大安区各类作物秸秆总产量约 20 万 t。全区目前已修建青（微）贮池 1.5 万 m^3，购买牧草揉搓机 8 台，秸秆处理机械 20 台，并多次组织肉牛养殖户培训秸秆青（微）贮技术以及作物秸秆深加工后的综合利用方法。

根据调研组调研结果，目前两区县作物秸秆的利用率均较低，均在 10% 左右。

（三）饲用作物

近年来，宣汉县积极推广优质饲用作物，利用退耕还林（草）地、坡耕地、果园地等种植紫花苜蓿、三叶草等多年生高产优质牧草。2011 年，全县种植优质牧草 633.73hm²，其中多花黑麦草 436.4hm²，高丹草、苏丹草和墨西哥玉米 8hm²，其他牧草 189.33hm²。另外，还种植红苕等饲用作物 347.73hm²。种植模式主要有一年生黑麦草-水稻轮作、一年生黑麦草-高丹草轮作、一年生黑麦草-墨西哥玉米轮作等。

大安区种植饲用作物主要有'桂牧 1 号'、黑麦草、皇竹草、饲材兼用型竹子（广东引进）等，其中以'桂牧 1 号'种植面积较大。'桂牧 1 号'于 2008 年引自广西畜牧研究所，为抗逆性突出的多年生饲草，适合在坡耕地、田间地角等边际土地种植，在何市镇、庙坝镇牧草重点种植区域已推广 133.33hm²，亩产鲜草可达 12～15t，为夏季主要饲草来源。冬季主要是黑麦草，亩产鲜草 5～6t，年种植面积 200hm²。采取'桂牧 1 号'和黑麦草间作方式种植，保证了冬夏鲜草供应。另外，种植粮饲兼用型青贮玉米 266.67hm²。

（四）糟渣类粮食加工副产物

两区县积极开发饲草料资源，充分利用酒糟、粉渣、酱糟等粮食加工副产物作为肉牛的粗饲料，其中利用较多的是酒糟。酒糟是酿酒工业的副产物，可分为啤酒糟、白酒糟等，具有价格较低，粗蛋白、粗脂肪、粗纤维等营养成分含量较高的特点。除此之外，甘薯粉渣也被用做肉牛粗饲料。据初步估算，宣汉县部分养殖场酒糟使用量已占到粗饲料的 50% 以上。

大安区鼓励养殖户以糟类代替部分精料，提高农副产物利用率，主要从宜宾、泸县、隆昌、威远以及大安等酒厂购进白酒糟、木薯糟、啤酒糟等。目前，大安区应用较广的主要为白酒糟、木薯糟。畜牧部门推荐的饲喂方式为每头牛日饲喂总量 25kg，其中酒糟、饲草、精料所占比例约为 4：5：1。

四、养殖户典型调研

（一）宣汉县普光镇铜坎社区肉牛养殖户

养殖业主罗建桥，现年 39 岁，家有 5 口人，夫妇两人喂养肉牛。现有耕地 1 亩，借用其他农户撂荒地 2.5 亩，共种植萝卜 3 亩以作饲料。该农户养殖模式是购买犊牛育肥后销售。肉牛日饲喂酒糟或青贮玉米等粗饲料 10kg，精料 2～4kg。粗饲料中酒糟占 60%，青贮玉米占 20%，黑麦草、萝卜、野生牧草等青料占 20%。据该农户介绍，购买 3 个月大小犊牛，集中育肥 9 个月后，长到 550～600kg，可销售 1.3 万元，除去犊牛成本 4000 元、饲料成本 6000 元，出栏每头肉牛可盈利 3000 元。2011 年该农户出栏肉牛 112 头，销售收入 135 万元，盈利 36 万元。

（二）大安区庙坝镇庙坝村肉牛养殖户

庙坝村有居民 612 户，2215 人，其中 2/3 在外务工。全村有耕地 133.22hm²，经济林 13.33hm²。大春种植水稻 33.33～40hm² 亩，玉米、红苕套作 13.33～20hm²，豆类 6.67hm²，小春种植油菜 13.33hm²。全村种植牧草 13.33hm²。据该村村长钟华介绍，当地水稻产量 550kg/亩、油菜产量 150kg/亩，若全部请工种植，每亩年最多盈利 600 元。在当地生产条件下，一个壮年劳力，年可耕种 3 亩土地，不计劳动力费用，最多可收益 6000 元。由于受种植业效益较低及外出务工的影响，全村有部分田地没有耕种，初步估算有 6.67～13.33hm²。近年来，由于肉牛价格上升较快，该村肉牛养殖发展也较快，吸引了一些务工人员重新返乡从事养殖业。目前全村存栏肉牛 1000 余头，肉牛养殖户 150 户，约占该村农户的 25%。养殖户大都采用外购犊牛或架子牛，育肥后销售，养牛业收入占全村农业收入的 70% 左右。据调研，当地一个 60 岁左右劳动力，种植 3 亩牧草，无需其他饲料，可饲养 5 头育肥牛，年可盈利 2 万元。全村另有养猪户 40 余户，存栏 200 头，但由于猪价格波动大，养猪效益较低，甚至出现亏本。

养殖业主李佑驹，现年 61 岁，1987 年开始养鱼，后因效益不好，2007 年改为饲养肉牛。养殖方式为购买犊牛，粗饲料和精料搭配集中育肥后，销售肉牛。粗饲料主要是酒糟和鲜草，酒糟从四川宜宾等酒厂购买，鲜草通过种植'桂牧 1 号'和黑麦草解决。2012 年共种植牧草 20 亩，其中自有土地 2 亩，流转土地 18 亩。'桂牧 1 号'亩产鲜草 15t，可提供 4～10 月鲜草；黑麦草亩产鲜草 10t，可提供 11 月至翌年 3 月鲜草。据李佑驹介绍，每头犊牛日均饲喂酒糟 12kg、青草 10～15kg、精料 2.3kg，喂养 10～12 个月长至 500～

600kg，可销售1.8万元，除去犊牛成本7000元，饲料、防疫等7000元，出栏每头犊牛年可盈利4000元。若购买架子牛，饲喂3~4个月出栏，可盈利2000元。2012年该农户饲养育肥牛130头，出栏261头，盈利80余万元。全部用工除两老人外，尚雇用1人（工资2400元/月）。

五、种草养肉牛存在的主要问题

宣汉县和大安区作为四川省的肉牛养殖大区县，两地政府部门在支持种草养肉牛方面做了大量工作，也积累了丰富的经验，但仍存在一些问题，制约着两区县草食畜牧业的持续健康发展。

（一）重粮食生产，对饲用作物认识不够

受传统观念影响，种植业过分强调粮食生产，却忽略了玉米等已绝大部分用作饲料粮的客观事实。为保证粮食生产，国家先后出台了种粮补贴和良种补贴，但在现有政策下，这些补贴只能给第一轮承包户。他们中一些农民因外出务工，不再从事农业生产，土地撂荒或转租给其他农户，而真正耕种该土地的农户，却并未享受相应的补贴。在与大安区农户座谈中，农户反映该区种粮补贴86元/亩，良种补贴15元/亩，这些补贴直接划拨给第一轮承包户，因养殖规模扩大需要租用土地种植饲用作物的农户，却享受不到该补贴用于饲用作物生产。另一方面，部分养殖业主只注重养畜，轻视种植饲用作物，建场时没有规划种植饲用作物用地，依靠国外进口或北方省份购进牧草，存在"北草南调"状况，以致养殖成本高、经济效益差。

（二）国家畜牧投入偏重基础建设，轻视种草配套投入

据宣汉县畜牧食品局赵益元副局长反映，目前，国家在畜牧投入项目对业主进行补贴方面，偏重规划修建圈舍、青贮池、运动场、化粪池等基础设施建设资金补助和购牛资金补助，不注重规模种草、优质牧草品种、割草机械、草地灌溉设施等草地建设方面资金补助。项目验收时，也是仅凭以上基础建设作为标准，并未考虑项目实施后的可持续发展，造成一些项目通过了验收，却陷入牲畜无草可吃的尴尬局面。

（三）收获成本高，限制了作物秸秆资源的利用

作物秸秆是农业生产的副产物，用来养殖牲畜具有价格低廉的优势。据初步估算，两区县年产作物秸秆近 150 余万 t，而实际上作物秸秆总的利用效率不足 10%，在散户养殖中，由于不计劳动力投入，利用效率稍高一些。作物秸秆利用的主要困难是交通运输不便，很难实现机械化收获，收获、运输成本是秸秆利用的最大支出。大安区养殖业主钟朝志 2011 年利用秸秆 300t，仅收获的人工费高达 240 元/t。调研组在调研中发现，两地均有大量作物秸秆丢弃或焚烧的情况，一方面养殖户缺少饲料，另一方面却由于成本太高无法得到利用。

（四）优良饲用作物匮乏，饲草料生产风险较大

目前，大安区当家牧草是多年生牧草'桂牧 1 号'和黑麦草。多年生牧草栽培管理轻简，无需太多的劳力投入，特别适合丘区坡地种植，深受养殖业主喜欢。正因为有上述优点，'桂牧 1 号'在大安区得以快速推广。但自2008 年引进该品种后，尚未进行相应的提纯复壮工作。据庙坝镇养殖业主严洪介绍，'桂牧 1 号'已出现抗逆性变差、草产量降低等退化问题。过度依赖某一饲用作物品种，缺乏合适的后续品种，客观上加大了饲草料的生产风险，影响到养殖业的持续、健康发展。

致谢

真诚感谢四川省达州市宣汉县农业局、畜牧食品局，自贡市大安区农业局、畜牧局等单位的领导和专家的支持和帮助；特别感谢宣汉县普光镇铜坎社区肉牛养殖业主罗建桥、自贡市大安区庙坝镇庙坝村村长钟华、柑子村主任郭召鹏，以及养殖业主李佑驹、严洪、钟朝志等对此次调研的大力支持！

调研二　四川省简阳市种草养羊调研报告

随着经济社会的发展，农业生产面临着既要保证粮食安全，又要调结构、增效益的转型困境。与此同时，居民食物消费结构也在不断升级，草食型畜牧产品的需求量不断增加。因此，农业种养殖业在区域布局、产业种类的匹配和资源配置上步入了深化调整的新阶段。简阳市是四川省丘陵地区重要的畜牧生产大县，以简阳大耳羊为代表的肉山羊养殖已走上规模化产业化的发展道路。为了全面了解该市的种草养羊情况，2012 年 7～10 月，项目专题调研组先后多次到简阳市调研。调研组听取了简阳市政府相关领导的介绍，并与简阳市农业局、畜牧局、科技局领导，大哥大牧业有限公司、翔宇牧业科技有限公司负责人及种养大户进行了座谈交流，还深入简阳市正东农牧集团有限责任公司、简阳市平泉镇和施家镇的肉羊养殖大户，进行现场考察，了解公司与养殖户的生产情况。现将考察调研结果报告如下。

一、简阳市概况

简阳市位于四川盆地西部，龙泉山东麓，沱江中游。地势西北高、东南低，丘陵占全市总面积的 88.31%。境内气候属亚热带季风气候，气候温和，雨量充沛。全市年平均气温 17℃，年平均降水量 874mm，年无霜期约 311 天，适合多种作物的生长。全市幅员 2215km^2，辖 55 个乡镇，总人口 147 万。该市地处交通要道，成渝铁路、成渝高速公路、川鄂公路等国道穿境而过，区位优越，交通便捷，为川中、川北物资集散地。农业物产丰富，是四川粮经作物主要产区，为全国商品粮、瘦肉型猪生产基地。优质粮食、水果、蔬菜种植面积逐步扩大，农业产业化渐成规模。二、三产业门类齐全，繁荣活跃，科技、文化、卫生事业发达，城镇水、电、气、路、通讯等基础设施完善齐备。

二、种养业基本情况

(一)种植业

简阳是农业生产大县,主要种植玉米、小麦、水稻等粮食作物。2011 年主要粮油作物播种面积 16.93 万 hm^2,各类作物种植面积及产量如表 1 所示。2011 年该市种植玉米 4.13 万 hm^2,水稻 2.47 万 hm^2,小麦 4.33 万 hm^2,三大粮食作物总产量 60.69 万 t,人均粮食占有量 567.2kg。当年,简阳市还种植红苕 2.67 万 hm^2,总产量 60.60 万 t;油菜 2 万 hm^2,大豆 0.67 万 hm^2,花生 0.67 万 hm^2,油料总产量 7.65 万 t(表 1)。此外,当年简阳市还种植经济作物 4.2 万 hm^2,其中蔬菜 2.2 万 hm^2,果园 2 万 hm^2。全市有各类农业产业化龙头企业 93 个,各类农村专业合作经济组织 235 个。

(二)养殖业

简阳是四川省重要的畜产品生产基地。全市建成 3000 只以上规模的商品羊场 11 个,10～49 只规模的商品羊场 6128 个;4000 头规模的 DLY 商品猪场 2 个,1000 头规模的 DLY 商品猪场 5 个。2011 年全市出栏猪 190 万头,出栏牛 1.5 万头,出栏山羊 135 万只,出栏禽兔 1800 万只,肉类总产量 21 万 t,分别较 2010 年同期增长 1.28%、6.4%、8.2%、7.3%、7.6%。当年,全市实现畜牧业产值 59.85 亿元(占农业收入的 58%),农民人均畜牧业纯收入增加 300 元,农民人均畜牧业现金收入 4738 元,分别较 2010 年增加 27.69%、20%、40.39%。一批机制新、起点高、带动力强的产业化龙头企业与养猪协会、养羊协会,带领养殖农户向着标准化、规模化、产业化方向发展,产业化已经成为畜牧业的重要经营方式。良种繁育推广体系,动物疫病防控体系,饲料生产加工体系,技术培训推广体系,畜产品加工流通体系等配套体系建设日臻完善。

表 1　2011 年简阳市主要粮油作物种植面积与产量

作物品种	播种面积/万 hm^2	单位面积产量	总产量/万 t
水稻	2.47	518	19.17

续表

作物品种	播种面积/万 hm²	单位面积产量	总产量/万 t
玉米	4.13	375	23.25
小麦	4.33	281	18.27
红苕	2.67	1515	60.60
油菜	2	148	4.44
大豆	0.67	159	1.59
花生	0.67	162	1.62
合计	16.94		128.94

注：① 播种面积来自简阳市农业局；
　　② 单位面积产量来自《四川农业统计年鉴 2011》。

三、饲草料资源及饲用作物开发利用现状

　　饲草料是发展畜牧业的物质基础，其数量和质量在很大程度上决定畜牧业的规模与发展。目前，简阳市的饲草料资源主要由草山草坡及林下野生牧草、农作物秸秆、人工种植饲用作物三部分组成。

（一）草山草坡及林下野生牧草

　　简阳市以丘陵地貌为主，野生牧草资源丰富，多生长在丘陵坡地和林地田埂。草山草坡及林下野生牧草种类多样，可利用周期长，便于收割利用，是散养农户的首选饲草资源。但由于其分散性和杂乱性导致野生牧草收割或收购成本较高，给规模化养殖利用带来了不便。

（二）农作物秸秆

　　以玉米、小麦、水稻为主的农作物可以产生大量秸秆资源。全市每年有30 万 t 左右的稻草、玉米秸秆、麦草、苕藤秆、油菜壳秆、黄豆秆、胡豆秆、豌豆秆和其他农作物鲜秸秆，可用于畜牧养殖。在秸秆资源的使用上，主要为一些规模较小的养殖企业和养殖农户所用，使用方式主要有鲜喂和粉碎青贮两种。虽然各种秸秆资源比较丰富，但是从调研组实际的调研情况来看，秸秆的利用率不是很高，据当地养殖企业人士估计，作为饲料使用的秸秆还不到秸秆产量的 15%。

（三）人工种植饲用作物

随着简阳草食畜牧产业的发展壮大，饲用作物种植越来越受到养殖企业和养殖户的重视。目前，部分企业推广种植了黑麦草、高丹草、苏丹草、皇竹草、紫花苜蓿、青贮玉米等牧草，而在中小养殖户中人工种植饲用作物进展缓慢，大部分没有专门种植饲用作物。总体说来，简阳地区人工种植饲用作物尚处于待开发状态，规模小，数量少，如表2所示。

表2 简阳市人工种植饲用作物情况

饲草类别	品种	播种面积/万 hm²	年单产/（t/亩）	总产量/万 t
一年生饲用作物	黑麦草	0.8	8	95.42
	高丹草	0.16	9	21.34
	墨西哥玉米	0.05	15	12.00
	苏丹草	0.11	2	3.40
多年生饲用作物	紫花苜蓿	0.03	6	2.64
	皇竹草	0.09	20	27.82
总计		1.24		162.62

四、种草养羊典型调研

（一）养殖总体情况

简阳市既是全国肉羊优势区域布局规划重点市（县），又是四川省养羊十强市（县）。简阳市委、市政府确立了工业和畜牧业两强兴市战略，全面实施"大集团、大企业、大基地、良种化、规模化、标准化、品牌化、规范化"的现代畜牧业发展战略，全市肉山羊养殖呈现存栏多、出栏量大、品质优良、规模化发展、产业化养殖、基地建设快速推进、品牌创建成效明显、经济效益显著等特点。

1．肉山羊品质优良

2011年全市存栏品质优良的肉山羊43.72万只，其中波尔羊6.5万只，努比亚羊3.7万只，简阳大耳羊33.52万只，出栏品质优良的肉山羊135万只，名列四川省的县级第一名。羊肉产量2.17万t，占全市肉类总产量的11.16%。简阳市肉山羊存出栏量大，品种质量优良，为全市种草养畜提供了有效的品种保障。

2．养殖技术较先进

简阳市在高床生态养羊、开发秸秆养羊、标准化羊舍建设、筛选肉山羊精饲料配方、防治羔羊断奶掉膘、创新肉山羊养殖模式等方面做了大量的工作，并积极推广应用。在肉山羊养殖的饲草料上，不仅对玉米、大豆、苕藤等农作物秸秆和脚料进行有效的加工处理，而且还针对性地辅以人工种植饲草和精料补充料，创造性地解决饲草料供应和优化问题。在羊舍的建设上，大力发展高床生态养殖方式，既保证羊的养殖环境和规模集中，又解决了养羊废弃物的回收利用，保护了生态环境。

3．养殖初具规模化

全市建成 1000 只以上规模羊场 8 个，200 只规模羊场 16 个，100 只规模羊场 26 个，50 只规模羊场 1592 个。2011 年规模养羊出栏肉山羊 68.85 万只，占全市出栏肉山羊的 51%。同时，建成标准化养羊示范基地村 53 个，新建标准化羊舍 12 万 m^2，3600 户农户实施标准化养羊。

4．产业链正在形成

简阳市大哥大集团收购奥士达牧业发展有限公司肉羊屠宰加工厂，生产"香尬尬"牌系列羊肉干。正东农牧集团建成年产 1.5 万 t 的秸秆饲料加工厂，生产加工肉山羊粗、精饲料。该市初步建立肉山羊产业饲料原料、牧草种植、种羊繁殖、肉羊养殖和屠宰加工、市场营销的产业链，并且特别注重简阳大耳羊的品牌文化建设，不仅成功举办八届简阳羊肉美食文化节，获得了地理标志产品保护认证，而且还通过了国家级品种命名，成为四川丘陵山区特色肉山羊品牌。

5．经济效益好，市场发展空间大

2011 年全市肉山羊产业收入 12 亿元，占畜牧业总产值的 26.67%，农民人均养羊收入 1000 元，农民人均纯收入 596 元。由于养殖肉山羊的经济效益好，驱动着当地农户自觉与不自觉地把种草养畜作为一种主导产业去经营发展，因此市场发展潜力很大。

（二）典型种养企业及养殖户

种养企业和养殖户是发展肉山羊养殖的主体，推动着肉山羊养殖产业的规模化、产业化发展。

1．龙头企业

四川正东农牧集团有限责任公司成立于 1998 年，是集羊业、猪业、饲料、种植、食品、科研于一体的综合性农牧企业。集团公司现有员工 500 余人，拥有可控基地 0.33 万 hm^2，辐射四川、贵州两省，生产经营场地近 10 万 m^2，公司生产经营产品 100 余种，获得知识产权和专利成果 30 余项。正东农牧集团作为简阳市种草养肉山羊龙头企业，在原种繁育方面培育出新的纯黑色简阳大耳羊新品系；在养殖技术方面首创南方山羊高床圈养模式，并将饲养、治污与微生物有机肥开发相结合；在饲草料资源开发与利用方面大力开展牧草种植，种植牛鞭草、黑麦草、皇竹草、苏丹草和饲草玉米，并在饲料青贮的同时，建成年产 1.5 万 t 农作物秸秆加工厂一座。目前，该公司已建成以施家镇为核心区的国家级标准化示范种羊场，总面积达 27 亩，常年存栏种羊 1.2 万只，年产羊羔 1.7 万只，通过与农户"联养、寄养、托养"等经营模式带动养羊农户 1500 余户，养羊 5 万只，辐射带动 0.12 万 hm^2 绿色玉米、大豆基地建设及 0.09 万 hm^2 饲草基地建设，实现农村剩余劳动力就地转移 1000 人以上。

2．养殖大户

简阳市施家镇大林村钟某，户主今年 32 岁，全家 4 口人，劳动力 2 人，男户主初中毕业，女户主小学毕业。男户主早年在外打工，2009 年回乡创业从事野山猪、简阳大耳羊、小家禽养殖。目前，建有简阳大耳羊圈舍两个，存栏简阳大耳羊 54 只，其中幼羊 23 只，成年羊 29 只，种公羊 2 只，年出栏简阳大耳羊 70 只。2011 年养羊经济收入约 10 万元。饲料来源主要是自己种植饲草，另利用农作物秸秆和野生牧草。种植的饲草品种主要是黑麦草、高丹草、苏丹草，其中高丹草亩产量达 4t，苏丹草亩产量 3t，黑麦草亩产量 5t。当下因为山羊的市场需求大，价格稳定，所以该户主打算成立养殖协会，扩大养殖规模，带动农户进行肉山羊的规模化养殖。但是饲草已成为其发展的主要制约因素，亟须优质高产的饲用作物来解决饲草料供应问题。

3．养殖散户

简阳市平泉镇平桥村刘某某，户主40岁，全家有5口人，劳动力3人。男主人长年在外务工，女主人以放养方式养殖肉山羊，存栏肉山羊10～20只。该养殖户自家建有简陋的圈舍，但是规模很小，标准化程度低，主要处于散乱状态。肉山羊的养殖草料主要来自附近山丘野生牧草，春夏季节林间放牧，或者收割野生牧草回家喂养，秋冬季节则靠采集山间的树叶和枯草喂养。由于散养肉山羊的数量有限，户主一般不种植饲草，主要依靠农作物秸秆，同时也不与养殖公司、合作社建立合作关系，而是自主经营，每年肉山羊养殖可获得经济纯收入2000余元。户主虽然想进一步扩大肉山羊养殖规模，但因受到资金投入和劳动力短缺的制约，一直不能扩大养殖规模。

（三）肉山羊养殖模式及运行机制

肉山羊养殖产业的健康可持续发展，发展模式和运行机制是关键。简阳市在肉山羊养殖实践中，形成了以下几种养殖模式。

1．六方合作＋保险

将生猪"六方合作＋保险"机制扩展到山羊领域，即围绕养殖户发展畜牧业需求，金融机构、饲料企业、种畜场、食品加工企业、农业担保公司、农民专业合作组织等六方和保险公司分工协作，分别提供信贷、投入品、仔畜、产品加工、担保、保险等服务，资金封闭运行，农民无本启动。

2．公司＋基地、公司＋农户、公司＋合作社＋寄养户

"公司＋基地"模式：这种模式是规模化、标准化、产业化的发展方向。由公司投资，进行肉山羊的繁育、饲料加工、养殖、销售、加工等产业链的全覆盖。租用集体土地建设养殖基地，总部科研机构提供种繁、养殖和饲草配料技术，深加工厂负责肉羊的加工销售。"公司＋基地"的模式有利于肉山羊养殖的集约化经营，提高养殖效益，也保证了肉山羊及其制品的安全。但

是，由于受到资金和土地的制约，这一养殖模式在简阳市还处于起步阶段。

"公司＋农户"模式：这种模式一般由龙头企业建立种羊生产基地，实行公司供种、农户饲养繁殖、公司统一回收对外销售种羊。这种模式充分发挥了市场主导、企业带动的作用，提高了农民的组织化程度，有效实现了大市场与小生产的对接。

"公司＋合作社＋寄养户"模式：公司以村为单位建设养羊基地和合作社，并与农户签订肉山羊寄养合同，指导农户建设标准化羊舍，实行"六统一"管理，即统一管理，统一培训，统一提供寄养母羊，统一防疫，统一供应精料补充料，统一回收羔羊。在此模式下，公司可以节省大量的圈舍建设投入，从而专注于良种培育和市场开发；合作社起到纽带的作用，可以为寄养农户提供资金上的支持，也满足了公司商品肉羊的需求；寄养户充分发挥自己的资源优势，利用剩余劳动力和空闲时间养殖山羊，提高了经济效益。

3．林草放养

对于那些因劳动力外出，家庭资金和人力又有限的农户，养少量肉山羊作为副业，一方面可以增加收入，另一方面使家里的秸秆和粮食副产品得到充分利用。此模式大多是林下放养，规模小，产出量小，不与合作社、公司等组织结成养殖共同体，自繁、自育、自销，是典型的小农经济养殖模式。

（四）政府主要政策和支撑体系

肉山羊养殖产业要发展，离不开政府在土地、金融、基础设施等方面的支持。简阳市政府在引导山羊产业发展中，主要从以下几个方面开展了工作。

1．确立畜牧兴市战略

简阳市市委、市政府把现代畜牧业发展作为增加农民收入、繁荣农村经济和建设新农村支柱产业的重要内容来抓，确立了畜牧业兴市战略，提出了以"生猪为主体、山羊为特色、奶牛和小家禽发展为补充"的建设四川现代畜牧经济强市的目标。

2．出台肉山羊产业发展扶持政策

一是简阳市本级财政每年安排 1000 万元资金专项用于山羊产业化发展；二是对新建标准化羊舍，购买种羊、设施设备进行补贴；三是对新建规模养羊场的水电路绿化等配套设施建设采用现场办公，"一事一议"以政府纪要的方式确定扶持方案；四是市政府每年举办羊肉美食文化节，大力宣传简阳大耳羊。

3．构建畜牧业多元化投融资平台

按照政府扶持、多方参与、市场运作的原则，采取政府出资引导、吸引工商资本和民间资本注入方式，筹建现代农（牧）业投资公司和农（牧）业信用担保投融资平台。一是财政出资 2840 万元入股资阳市农业产业化担保公司；二是组建简阳市广联投资担保有限公司，为羊业龙头企业贷款担保；三是建立羊业合作社联合社，对银行贷款及贷款资金购买的饲料、药品、物资实行封闭运行，进一步增强了龙头企业融资能力和资金贷款担保能力。

4．培育壮大龙头企业

一是立足现有基础设施做强龙头企业，实行市级领导联系企业制度，帮助解决土地、资金、原料供应等具体问题，推动企业扩大规模，加速发展；二是强化招商引资，引进龙头企业；三是整合企业打造龙头集群，支持优势明显的龙头企业整合资金、技术、人才等要素，形成生产、加工、流通一体化的企业集群。

5．优化服务

一是优化投入保障，整合配套农业综合开发、土地整理、交通等项目用于山羊生产基础设施建设；二是优化防疫保障，建立市农产品质量安全检测站，在乡镇建立动物疫病检验室，在村建立动物防疫室，每个村配备一名动物防疫员；三是启动简阳市畜牧业信息化建设试点工作，实现畜禽网上交易；四是强化对养羊业主和农户的技术培训工作，对科学选址、科学建场、科学饲养、科学防疫等关键技术进行培训。

五、种草养羊存在的主要问题

目前,四川省简阳市草食畜牧养殖产业正处于散养户退出、规模养殖企业快速发展的转型期,在草食畜牧养殖饲草供应、秸秆利用、品种选育和保护、疾控、资金、人才技术、基础设施、政策支撑等方面存在一些亟待解决的问题。

(一)优质饲草供应不足,秸秆利用困难

随着养殖规模的扩大,饲草料供应越来越成为制约简阳市草食畜牧养殖产业发展的重要因素。简阳市大部分农区仍是以粮食作物为主,虽然可以产生大量的秸秆资源,但是由于籽实和营养体收获时间冲突,以及收割加工机械不足而不能大规模加以利用。与此同时,由于养殖户的认识不足,简阳市的饲草种植很少,只有养殖龙头企业在基地附近种植一些饲草作物,虽然部分养殖企业的饲草种植已达到较大规模,但是与简阳市每年的肉山羊养殖规模对饲草的需求相比,该市的草食畜牧养殖的饲草总量严重不足,缺口很大。进一步说,不光是数量上的不足,在品质上,优质饲草的种植更少,尤其是蛋白质含量高、适口性好、产量高而稳定的饲草品种相当缺乏。饲草料供应不能满足种草养畜的发展需求,养殖企业和养殖户都存在饲草供应不足的问题。

(二)政策扶持不够,资金不足

目前生猪养殖已有相关的各项补贴,而草食畜牧养殖却没有专项的饲草、种繁、圈舍、疾控等国家补贴,连基本的保险都无法购买。地方政府在饲草种植、饲料加工、圈舍建设、良种繁育等方面补贴不足,向草食畜牧产业倾斜力度不强,尤其是对广大的种养农户几乎没有任何扶持政策。由于政府对饲草种植重视不够,扶持不强,优质饲草的规模种植不能有效推广,使得种草养畜已经陷入发展后劲不足、规模扩大受阻的不利境地。

（三）技术、人力缺乏，疫病防控薄弱

养殖户多半是以家庭为单位分散养殖，没有专门的技术配套和相关的技术人员，龙头企业也存在科技、人才缺乏的问题，导致种草养畜的科技支撑体系不健全。随着农村人口向城镇转移，农村的年青劳动力十分缺乏，在饲草种收和圈舍管理等环节有效劳动力投入不足。简阳市畜牧养殖主要分布在丘陵山区，分散程度高，养殖户疾控防疫知识和力量比较缺乏，疾病防疫基础薄弱。这些都成为畜牧养殖健康持续发展的制约因素。

（四）土地、厂房抵押受阻，经营运行机制不完善

虽然农村土地确权登记和流转逐步展开，但是农业种养组织的土地和厂房受制于土地用途管制，无法取得抵押权，导致畜牧养殖的规模化、产业化发展滞后。龙头企业在直接带动农户养羊增收方面，量不够大，面不够广，效果不够显著。合作社与养殖户、公司与养殖户的利益连接机制不健全，双方契约关系十分不稳定。

六、几点启示

（一）必须加快饲草料资源开发与利用，推广新型饲用作物

种草养羊是简阳市农业发展中的特色产业，但是饲草品种单一、总量不足、品质较差、种养联动脱节、收割加工机具短缺是农户和企业亟须解决的问题，也是种草养羊产业进一步发展的短板。广大种养农户和企业对适宜的青饲、青贮优质饲草品种有着强烈需求，建议加快饲草基地的建设，推广种植品质较高的新型饲用作物，以满足草食牲畜规模化养殖的饲草料需求。同时，希望市场能够研制出适合丘陵区的饲草、秸秆加工农机具，以便提高饲草、农作物秸秆的青贮与加工生产能力。

（二）必须发展现代经营组织模式，构建种草养羊产业支撑体系

种草养畜需要养殖户及企业有较高的"种、养"技术和社会配套服务，这就要求卫生、科技、人才、金融、土地等产业支撑体系建设要跟上。以龙

头企业为代表的现代生产经营组织希望立足产业基础，发挥比较优势，发展草食畜牧产品精深加工企业，建立牲畜养殖的保险制度，并要像发展生猪产业那样对草食畜牧业发展进行良种、圈舍、防疫等的补助，同时希望饲草种植纳入补贴范围。种养农户要求将畜牧养殖的标准化圈舍建设同新农村建设项目和农村基础设施建设结合起来，推进畜牧产业区域化布局，提高农户的种草养羊收益，保障种草养羊的资金投入，以此实现快速发展。农户和企业都建议在现有"六方合作＋保险"产业化经营机制的基础上，推广与完善"公司＋合作社＋农户"、"公司＋农户"的养殖模式。

致谢

调研工作得到简阳市政府、农业局、科技局、畜牧局有关领导、专家，正东农牧集团有限责任公司、大哥大牧业有限公司、翔宇牧业科技有限公司及部分种养大户的大力支持，在此一并致谢！

调研三　四川省乐至县种草养羊调研报告

随着经济社会的发展和人民生活水平的提高，人们对牛羊肉等草食性高蛋白畜产品的需求量急剧增加。四川省乐至县是黑山羊养殖大县，山羊产业为该县国民经济发展和人民收入增加做出了重大贡献。为深入了解与总结乐至县以黑山羊为代表的草食动物发展状况、成功经验及存在问题，进一步推动种植业结构调整，促进种养业协调、健康发展，2012 年 7 月 8～10 日、7月 23～27 日、2013 年 11 月 11～13 日，项目专题调研组先后 3 次实地考察了乐至县天龙农牧科技有限公司、乐至县大自然农牧有限公司及部分典型养殖户，并就相关问题进行专题座谈。现将调研结果报告如下。

一、乐至县概况

乐至县位于四川盆地中部，沱、涪两江分水岭上。面积 1425km^2，辖 25个乡镇，628 个行政村（社区），总人口 87 万，其中农业人口 70 万。该县区位优势明显，G318 线、G319 线和 S106 线交汇贯穿全境，在建的安渝高速公路完成后，乐至距成都仅 77km，距重庆 174km，在建的遂资眉高速公路将连通成乐、成南、乐雅、渝遂、成安渝 5 条高速公路。该县属浅丘地貌，海拔306～585m。气候为亚热带季风气候，年均气温 16.6℃，最高气温 38.9℃，最低气温－3.7℃，无霜期 297 天，年均日照 1330h，年均降水量 890.2mm，年相对湿度 80%。森林覆盖率 39.6%。

近年来，乐至县连续三届被评为全国农田水利建设先进县，先后被评为全国绿化先进县、全国粮食生产先进县等近 20 余项国家级、省级先进，是全国粮食、生猪、柑橘、优质蚕茧基地县，四川省畜牧生产大县。2009 年，乐至县被列为四川省第二批扩权强县试点县。2011 年全县地方生产总值 117 亿元，财政一般预算收入突破 4 亿元，全社会固定资产投资 72.2 亿元。

二、种养业发展现状

乐至县常年种植水稻、玉米、小麦等谷类作物 9.34 万 hm^2；大豆等豆类作物 1.85 万 hm^2；红苕、洋芋等薯类作物 1.81 万 hm^2；花生、油菜等油料作物 1.76 万 hm^2。2010 年末，农作物总播种面积 15.33 万 hm^2，人均粮食占有量 413.5kg。该县还是四川省桑蚕生产大县，全县桑园面积 0.87 万 hm^2，桑树 1.5 亿株。

2011 年，全县生猪、山羊、鹅、兔、牛存栏分别为 71.3 万头、54.7 万只、76.3 万只、54.2 万只、6122 头，出栏分别为 128.5 万头、109.6 万只、92.8 万只、101 万只、4263 头；山羊、鹅、兔、牛的良种改良率分别为 96%、95.7%、97%、84%。当年全县畜牧业产值 32.6 亿元，占农林牧渔业总产值 65.7%，其中生猪产值占畜牧业总产值 56.9%，人均畜牧业现金收入 2652 元。

乐至县已连续两届荣获全省养羊十强县之首，肉羊产业发展已纳入《四川省畜牧业发展"十二五"规划》。黑山羊在全县草食动物中占有举足轻重地位，2011 年全县羊肉产量 1.73 万 t，山羊业产值占畜牧业总产值 22.1%。山羊良种繁育体系方面，已组建高繁品系和快长品系选育核心群，建成存栏种羊 1000 只以上原种场 1 个，存栏种羊 200 只以上扩繁场 4 个，发展存栏能繁母羊 10 只以上扩繁选育户 6500 户。黑山羊产业化养殖方式以"公司＋合作社＋适度规模养殖户"、"公司＋扩繁场＋农户寄养"为主（表 1）。肉羊主要外销成都、重庆及沿海城市。此外，乐至县现有兔业原种场 2 个，扩繁场 10 个，适度规模养殖户（500 只左右）3500 户，并在金顺、中和场两个乡镇实施了优质兔"百万工程"，即每个乡镇年出栏优质兔 100 万只，打造乐至特色畜禽品种；建有鹅原种场 2 个，商品养殖场 20 个，适度规模养殖户（500 只左右）2000 户。该县的鹅兔均以自产自销为主。

表 1　2011 年度乐至县羊饲养规模

规模（年出栏只数）	场（户）数（个）	年出栏总数/万只
1～29	34 469	41.90
30～99	14 619	61.64
100～499	183	4.11
500～999	16	1.03
1000 以上	4	0.94
总计	49 291	109.62

数据来源：四川省乐至县畜牧局。

三、饲草料资源开发利用现状

乐至县草山草坡野生牧草资源丰富，同时每年生产大量的农作物秸秆等副产物，具有发展草食牲畜的相对优势。此外，蚕沙为蚕桑产业的副产物，经初步加工，可作为羊的高蛋白饲料，是该县特有的饲料资源。该县科技人员在饲用作物品种引进、栽培管理模式等方面开展了积极的探索，并取得了显著的成效。

（一）草山草坡

全县有草山草坡、灌草丛 4.63 万 hm²，林间田隙野生牧草茂盛，种类繁多。全县可年产野生鲜草 85.6 万 t，其中 66.4%为禾本科牧草，杂类草占 33.2%，毒刺草约占 0.5%。野生牧草资源在山羊散户养殖中占有举足轻重的地位，利用方式主要是放养或收割鲜草饲喂。

（二）饲料粮及农作物秸秆

乐至县土壤肥沃，主要种植水稻、玉米、小麦、红苕、油菜、豆类等农作物。每年可提供优质饲料粮 16 万 t，其中玉米 10.9 万 t，红苕 1.4 万 t，大豆 1 万 t，其他 2.7 万 t。同时可提供作物秸秆等农业副产物 100 万 t，其中玉米秸秆 30 万 t，豆类秸秆 10 万 t，小麦秸秆 12 万 t，水稻秸秆 13 万 t，红苕藤等秸秆 35 万 t。

（三）特有饲料资源桑叶和蚕沙

乐至县作为全国优质蚕茧基地县，桑树总数达 1.5 亿株，其中投产桑 1.2 亿株，产叶 18.0 万 t，未投产桑 0.3 亿株，产叶 0.15 万 t。现已形成发蚕种 25 万张、产茧 6500t 的生产规模。桑叶具有营养价值高、适口性好的特点，为山羊所喜食。蚕沙又名原蚕沙、原蚕屎、晚蚕沙等，以蚕二眠到三眠时的粪便为主，由蚕屎、幼蚕脱皮和残余桑叶碎屑组成，是一种富含蛋白和碳水化合物的多组分物质。风干蚕沙含粗蛋白 14.2%、粗纤维素 13.3%，可作为山羊优质高蛋白饲料。目前，乐至县年产蚕沙 2 万余 t，折算成蛋白质达 2840t，若能合理利用，可节约数千吨粮食。

（四）饲用作物

2011 年全县种植饲用作物 0.8 万 hm^2，其中多花黑麦草 0.05 万 hm^2，籽粒苋 0.37 万 hm^2，紫花苜蓿和苇状羊茅混播 0.35 万 hm^2，其他牧草 0.02 万 hm^2，年产鲜草共 35 万 t。一年生饲草主要有墨西哥玉米、高丹草、苏丹草、燕麦，其中高丹草和苏丹草丰产性较好，亩产鲜草 8～10t，适口性佳，营养价值高，具有很好的推广潜力。二年生多花黑麦草亩产鲜草 8～10t，叶多茎少，适口性好，宜在 8 月下旬至 10 月上旬种植，一年可收 4～5 茬。多年生饲草主要有牛鞭草、多年生黑麦草、紫花苜蓿和苇状羊茅。牛鞭草表现了较好的丰产性，适宜条件下可亩产 10t，茎叶柔软，适口性好，但栽培条件要求较高。

饲草种植模式主要有净作、轮作及"粮饲双高分带轮作宽厢带"种植。净作模式为多年生黑麦草，播种一次连续收获几年。轮作模式为每年 9 月种植黑麦草，次年 6 月收获后种植青贮玉米。"粮饲双高分带轮作宽厢带"种植模式主要兼顾粮食生产及饲草生产，实行 6m 开厢，分两个 3m，其中一个于 8 月下旬至 9 月初播种小黑麦，次年 3 月下旬至 4 月中旬收获后种植高丹草或墨西哥玉米，另外 3m 于 11 月上旬播种小麦，次年 5 月收获后种植夏玉米。

该县在饲用作物种植方面，采取了以下保障措施。

1．加大政府扶持力度

参照国家退耕还林（草）政策，制定了"种草养畜规划区内示范户每亩退耕还林（草）且养羊 3 只以上，每户每年政府给予补助草种款 40 元，并还按退耕还林政策予以补贴，以及非规划区内存栏 50 只以上规模户，人工种草免费送草种"的优惠政策。

2．创新种植模式

利用 25°高台坡耕地种植紫花苜蓿、苇状羊茅等多年生饲草；利用森林、桑园空隙地种植一年生多花黑麦草和籽粒苋等牧草；利用冬闲稻田种植一年生多花黑麦草；利用部分低台地种植饲用玉米、高丹草等。

四、肉羊养殖企业（户）典型调研

（一）养殖企业及专业合作社

1．乐至县天龙农牧科技有限公司

该公司位于乐至县回澜镇红光村，建于2000年，是一家以养羊为主，种植、养殖、加工互为支撑的民营科技企业，为农业部命名的国家肉羊标准化建设示范场、农业部川中黑山羊（乐至型）遗传资源保护场、四川省畜牧食品局认定的川中黑山羊（乐至型）原种场。公司占地26.66hm^2，现有资产1080万元，圈舍8000m^2，常年存栏黑山羊种羊1200余只。公司还建有高繁品系选育场、快长品系选育场、品种资源保护场和品种扩繁场，并在中和、童家、回澜3个乡镇的4个村建有示范基地。

该公司饲草料供应主要采取以下措施。

（1）种植饲用作物和收购野生牧草。2011年种植黑麦草10亩，同时有少量的苏丹草、高丹草。由于地租（600元/亩）、劳动力价格高，加之缺乏优良饲草品种，种草效益较低，因此这部分饲料只占很少一部分。公司也向附近农民收购一部分野生牧草，日收购500kg左右，价格为0.2元/kg。

（2）收购玉米秆青贮。针对丘陵区气候潮湿、地下水位高的状况，改地下青贮或半地下青贮为地上青贮。每年7月底到8月底陆续开始收购农民玉米秸秆，到厂价格为0.15元/kg。

（3）储藏青干草。主要是稻草、油菜壳、花生秆等农副产物。

（4）饲用蚕沙。利用该县特有的蚕沙，作为优质高蛋白饲料。公司年需蚕沙300t，每只羊日饲0.5kg蚕沙，可减少3～4kg鲜草料，同时降低了鲜草的浪费和人工清扫费用。

2．天龙羊业专业合作社

天龙羊业专业合作社位于乐至县回澜镇红光村，2009年依托天龙农牧科技有限公司成立。2011年，辐射带动回澜镇260余户农民养殖黑山羊，每户年收入4500～11 000元。合作社现有社员102户，采取以实物圈舍入股的方

式，注册资本 102 万元。采用"企业＋合作社＋社员（农户）"的运行模式，企业提供技术、信息、服务支撑，合作社负责统筹，社员负责生产，参与经营管理。该合作社经营模式可归纳为以下两点。

（1）发挥龙头企业带动作用，实现标准化养殖。具体归纳为产前、产中、产后的"六个统一"，即产前统一建圈、统一购买种羊；产中统一购买饲料、统一防疫、统一技术指导；产后种羊统一销售。目前由于市场行情好，肉羊由农户自行销售，种羊由合作社统一组织销售，如 20～25kg 种羊可销售 1000元左右，比农户自行销售多收益 200 元。

（2）自主造血，利益共享。销售每只种羊提取 20 元管理费，作为合作社风险基金。以 2010 年为例，合作社全年销售种羊 2000 余只，收入管理费 4万元左右。其中，理事成员工资每人每月 300 元，共计支出 1.8 万元；差旅及销售费用 4000 元；剩余经费中 1 万元作为风险基金，以应对市场风险和疫情风险，8000 元作为公益基金，按农户出售种羊多少以分红形式返还给农户。

合作社发展过程中面临的问题，一是合作社发展还需要企业带动，自身独立发展尚有一定困难，没有真正形成独立发展的能力；二是资金积累能力较弱，缺少资金扶持，没有形成抵抗大的市场风险和疫情风险的能力；三是由于养羊业饲料以青饲料为主，饲料加工能力差，没有形成商品饲料生产能力，导致养羊规模小。

（二）大自然农牧有限公司

大自然农牧有限公司位于童家镇，建于 2000 年，是一家集乐至黑山羊繁育、饲养、销售于一体的大型私有养殖企业。公司注册资金 300 万元，占地121 亩，资产 2800 万元，建有保种繁育场 2 个，千只商品羊周转场 1 个。肉用黑山羊主要销往上海、广州、深圳等发达地区，种羊销往全国各地区。2013年销售收入 2700 余万元。

2004 年四川省猪链球菌病暴发期间，大自然农牧有限公司为解决饲料问题，创新性地采取寄养方式，公司得以迅速发展。目前，该公司已在乐至县的童家、中天、中和场、双河场、通旅镇、石佛镇、放生乡、马锣乡 8 个乡镇，以及大英县、安岳县等发展寄养、联养户 3000 户，年寄养黑山羊 2.5 万只。2011 年，寄养户均增收 6000 元，人均增收 1000 元。

1. 一种解决饲草料的养殖创新模式——寄养

2000 年左右，大自然农牧有限公司董事长陈菊红拥有的生产一次性打火机的小作坊，因消防安全不过关被迫关闭。其后，陈菊红看到市场上肉羊小商贩买卖利润空间很大，2000 年 3 月 18 日，她凭借生产打火机的积累，购买了 108 只黑山羊开始养殖肉羊。为形成规模，便于销售，她号召本村人员一起养羊，并承诺帮助农户销售。2004 年夏，猪链球菌病在四川资阳、内江等地大暴发，位于重灾区的乐至县整个养殖业遭受灭顶之灾，市场上肉羊价格徘徊在 3.6～4.8 元/kg，也少有人问津。为了保护农民的基本利益，保住养羊这个产业，陈菊红贷款 13 万元，以 8～9 元/kg 的价格（当时的养殖成本在 7 元/kg）大量收购农民亟待出售的羊，但公司当时圈舍不够，收回的羊堆在院子里无草料可吃，又一时找不到销路。为解决饲草料问题，陈菊红同农户协商，暂时把羊寄养在农户家，负责给农户出养殖费用，并承担意外死亡风险，当时即形成了寄养的雏形。2004 年春节后，市场好转，肉羊价格上涨，陈菊红获得了养羊的第一桶金，并在农户中建立了良好的信誉。2005 年她扩大养殖规模，但又很难解决饲草问题，随即又采取并发展了寄养模式，解决了制约公司发展的瓶颈。

公司给每个寄养户免费提供 1600 元，四川省养羊项目配套 1600 元，利用农户自身的木料和劳动力，建设 30m^2 的标准养殖圈舍，可以养殖约 20 只肉羊。根据羊的类型，采取两种寄养方式：一是公司免费提供母羊，待羔羊长到 20kg 后回收羔羊，母羊所有权归公司，使用权归农户；二是公司免费提供羔羊，公司回收育肥羊，回收育肥羊时扣除羔羊的基础体重。以上两种寄养模式，公司以每千克高于市场 4 元的价格回收羔羊或育肥羊，组织技术人员免费给农户进行技术培训和防疫，并承担养殖过程中产生的非人为死亡风险。该养殖模式分工明确，责权清晰，取长补短，充分发挥了公司资金、技术优势。模式采取"化整为零"的方式，将羊分散到千家万户，充分利用农村老弱病残等留守劳动力，最大限度地利用野生牧草、作物秸秆等廉价饲草料资源，降低了养殖成本，解决了集中养殖带来的粪污等环保问题，并且将公司利益和养殖散户利益紧密结合起来，形成利益共同体，从而解决了公司劳动力和饲草的不足，并克服了农户缺乏资金和防疫、养殖技术的问题，是目前南方农区散户肉羊养殖的最佳模式之一。此外，公司一度尝试将该种模式用于生猪养殖，但由于猪属耗粮型牲畜，农户需购买大量价格较高的商品饲料，难于利用杂草、作物秸秆等便宜的饲料资源，养殖效益较低，以至未能推广。

2．公司基地种羊饲草料的供应渠道

目前，公司 2 个保种繁育场集中养殖种羊 2700 余只，所需饲草主要从以下两个方面解决。一是收购野生牧草，该部分饲草占饲草总量 70%。公司每天收购 1.5t 左右野生牧草，青草到厂价格 0.2 元/kg。二是公司租用农民土地种植饲草，如黑麦草、高丹草。2012 年种植高丹草 20 余亩，地租 1200 元/亩。由于地租和劳动力价格高，使得种草效益较低。

3．公司典型养殖户

童家镇天福村现有 484 个农户，1323 人，其中约 460 人常年在外务工。全村耕地 100hm²，林地 102.27hm²（包括退耕还林地 22.3hm²）。全家外出务工农户土地多采取友好协商的方法，由邻近村民无偿使用，全村尚有零星撂荒土地 10 余亩。全村羊存栏 400 只，出栏 1000 只，养羊户 74 户，其中标准化养殖户 45 户。养羊业收入约占全村农业收入的 1/3。由于近年肉羊养殖效益较好，该村未养羊农户，均打算从事肉羊养殖。

该村典型养殖户何洪德，现年 61 岁，爱人 66 岁，子女均在外务工，属于典型的农村留守人员。现有土地 5 亩，种植小麦、玉米、水稻、红苕、大豆等，小麦亩产 200kg，玉米亩产 250～300kg，水稻亩产 400～500kg，红苕亩产 1500kg。2005 年，采用寄养方式为大自然农牧有限公司养殖肉羊，粗饲料主要依靠草山草坡放养或红苕藤、豌豆秆等作物秸秆，精料为玉米面，每只育肥羊和母羊日均饲喂玉米面 0.1kg 和 0.2kg（玉米面价格为 2.6 元/kg）。

另喂养母猪一头，每头育肥猪和母猪日均饲喂混合精料 3kg 和 0.75kg（混合精饲料价格为 3.28 元/kg，由商品饲料和玉米面按 1∶4 比例混合而成，商品饲料价格为 1.5 元/kg）。调研组对该农户养殖山羊和猪的效益进行了较为详细的调研与计算，具体结果见表 2。

表 2　养殖猪羊的效益比较

项　目	猪	羊
每只母畜年饲料成本/元	900	190
每只母畜年出栏数/头	20	2.5
出栏每只饲料成本/元	幼畜：300	幼畜：32
	育肥：1500	育肥：80
出栏每只销售价格/元	幼畜：500	幼畜：1000
	育肥：1400	育肥：1700
出栏每只赢利/元	幼畜：200	幼畜：968
	育肥：−100	育肥：1620
每只母畜年赢利/元	幼畜：3100	幼畜：2420
	育肥：−2900	育肥：4050

从中可以看出，养羊的效益明显高于养猪，因出栏羔羊和育肥羊不同，每只母羊的年赢利在 2420～4050 元之间；相比之下，每头母猪所产仔猪销售可赢利 3100 元，若育肥后销售则亏损 2900 元。据养殖户何洪德本人介绍，2011 年他喂养 4 只基础母羊，出栏育肥羊 18 只，盈利 3.2 万元。

此外，养羊与养猪相较，除去价格因素，由于羊是草食动物，可以充分利用野生牧草和作物秸秆，在散户养殖中这些几乎不需购买，而猪属于耗粮型牲畜，需要大量高价格的商品饲料，因此养羊效益明显高于养猪。

五、种草养羊存在的主要问题

（一）散户养殖过度依赖野生牧草和农作物秸秆

目前，乐至县山羊养殖规模在 30 只以下的散户还占一定比重，2011 年散户出栏量占全县总出栏量的 38.2%。在散户养殖中，无一不是依靠野生牧草和农作物秸秆等廉价的饲草资源，在不计劳动力投入情况下，这种养殖方式可以获得低水平的养殖效益。散户养殖基本上是产什么、吃什么，随意性大。野生牧草品质差，产量低且季节供需矛盾突出，难以调制，无法保证牲畜的营养均衡，不适应规模化、标准化养殖的需求。作为种植业副产物的作物秸秆，虽可在一定程度上保证冬季饲草供应，但营养价值低，在不经任何加工的情况下，实际的消化率很低，很多情况下仅能保证牲畜吃饱肚子。由于各个农户的养殖水平参差不齐，很难实现标准化养殖，导致产品质量差异较大，无法适应现代化农业生产的需要。

（二）饲草料仅限于初级利用

科学的饲草料加工调制可提高饲草的利用价值，保证饲草料的全年均衡供应，利于养殖业的协调发展。但是，乐至县肉羊养殖粗饲料中野生牧草和作物秸秆占有很大比例，并仅限于初级利用。野生牧草主要是作为鲜草，仅有少量晾晒青干草。作物秸秆主要作为冬季青干草直接饲用，加工调制极少，存在消化率低、浪费严重的问题。目前，全县尚无一家草捆、草颗粒等饲草料加工企业，很难保证饲草料全年稳定供应。

（三）饲用作物发展严重滞后

该县饲草（料）的总量供应，勉强还能维持现有草食畜牧业发展水平的需要，但存在着许多潜在问题，制约着草食畜牧业的进一步发展。由于野生牧草产量低，大多分布在交通不便的山区，单纯依靠野生牧草很难满足养殖规模扩大的需要。据乐至县天池镇欧家祠村肉羊养殖户欧光华介绍，在完全依靠野生牧草的情况下，一户最多可喂养 20 只基础母羊，若进一步扩大养殖规模，则无法维持，必须种植饲用作物。此外，现有饲用作物存在品种单一、抗逆性不突出的问题，尤其缺乏一些高蛋白类的豆科饲草。多数饲用作物，只有在精细管理的情况下，才能获得较高的产量，以致种草效益低下。因此，仅靠现有的饲草料资源难以保证大中型养殖企业的饲草料供应及养殖规模的发展壮大。

致谢

感谢乐至县县委书记万志琼、县委副书记贾发扬、县政府副县长唐勐、畜牧食品局局长邓运强、农业局局长文国光，以及其他政府相关部门负责人对这次调研的大力支持和帮助；感谢乐至县天龙农牧科技有限公司董事长付锡三、乐至县大自然农牧有限公司董事长陈菊红、中和兔业专业合作社社长杨升、中和场镇金种老河村村民陈明荣、童家镇天福村村民何洪德、天池镇李寨村村民刘仕华和欧家祠村村民欧光华等人对调研的大力配合和支持！

调研四　四川省洪雅县种草养奶牛调研报告

四川省洪雅县自然资源丰富，生态环境优良，经过多年的发展，种草养畜已形成了一定的规模，积累了较为丰富的实践经验，奶牛养殖和奶制品加工业在省内，甚至国内都具有较明显的竞争优势。但是，随着养殖产业链的升级和发展，种植业结构调整仍然存在许多不足，以致影响了种草养奶牛的持续健康发展。项目专题调研组于 2012 年 4 月 13～15 日对洪雅县养殖业和种植业发展现状，尤其是种草养奶牛现状进行了实地调研。调研组采取座谈、走访等形式与洪雅县的奶牛养殖企业、饲草种植户和农技人员等进行了广泛的接触，获取了大量资料，并经总结形成以下调研报告。

一、洪雅县概况

洪雅县位于四川盆地西南边缘山地，处成都、乐山、雅安三角地带，属眉山市管辖，面积 1896.49km²。洪雅县辖 15 个乡镇，265 个行政村，1979 个村民小组，14 个居民委员会，总人口 33.08 万。该县地形由西南向东北高低梯次变化依次为高山、中山、深丘、浅丘、台地、河谷、平坝，最高海拔 3090m，最低海拔 417.5m。地貌以山地丘陵为主，河谷平坝分布在青衣江、花溪河两岸，素有"七山二水一分田"之称。气候温和湿润，年降水量 1435.5mm，年日照时数 1006.1h，年无霜期 307 天，年平均气温 16.6℃，属中亚热带湿润气候。洪雅县生态环境优良，旅游和动植物资源极其丰富，是全国生态建设先进县。

该县依托良好的生态环境，已获得 25 个产品的绿色食品标志，绿色食品发展已初具规模。其中，西南最大的种牛繁殖基地——阳平种牛场，现已发展成为西南地区最大的乳业生产基地，即阳平乳业集团，种草养牛已成为农民增收的亮点和县域经济的重要支撑；养殖业带动了加工行业的发展，乳制品加工技术全国领先，"阳平"牌系列乳制品享誉海内外。另外，全县还种植茶叶 0.59 万 hm^2，优质水稻 0.83 万 hm^2，优质蔬菜 0.33 万 hm^2，拥有竹林面积 1.4 万 hm^2，竹笋产量 4000t。

2000 年，洪雅获"国家级生态农业建设先进县"殊荣。2001 年，县委、县政府向全社会发表《绿色食品宣言》，承诺创建无公害示范县和绿色食品基地县，颁布《关于禁止销售和使用高毒、高残留农药的通告》，禁用重金属、激素、抗生素等含量超标的饲料，关闭小纸厂、小煤矿、小钢厂等污染企业 120 多家。通过对农田生态环境的系列整治，经有关部门检测，全县空气、土壤、水体三大环境体系，全部达到了《绿色食品产地环境技术条件》的标准。让消费者"吃放心粮、食放心肉、饮放心茶、喝放心奶、品放心笋"，食品安全绿色理念深入人心。

二、养殖业发展概况

2007 年，洪雅县被四川省省委、省政府确定为现代畜牧业试点县。该县在现代畜牧业发展中创新思路，突出发展奶牛、生猪、长毛兔、家禽等四大产业，取得了较好的成绩。

经过近几年的发展，该县养殖业基本形成了四大特色示范区：一是初步建成以新希望乳业和蒙牛现代牧场为龙头，以三宝、将军、止戈、东岳、花溪、柳江等乡镇为核心区域的奶牛养殖示范区；二是初步建成以美好食品有限公司和中保兴鑫猪业专业合作社为龙头，以中保、洪川、中山、余坪等乡镇为核心区域的生猪养殖示范区；三是初步建成以三元兔业、斌宏兔业和惠宏畜产品有限公司为龙头，以中保、汉王、中山等乡镇为核心区域的长毛兔养殖示范区；四是初步建成以卫农牧业和平羌食品有限公司为龙头，以洪川、余坪、三宝、槽渔滩等乡镇为核心区域的家禽养殖示范区。2011 年，存栏奶牛达 4.46 万头，年出栏生猪达 50.26 万头，其中出栏优质 DLY 生猪达 45.09 万头，长毛兔存栏达 68.46 万只，年产兔毛 530t，肉兔出栏 200.03 万只，家禽出栏 1110.43 万只，肉牛出栏 4.21 万头，肉羊出栏 18.02 万只。当年肉类总产量 6.43 万 t，奶产量 13.55 万 t，禽蛋产量 0.52 万 t，畜牧业产值 13.61 亿元，畜牧业产值占农业总产值的 63.5%，畜牧业已成为洪雅县农民致富增收的重要支柱产业。

三、饲用作物种植模式

洪雅县饲草资源主要以黑麦草、牛鞭草为主，此外，青贮玉米、饲草玉米等新型饲草也有较广泛的利用。目前全县人工种草面积达 1 万 hm^2，平均亩产鲜草量 8～10t。近年来经过反复探索，洪雅县形成了以下几种南方农区种草模式。

1. 稻草轮作，适宜于坝丘区

利用土质较好，且水源充足的秧母田、冬闲田收获水稻后深沟排湿种植一季一年生牧草，收割牧草后育秧，种植水稻。主要解决家畜冬、春两季牧草，既增产又增收。适宜牧草主要是一年生黑麦草，亩产可达 8t 左右，每亩可增收 640 元。该模式以花溪镇孔坝村为代表。

2. 退耕还草，适宜于深丘山区

利用一些望天田、光温等较差的田，以及 25° 以上的坡耕地种植多年生牧草，建立多年生草场，主要解决牲畜夏、秋季牧草，种植一次可利用 4～8年。牧草品种主要选用牛鞭草、鸭茅等。种植牛鞭草，年可获鲜草 10t/亩，每亩收入 800 元。该模式以天宫乡大安村为代表。

3. 果（林、桑）草间作，适宜于坝丘山区

利用果（林、桑）间作牧草，栽培品种可选择白三叶与多年生黑麦草混播或种植一年生黑麦草，均以秋播为宜。混播三叶草和多年生黑麦草，年可获鲜草 3t/亩左右。该模式以符场乡福宝村为代表。

4. 荒坡地种草，适宜于深丘山区

在一些较瘠薄的荒坡地上种植禾本科和豆科牧草，改良野生草场，固土和增加土壤肥力，提高牧草营养水平。主要种植白三叶和多年生黑麦草，建立多年生草场，播种以撒播和窝播为宜，每亩年可获鲜草 4t。该模式以赵河乡月儿台村为代表。

5．零星间隙地种草，适宜于所有农区

利用田、地、沟、塘坎边，以及路边、房前屋后等种草，充分利用土地资源，对牲畜用草起补充作用。可种植牛鞭草、黑麦草、白三叶、杂交酸模等多种牧草。该模式以联合乡宋安村为代表。

随着洪雅奶牛养殖业集约化和标准化的进一步推进，奶牛养殖的饲草结构也发生了显著变化。目前在几家大型养殖企业，如现代牧业、新希望集团等，以饲喂干草、青贮草料等为主，很少饲喂鲜草。干草几乎全部从国外进口或从北方省份调入，青贮草料以当地生产为主。从草料供需情况来看，干草严重缺乏，青贮玉米，甚至连黄贮玉米秸秆都供不应求，而黑麦草等鲜草却供大于求。这给洪雅的饲草种植业提出了新的挑战，急需引进新的饲草新品种，并适当调整饲草种植结构。

四、种草养畜典型调研

（一）大型养殖企业：新希望集团（阳平乳业）和现代牧业集团

新希望集团在洪雅县在建牧场 5 个，面积 3000 亩左右，奶牛总数 4000 头，存栏奶牛 3500 头，平均日产奶量 25kg/头。饲料类型主要为青饲料和精饲料（干草）。青饲料包括牛鞭草、黑麦草、青贮玉米，干草包括苜蓿和羊草。其中，青饲料收购采用公司加农户的合作模式，由合作社或种草大户提供，青饲以黑麦草、青饲玉米秆为主，饲草料储存方式以玉米黄贮为主，全部采用本地收购；干草全部以美国进口苜蓿和省外调运羊草为主。黑麦草本地收购价约 200 元/t；黄贮玉米秆（不带苞）200 元/t；带苞玉米（青贮玉米）400 元/t；进口苜蓿（美国）3700 元/t，省外羊草 1800 元/t。

现代牧业集团是落户洪雅的又一大型奶牛养殖企业，存栏奶牛 6700 头，平均日产奶量 25kg/头。全年青饲料使用情况是冬春季使用黑麦草，夏季使用牛鞭草和少量高丹草，7 月下旬后使用青贮玉米。干草包括苜蓿和羊草，均从省外调进或从国外进口。青饲料收购采用公司加农户的合作模式，合作社和种草大户土地面积近 200hm^2。青贮主要是以带苞玉米为主，全部为本地收

购；干草全部以美国进口苜蓿和省外调运羊草为主。饲料成本：黑麦草（本地）约 200 元/t，黄贮玉米秆（不带苞）200 元/t，带苞玉米（青贮）400 元/t，进口苜蓿（美国）3700 元/t，省外羊草 1800 元/t。

大型养殖企业在饲料供给中存在以下问题。

（1）由于公司饲喂奶牛采用了国外的先进方法及模式，在喂养过程中几乎不用或用很少量的青饲料，但对青贮料（主要为带苞青贮玉米）却需求量大，这给当地的传统饲草种植结构（夏季牛鞭草、青贮玉米、饲草玉米＋冬季黑麦草）提出了新的要求。

（2）当地传统的饲草种植结构和模式，无法满足公司对饲料的需求，青贮玉米收购紧张，所有干草均需从省外调进甚至从国外进口，饲料成本大大增加。现有饲草种植结构已不适应先进的奶牛饲喂模式，洪雅的奶牛业发展优势正在一步步降低。

（二）奶牛养殖大户：中堡镇宋安村王复荣

该养殖大户奶牛总数 350 头，产奶奶牛 205 头，平均日产奶量 17kg/头。饲料类型主要为青饲料和精饲料（干草）。青饲料包括牛鞭草、黑麦草，干料为羊草、青贮玉米。饲料用量为黑麦草 20kg/（头·天），青（黄）贮 18kg/（头·天）（全年喂养），干草（精饲料）6kg/（头·天）。饲料来源：青饲料主要由合作社或种草大户提供，青饲以黑麦草为主；干草全部以省外调运羊草为主。饲料成本为黑麦草约 200 元/t，带苞玉米 400 元/t，省外羊草 1800 元/t。采用的合作模式是养殖户＋种植户（合作社），双方约定种植面积和种植牧草类型，但未签订正式购销合同。

饲料供给存在以下主要问题：

（1）青（黄）贮玉米收购紧张；

（2）饲料成本，特别是干草成本太高，干草本地难以解决；

（3）牧草供给受市场波动影响，但由于供需双方未签订正式合同，口头协议难以保证。

（三）长毛兔养殖大户：中堡镇史华村史小兵、赵子陶

调研组调研的这两家长毛兔养殖大户，养殖长毛兔的规模都在 4000 只左右，平均带动周围散养农户养殖 2 万只以上。主要青饲料来源为黑麦草、蚕桑草、马羊花、红薯藤。长毛兔青饲料消耗量为养殖大户每天每只为 0.25kg，散户为每天每只 0.5kg。采用的模式为"养殖大户＋散户"、"抱团养殖"，由大户提供种兔、饲料、防疫、技术指导，签订购销合同，保证散户的最大利益。兔毛价格视市场情况而定，保证最低收购价格，2011 年为 170 元/kg。

饲草供给存在的主要问题是青饲料无法保证正常收购和全年供给，养殖业与种植业尚未形成固定的购销关系。此外，养殖的标准化程度还需进一步提高。

（四）种草大户：槽渔滩镇王志刚、东岳镇龚仲华

槽渔滩镇种草大户王志刚，种植规模为 33.33hm²，土地为承包或流转所得土地，主要用于种植黑麦草、青贮玉米和饲草玉米等，专为养殖企业、大户提供饲草。牧草类型为秋冬季种植黑麦草，面积在 26.67hm²，春夏季种植青贮玉米，大概也有 26.67hm²，此外还有饲草玉米 6.62hm² 左右。以 2011 年为例，黑麦草产量平均在 6t/亩左右，饲草玉米 5～6t/亩，青贮玉米 4～5t/亩，黑麦草价格 220 元/t，青贮玉米 420 元/t，折算后每亩净利润分别是黑麦草 1300元，青贮玉米 1600～1800 元。除去土地流转租金 600 元/亩，种子、农资、人工费用等 400 元/亩，运输费 200 元/亩，合计 1200 元的种植成本，种植黑麦草、青贮玉米每亩分别有 200 元、600 元左右的利润。

东岳镇种草大户龚仲华，流转土地 53.33hm²，主要种植饲草为秋冬季黑麦草 26.62hm²，夏季青贮玉米和少量的饲草玉米，2011 年第一次种植燕麦草20hm²。以 2011 年为例，黑麦草收割 2 季，产量约 6t/亩，每亩产值 1200 元，黑麦草收获后种植青贮玉米，由于种植季节偏晚，气候对产量影响较大，大面积亏损；燕麦草产量 4t/亩，共收获燕麦草 1200t，每亩产值 1300 元。当年，该种草大户除去土地流转租金 600 元/亩，种子人工费用 300 元/亩，运输费用

110 元/亩，合计约 1000 元的种植成本，每亩燕麦草或黑麦草利润仅有 200～300 元。

种草大户生产中面临以下主要问题。

（1）销路不畅。黑麦草销售量受养殖企业饲喂量的影响上下浮动很大，加之种植面积过大，供过于求，虽然企业收购黑麦草价格与往年持平，但均限量收购，导致大量青草错过最佳采收期，变质腐烂。

（2）销售得不到稳定保障。大多企业对种植大户采取不说价格，不签合同的方式，随意压低收购数量，对种植户普遍缺少合理的保障机制；与养殖企业或大户信息沟通不及时，导致饲草种植规模和结构与市场需求脱节。

（3）缺乏合理的政策补贴。政府部门对饲草种植缺乏必要和合理的政策性补贴，加之种植与养殖之间的运营模式不清晰不协调，组织化程度较低，导致饲草种植大户抵御市场风险能力较弱。

五、种草养奶牛存在的主要问题

（一）奶牛规模化养殖比重不高，良种化、标准化程度较低，现代化产业发展仍有待提高

洪雅县奶牛规模化养殖主要以新希望、现代牧业集团两个大型企业为主。这两个大型企业虽在青、干饲料检疫，消毒防疫和牛粪便处理等环节均建立了相应的配套措施，标准化程度较高，但这仅占洪雅县奶牛养殖量的 1/3。其他养殖户还是以散户和大户为主，存栏奶牛在 10～300 头不等。散户和大户规模化程度不高，相关设施建设相对落后，标准化程度较低，奶牛良种化程度较低，牛奶产量不高，品质相对较低。

大型养殖企业现代化程度较高，均按照每头奶牛配置 2～3 亩土地种植饲草的标准种植饲草，以消化粪便。另外，如现代牧业集团还建立了专门的沼气发电设备处理粪便，既解决了养殖过程中的污染问题，又使得污染物循环利用，降低污染，节约成本。但是，大部分散户和个别养殖大户，由于养殖区域较为分散，合作化程度较低，养殖场所多随意搭建，相关设施落后。农民专业合作化程度不高，畜禽养殖污染治理不到位，在一定程度上制约了奶

牛产业的发展。

（二）饲草料结构不合理，青贮加工技术落后，信息沟通不畅

洪雅县奶牛养殖饲料主要包括粗饲料和精饲料。大型企业的精粗配比一般为4∶6，而大户或散户养殖饲料配给多凭经验，或视全年的饲料供给情况而定。洪雅奶牛养殖青饲料主要包括冬季牛鞭草、夏季黑麦草，秋冬季节存在一定的青饲料和干草缺口，干草基本依赖省外调运，个别大型养殖企业还需从国外进口干草，养殖成本大大增加。由于种草大户与养殖大户沟通不及时或未签订收购协议等，养殖企业不能购买到自己想要的青贮料，如品质较高（粗蛋白含量）的青贮玉米，而其他青饲料，如黑麦草的供给又偏多，养殖企业却不能消化，造成种植户的亏损。

由于牛鞭草、黑麦草含水量偏高（70%～95%），受加工技术限制，不能作为青贮使用，又因受奶牛饲喂要求及饲料季节性的限制，本地自产饲料不能满足畜牧业发展的需要，因此需要从东北，甚至国外进口苜蓿、羊草等干草，使得生产成本大大增加。如果能在本地解决部分干草饲料的来源，则可在很大程度上降低成本，增加本地牧草的需求量，大大提高种草企业或大户的积极性。目前青贮玉米是青贮饲料的主要来源，饲草玉米在营养品质上还有待进一步提高，特别是相关青贮加工技术还有待进一步摸索。此外，据饲草种植各环节（包括土地租金、种子、化肥农药、管理、收获、销售等）成本测算，种植一亩黑麦草需投入1000元左右，按照一亩地6t的产量，每吨价格200元，每亩利润才200元，加之缺乏政策支持和保障，养殖企业对黑麦草施行限量、限价收购，导致种植大户基本无利可图。

洪雅县养殖企业发展较早，部分企业或大户已形成规模化养殖，而提供原料的种草企业或大户也伴随养殖企业的发展在逐年增加。但是调研组在调研中发现，牧草种植发展或种植模式与养殖业发展相比，仍然存在一定的滞后。另外，由于规模化养殖企业偏少，加之现有养殖企业同样也种植牧草用于消化粪便污染物以及解决部分原料供给，因此，种草大户很难把握当年的牧草需求量和牧草类型。同时，种植大户与养殖企业间未能达成相关购销协

议或合同，信息沟通不及时，供求信息不透明，往往造成了个别年份牧草（如黑麦草）不能及时卖出，造成经济损失，而养殖企业所需要产品（如青贮玉米）却又买不到，只能高价从外地购进，大大增加了运行成本。

（三）青饲草料种植比例过大，突破性饲草品种缺乏，种植业结构亟待调整

调研组在调研中发现，2011 年洪雅县春季饲草面积 0.53 万 hm^2，产量 32 万 t，其中主要以黑麦草为主，产量已严重超过当季奶牛企业和养殖大户、散户对青饲的需求量，以至于黑麦草价格偏低，种草大户经济利益和积极性受到严重影响。与此同时，青贮玉米的种植面积偏少，加之部分种植大户栽培管理措施不到位，2011 年青贮玉米缺口达 3.4 万 t。由于许多养殖企业和畜禽养殖大户收购不到青贮玉米，因此不得不花高价从外地进口干草，增加了养殖成本。青贮玉米供给不足，秋冬季节干草和青贮玉米的需求量增加，季节性缺口尤为明显，种植结构亟待调整。

目前，除黑麦草、牛鞭草外，在洪雅大面积种植的饲草有青贮玉米和饲草玉米，其品种仍然较少，要实现青饲料的全年供给还有相当距离。饲草种植户迫切需要在产量、品质上能够弥补季节性缺口的突破性饲草品种。

致谢

本次调研得到了洪雅县县委、县人民政府，洪雅县农业局、畜牧局有关领导和专家的大力支持，以及相关企业和种养业主的大力协助，在此一并致谢！

调研五　贵州省种草养畜典型县调研报告

贵州省是西南岩溶地区的核心区域，农业生产条件差，生态脆弱，经济发展滞后。多年来，种草养畜产业一直是国家扶贫办在贵州省实施扶贫开发政策的重要载体。贵州省通过发展草地生态畜牧业，在实现生态治理和农民增收方面，进行了卓有成效的探索，并积累了丰富的经验。为进一步了解贵州省种草养畜产业的发展现状、成功经验和存在问题，分析和提出今后的发展对策，项目专题调研组于 2013 年 3 月对贵州种草养畜进行较为深入的调研，重点考察了长顺、晴隆、普安等一些典型县，同时在贵阳市与贵州省扶贫产业办公室、贵州省农业科学院、贵州省草业研究所等部分领导、专家进行了详细的座谈，并先后收集了松桃、独山等其他典型县的相关资料。现将调研考察结果报告如下。

一、贵州省概况

贵州省地理坐标为东经 103°37′～109°32′，北纬 24°37′～29°13′，地处云贵高原东部，喀斯特地貌分布最广，是中国南方喀斯特地区的核心，更是长江和珠江中上游最重要的生态屏障。国土面积为 17.6 万 km²，占全国国土总面积的 1.83%。海拔 137～2900m，平均海拔 1100m。地势西高东低，被乌蒙山和武陵山环绕。地形地貌复杂，可概括为高原山地、丘陵和盆地三种基本类型，是全国唯一没有平原支撑的省份，素有"八山一水一分田"之说。岩溶裸露面积达 11 万 km²，占该省国土面积的 62%，是世界岩溶地貌最典型的地区之一。气候属于亚热带季风气候，降水充沛，雨热同季，冬暖夏凉，多阴雨，少日照。大部分地区年均气温为 14～16℃，10℃ 以上的活动积温为 4000～5500℃；年均降水量为 1100～1400mm；年日照时数为 1200～1500h。境内河谷纵横，峰峦重叠，土壤多分布于石缝或岩溶裂隙，连续性差，水土流失严重，植被覆盖率低。贵州省自然地理特征可概括为：气候不稳定，地形地貌类型多样，地域差异大，垂直分异明显，生态系统脆弱，灾害性天气多，自然灾害频发。

贵州省辖 9 个市（州）、88 个县（市、区），总人口 3469 万人，其中少数民族人口 1334 万人，占总人口的 38%。2011 年全省生产总值 5701 亿元，仅占全国 GDP 总量的 1.21%；财政总收入 1330 亿元，占全国财政总收入的 1.28%；人均 GDP 不及全国平均值的 1/2，农民人均纯收入 4145 元，相当于全国平均水平的 59.4%。因贫困问题、生态问题、民族地区发展问题及基础设施建设滞后，严重制约了贵州经济的可持续发展，贫困发生率位列全国第一，全省 88 个县中，有 50 个是国家扶贫开发工作重点县。

二、种养业基本情况

（一）种植业

贵州是传统的农业省，种植业在农业中占有较高比重。2012 年全省种植业产值 864.9 亿元，占农业总产值的 60.2%。近年来，种植业结构仍然以粮、经二元结构为主，粮食作物面积维持在 60% 左右的比例。2012 年粮食作物种植面积 305.4 万 hm²，占农作物播种总面积的 58.9%，其中水稻、小麦和玉米的播种面积分别为 68.29 万 hm²、25.98 万 hm² 和 77.52 万 hm²；经济作物尤其是蔬菜和烤烟等播种面积增长较快；青饲料种植面积所占比例较小（表 1）。另外，由于农业综合生产条件总体较差，种植业整体水平不高。贵州粮食年均产量在"十一五"时期为 1115.5 万 t，其中 2009 年粮食总产最高，达 1168.27 万 t，此后就呈徘徊或下降趋势。贵州省 2012 年粮食单产 298.9kg/亩，人均粮食产量 311kg，处于西南地区最低水平，而同期全国粮食单产 388.3kg/亩，人均粮食产量 437kg，较全国水平差距明显。

表 1　贵州省近 5 年主要农作物播种面积　　　　　　单位：万 hm²

类别＼年份	2008	2009	2010	2011	2012
农作物	461.94	478.07	488.93	502.12	518.29
粮食作物	291.96	298.47	303.95	305.56	305.43
水稻	69.11	69.82	69.58	68.15	68.29
小麦	26.24	26.29	26.08	25.76	25.98

续表

类别 ＼ 年份	2008	2009	2010	2011	2012
玉米	73.46	75.15	78.11	78.78	77.52
薯类	84.25	87.62	89.48	91.29	91.94
油料	45.52	51.31	52.91	53.61	54.75
蔬菜	53.8	59.96	64.79	70.85	77.43
烤烟	19.48	18.49	18.32	20.00	23.70
青饲料	10.68	11.68	12.96	14.71	—

注: 资料来源于《贵州统计年鉴》。

(二) 养殖业

贵州省的畜牧业已逐步成为增加农民收入的重要来源和农村经济的支柱产业。近年来,贵州畜牧业产值占农业总产值比重的 30% 左右(表 2)。2012 年畜牧业产值达 421.55 亿元,全年畜牧业增加值 244.16 亿元,比上年增长 5.5%,猪、牛、羊出栏数分别比上年增长 2.7%、9.0% 和 4.8%;肉类总产量 191.10 万 t,比上年增长 6.2%。据全省 30 个县 2700 户(人口 12 394)调查统计,畜牧业收入达 703.85 万元,人均 565.75 元,占农户家庭经营收入 38.51%。从牲畜出栏情况可以看出,尽管草食牲畜出栏数有所增加,但耗粮型生猪生产仍占有绝对比重。

表 2 贵州省近 5 年畜牧业产品及牲畜出栏情况

类别 ＼ 年份	2008	2009	2010	2011	2012
牧业总产值/亿元	291.65	281.53	304.20	381.95	421.55
肉类总产量/万 t	161.46	169.60	179.09	179.97	191.10
猪肉/万 t	134.60	140.10	148.09	148.29	156.13
牛肉/万 t	10.20	11.40	11.99	12.00	13.04
羊肉/万 t	3.00	3.23	3.40	3.37	3.53
禽肉/万 t	12.60	13.50	14.12	14.35	15.41
牛奶产量/万 t	4.30	4.49	4.59	4.85	5.10
禽蛋产量/万 t	10.80	12.20	12.51	13.65	14.65
猪出栏数/万头	1561.10	1596.10	1688.67	1689.66	1734.76
牛出栏数/万头	84.20	92.14	96.56	97.21	105.99
羊出栏数/万只	178.50	190.10	198.70	197.31	206.78

注: 资料来源于《贵州统计年鉴》。

三、饲草料资源及饲用作物开发利用现状

（一）草山草坡

贵州植被类型较多，物种资源十分丰富。在原生植被中，共有维管植物 203 科，1025 属，4725 种（包括变种），可作牲畜饲料的有 86 科，1410 种，其中优良牧草有 260 余种，但开发利用较少。自 1980 年以来，国家对贵州投资实施人工种植和飞播牧草项目，积累了草地牧草改良的一定经验，为建成中国南方草业基地创造了有利条件。目前，全省拥有各类草山、草坡 428.73 万 hm^2，占全省土地面积的 24.3%，相当于耕地面积 2.3 倍。人均拥有草地 1.83 亩，相当于人均耕地面积的 2.26 倍。

（二）农作物秸秆

贵州农区以种植业为主，玉米、水稻等作物秸秆是最主要的农作物副产物，也是当前农区畜牧业发展的主要粗饲料。目前，贵州全省农作物秸秆资源约 2700 多万 t，其中绝大多数为玉米和水稻秸秆、花生、红薯藤。据贵州省草业研究所吴佳海研究员 2012 年调研结果，在松桃、独山、赫章、晴隆、水城等县，60% 以上饲草来源于质量和营养都很差的玉米、水稻等作物秸秆。规模较大的养殖户（场）平时均通过大量收购玉米秸秆作为主要饲草来源，小规模农户也兼顾一部分农作物秸秆和一些野生牧草作饲料。秸秆利用方式主要是收获秸秆直接饲喂，仅有少数农户将秸秆铡成小段或青贮后饲喂。此外，农作物收获后的残茬也多留做放牧。在黔西北地区的部分县，由于受温度、水分等条件的限制，玉米无法正常成熟，部分养殖农户将玉米全株收掉，直接作为饲料饲喂牲畜。

（三）人工种植饲用作物

贵州省种植的饲用作物除了传统的白三叶、红三叶、黑麦草、紫云英、苕子、箭筈豌豆、野燕麦以外，已从国内外引进饲用玉米等新型饲用作物。筛选出适宜草种主要有饲用玉米、饲用燕麦、小黑麦、紫花苜蓿、草木犀、

高羊茅、鸭茅、菊苣、多花木兰、狼尾草、牛鞭草、串叶松香草等多个品种，其中饲用玉米、紫花苜蓿、箭筈豌豆、饲用燕麦、小黑麦、菊苣、芜菁甘蓝等高产优质饲用作物，在贵州农区畜牧业发展和种植业结构调整中发展潜力巨大。

鉴于贵州长期的传统草地畜牧业发展状况，草业科技水平较低，技术服务能力薄弱，牧草种子几乎全靠进口。截止到 2012 年，贵州省通过审定登记的牧草品种仅 17 个，其中国审草品种仅 9 个，且育成品种极少，形成产业开发利用的品种则更少。另外，由于资金和科技投入不足，人工草地建植管理水平低，畜牧业发展大多以耗粮型牲畜以及对天然草地的简单利用生产方式为主，未能兼顾贵州独特的生态保护治理需求，导致草种业发展滞后，养殖规模较小，草地畜产品加工及市场化程度浅，畜牧产业结构简单，草地畜牧业经济效益较低。

近年来，经过草业科技人员不懈的努力，贵州草地畜牧业取得了长足发展，尤其是"十一五"以来，随着全省农业产业结构调整的整体推进，草地畜牧业在农业经济中的比重大幅提高。贵州省草业研究所科技人员先后开展了牧草高产栽培技术系统研究，总结出适宜贵州不同生态区推广的种植模式，并进行了较大面积的示范推广，从而为农区大规模种植饲用作物奠定了良好的基础。

根据统计资料分析表明，贵州改良草地载畜量为天然草地的 15 倍左右，即同面积改良草地，存栏数可提高 10 倍。2007 年全省新增人工种草 12.06 万 hm^2，2008 年人工草地面积达 36.27 万 hm^2，2009 年达 33.79 万 hm^2，2010 年达 37.66 万 hm^2，人工种草呈上升趋势。目前，贵州省已有越来越多的农户开始有意识地"引草入田、种植饲草"及"种草养畜、出售畜产品"。位于贵州省独山县的奶牛养殖场，现有奶牛 430 头，在贵州省草业研究所科技人员的帮助下，该养殖场 2012 年建设人工草地 84hm^2，其中多花黑麦草 72.13hm^2，饲用玉米 10.13hm^2，甜高粱 1.74hm^2。多花黑麦草 9 月中旬播种，每亩可收 4.8t 左右鲜草，一部分草地用于划区轮牧，一部分用于收获青草；饲用玉米品种为'黔单 818'（4.8hm^2）和'玉草 3 号'（5.33hm^2），4 月 23

日开始播种，一周播种结束，每亩施 50kg 复合肥作底肥，7 月 23 号收获，其中'黔单 818'每亩收获鲜草 5t 左右，'玉草 3 号'每亩收获鲜草 5.2t 左右，'玉草 3 号'高产可达 6.9t，全部用于青贮加工。除此之外，该养殖场还以 0.32 元/kg 的价格，收购附近村民的饲用玉米，以增加冬季饲草储备。据养殖场王应芬副书记介绍，与以前单独饲喂作物秸秆相比，自饲喂青贮玉米后，奶牛日产奶量增加 8%左右，奶品质也有较大提高。每头奶牛日产奶 28kg 左右，牛奶加工成鲜奶或果酸奶、麦香奶后再销售。由于奶产品质量好，市场销售价格高，而且供不应求，因此该养殖场计划扩大养殖规模 500～600 头，引进现代管理技术，进一步带动附近村民养牛。

四、种草养畜典型调研

（一）松桃县养殖企业及专业合作社

1. 努比亚牧业发展有限公司

该公司位于松桃县太平乡古庄村，建于 2012 年，是一家从事"简阳大耳羊"的培育、养殖，屠宰、加工和销售一体化的重点民营龙头企业。公司种羊场是全国牧业 100 强之一，全国十佳标准化示范场之一、四川省农业科技园区、中国山羊现代产业链研究与示范项目承担单位。公司现共计养殖简阳大耳羊核心群种羊 1.4 万多只，联养 1.5 万多只，年生产销售种羊 6.5 万只左右，出栏商品羊 6 万只左右，年产值近 2 亿元。

2. 腊耳山养殖专业合作社

贵州省松桃腊耳山养殖专业合作社于 2009 年 7 月成立，地处松桃县长坪乡康金村腊尔山脚下，是由两名下岗职工（法人：龙惠群，股东：李艳）和 3 名无职业人员（股东饶正斌、冉应红、付容俊）自筹资金 70 余万元通过两年多时间逐步建立的专业合作社。该合作社现有社员 85 户，采取以实物圈舍入股的方式，注册资本 300 万元。2013 年，还辐射带动 200 余户农民养殖黑山羊，每户年收入 5000～15 000 元。采用"企业＋合作社＋社员（农户）"的模式，即企业提供技术、信息、服务支撑，合作社负责统筹，社员负责生产，参与经营管理。

（二）普安县养殖企业（场）

1. 俊安农业开发有限公司

普安县俊安农业开发有限公司位于普安县高棉乡，建于 2011 年，是当地的退伍军人李俊及其湖南一战友共同创办的中型私有养殖企业，注册资金 500 万元，占地 21.33hm^2。该公司以饲养山羊为主，另有少量肉牛，计划存栏 2000 只山羊、100 头肉牛，现存栏山羊 500 只、肉牛 30 头，全舍饲。这个公司饲草料供应主要采取以下措施。

（1）种植高产饲用作物。2013 年种植饲用玉米 4hm^2，黑麦草 1.33hm^2，甜高粱 1.33hm^2。

（2）收购玉米秆及甘蔗梢青贮。每年从 8 月底陆续开始收购农民玉米秆和甘蔗梢，玉米秆到厂价格为 0.5 元/kg，甘蔗梢 0.3 元/kg。

（3）收购储藏干稻草，精料以玉米面为主。由于该场还在建设中，目前暂未产生效益。

2. 隆吉养殖场

普安县隆吉养殖场位于普安县高棉乡地四村，建于 2010 年，是由地四村村民谭龙吉创办的小型私有养殖企业，注册资金 30 万元，占地 15 亩。该养殖场全部饲养本地黑山羊，年存栏 300 只左右，为普安县草地中心培育的养殖企业之一，2013 年获利 20 余万元。因该村天然灌丛草地资源丰富，养殖场以放牧养殖为主，所需饲草主要是在贵州省草业研究所和普安县草地中心的支持下，利用自有 5 亩地加上租用的 15 亩土地种植饲用玉米、黑麦草、高丹草等。由于是以放牧为主，投入成本低，加上销售灵活，效益较好。

（三）晴隆的草地畜牧业开发

1. 晴隆草地畜牧业开发有限责任公司

公司于 2003 年 3 月注册登记，注册资本金 1100 万元。十余年来，公司针对晴隆县的实际情况，因地制宜，把石漠化山区水土流失严重的陡坡耕地退耕还草，在治理石漠化的同时发展草地生态畜牧业，生态治理产业化，产业发展生态化，让农户在石漠化治理建设中获得较高的经济效益，有效地解决了石漠化治理过程中农户增收与工程治理之间的矛盾。该公司从 2001～2003 年先后引进 46 只纯种波尔山羊、54 只南江黄羊发展至今，全县羊存栏达 42 万只，已辐射带动全县 14 个乡（镇），168 个村，12 800 户农户，87 600 人。在此期间，种植人工牧草 2.8 万 hm²，改良草地 1.37 万 hm²；已建成 38 个肉羊基地、2 个育种场、291 个人工授精点；养羊农户年收入最低的达到 3 万元，最高的可达到 18.6 万元。公司于 2003 年成为省级重点龙头企业，2004 年被评为国家星火计划龙头企业技术创新中心，2005 年被国务院扶贫开发领导小组办公室评为国家扶贫龙头企业，2006 年被评为省级优秀龙头企业。据不完全统计，公司自成立以来，帮助农民创收 3.7 亿元，提供税收 600 多万元。

2．马场乡马场村舍式养殖模式

2011 年 6 月，马场村村长黄东良开始养羊，放养和舍养相结合，以舍养为主，种植高产人工草地 21 亩，引进种羊 88 只。到 2013 年 12 月，羊群发展到 400 只，销售 270 多只，实现累计收入 40 万元。

（四）长顺县的畜禽养殖

长顺县国土面积 1543km²，但石漠化面积比例高达 79.6%，可利用耕地面积少。该县年均降水量 1400mm 左右。长顺县山林资源丰富，各种草场资源 1.92 万 hm²（成片草场 0.39 万 hm²），退耕还林地 0.46 万 hm²，25° 以上坡耕地 2.33 万 hm²，荒山、灌木丛 8 万 hm²。近年来，该县在探索石漠化治理与畜牧业产业发展中进行了积极有效的探索，总结出一些成功的发展模式，其中长顺绿壳蛋鸡产业已成为该县的生态养殖代表品牌，并发展了一批以农民专业合作社为载体的规模经营主体。

1．长顺县鑫鑫畜禽养殖农民专业合作社

该合作社位于长顺县长寨镇和平东路，成立于 2010 年 9 月，注册资金 150 万元。该合作社以长顺县绿壳蛋鸡产业发展为主，采取"合作社＋基地

＋农户"的运行模式，按照"建一个组织、兴一个产业、活一方经济、富一批群众"的同步发展思路，有效带动绿壳蛋鸡产业发展。合作社是集饲养、选育、保种、孵化、加工、营销、技术服务为一体的民营合作社，为贵州省草地生态畜牧业产业标准化建设示范点、黔南州"（长顺）绿壳蛋鸡"遗传资源保种场，被长顺县畜牧局认定的"（长顺）绿壳蛋鸡"原种场。合作社拥有绿壳蛋鸡生态养殖基地 8 个，总存栏长顺绿壳蛋鸡 20 万羽，其中成年母鸡10 万羽，年产有机绿壳鸡蛋 1350 万枚，实现年产值 3300 万元。2008 年 12月，长顺县绿壳蛋鸡通过贵州省农业厅无公害农产品产地认证，并纳入贵州农特产品地理标志保护建议名录。2009 年 10 月，该良种通过国家农业部畜禽遗传资源委员会审核和鉴定，被录入国家畜禽遗传资源新品种名单，并获《国家畜禽遗传资源新品种证书》，2012 年 11 月通过国家有机产品认证，2013年 11 月成功申报长顺县绿壳蛋鸡国家地理标志产品。2013 年初，合作社在长顺县种获乡新建有高繁品系选育场、快长品系选育场、品种资源保护场和品种扩繁场，现有社员 1500 人，专业技术人员 20 人，其中，中级职称 12人，初级职称 8 人。

2．长顺县鑫鑫畜禽养殖农民专业合作社经营模式

为充分发挥长顺绿壳蛋鸡品种资源优势，进一步调整优化农村产业结构，促进农民稳定增收，切实把长顺绿壳蛋鸡打造成为长顺县山地特色优势产业和富民强县的支柱产业，在政府资助下，鑫鑫畜禽养殖农民专业合作社通过改良草地、人工草地、退耕还林地、林地、果园地等实施生态综合养殖，形成林（果）下养鸡、草地养鸡、林草地养鸡等模式，趋向规模化、专业化、小区化和基地化，以促进绿壳蛋鸡生态养殖快速发展。

3．长顺县鑫鑫畜禽养殖农民专业合作社具体做法

鑫鑫畜禽养殖农民专业合作社在促进绿壳蛋鸡生态养殖快速发展中，采取了以下具体做法。

（1）抓组织，抓产业。以合作社为主体，合作社董事长为组长，合作社副董事长任副组长，其他社员为成员，成立农业产业发展领导小组，定期或不定期召开全社办公会，形成齐抓共管的良好氛围，做大产业规模，最大限度地调动和激发社内干部工作热情，提高农民的积极性，有力促进产业发展。

（2）抓整合，多渠道。一是资源整合，大力发展林下养鸡。通过整合各种草场资源、退耕还林地、荒山、灌木丛等资源优势，选准符合长顺县发展的绿壳蛋鸡产业的优势区域。二是项目整合，迅速扩大长顺绿壳蛋鸡产业，为农户争取绿壳蛋鸡养殖项目，加大专项资金投入，扩大生产规模。采取"一业为主、多品共生、种养结合、以短养长"的山地农业模式，进一步丰富、拓展其内涵和外延，增加群众收入。

（3）扶贫开发与同步小康相结合。2011年，合作社被列为县级"合作社为单位、整合资金、整乡推进、连片开发"项目试点基地，合理优化利用特殊的喀斯特地貌，着力集中连片建设喀斯特扶贫开发产业带，在项目区石旮旯里的土地上退耕种草、种核桃、种苹果等，实现林下养鸡，种养结合，发展种草养畜养禽产业，最大限度地发挥土地的使用效益，提高土地利用率，形成了山区"种养结合、长短互补"的发展模式，变"输血"为"造血"，努力实现"长远扶"到"扶长远"。专业合作社采取"借种还蛋、滚动扶持"的方式，并跟踪提供技术培训和服务，扶持农户发展林下种草养鸡，初步扭转"水土流失-土地石漠化-生活贫困"的恶性循环，走出了"生态修复、果禽并举、长短结合"的扶贫开发新路子；设法为农户规划利用土地资源，合理配套种养，唱响了"希望在山、潜力在山、致富在山"的新旋律。

（4）抓机制，跟踪服务。一是培训示范机制。在合作社建立养殖技术服务工作站，成立绿壳蛋鸡良种场和选育场，通过基地试验示范，选育适合本地养殖、种植的优良品种，做给群众看，带着群众干，帮着群众赚。二是人才引进机制。本着"不求所有，但求所用"的引进理念，合作社积极与省、州各级专家人士合作，并聘请他们作为合作社产业发展的核心专家，为产业发展把脉献计，发挥"科技是第一生产力"的作用。

五、种草养畜存在的主要问题

（一）石漠化问题突出，农业基础设施薄弱

　　贵州山多地少，交通不便，石漠化问题突出，农业基础设施十分薄弱，在很大程度上制约了农业生产规模和效益的提高，不利于种草养畜产业的发展。据调研组在长顺县和晴隆等实地考察，至少50%以上的陆地面积已石漠化或具有石漠化特征。石漠化区域土层浅薄、保水性差，生态脆弱，尽管年降水量高，但却经常发生干旱，"地面水贵如油，地下水哗哗流"就是真实的写照，生产上难以取得大面积的作物产量。另外，石漠化区域内的交通、水利设施基础薄弱，进一步建设需要的投资和困难也相对较大，部分养殖场基础条件简陋，难以吸引社会资本后期投资，制约了种草养畜产业的发展。

（二）扶持项目渠道分散，资助力度不够

　　调研组在调研中了解到，当前国家和省级层面针对贵州在石漠化治理、退耕还林还草、农区牧草、种草养畜和生态保护等多方面都有相关项目扶持；资金渠道来自扶贫办、农业部门、民政部门等多种渠道的国家公共财政扶持，尽管每个渠道的资金总量不多，但需要有相应的独立管理与考核，资金分散且力度不够，缺少将社会效益和生态效益统筹的总体规划。调研组在长顺等县座谈时，有基层管理干部建议把省级和中央扶持的同类项目在县级层面进行打包整合，委托县政府全权负责统一组织，并签订项目管理考核合同，在资金和技术上集中优势，有效提高项目的实施效果。此外，上级部门之间的扶持政策及项目缺少部门间的顶层设计，不利于政策和资金的最佳配套，甚至出现有草无畜、有畜无草的项目管理问题。

（三）规模化程度低，比较经济效益差

　　由于受地理环境、交通不便和市场发育等客观因素的制约，加之受传统观念、科技支撑不足、信息闭塞等主客观因素的影响，饲用作物种植规模小，农户分散，难以有效地调整粮经饲结构，发展饲用作物。种植农户一直靠政

府送种子、地膜、肥料等农资，才得以维持一定的种草面积。当前，贵州省种草养畜仍然以小规模散养户为主。多年来，尽管中央和贵州省扶贫办在石漠化地区探索和成功建立了以"晴隆模式"为代表的草地生态畜牧业示范区，但其示范带动性仍然不够，能够不依靠政府项目扶持、独立发展的规模型养殖企业还很少。贵州省扶贫产业办的同志介绍，近年来贵州省仅对养羊产业的财政支持就达 3.9 亿～4.0 亿元/年，但由于被分散补贴至众多的小规模散养户，资金利用效率大打折扣，没有形成预期的扶持效果，因此每年还需另从四川等其他省份外调基础母羊，才能满足养殖户的需求。为此，针对规模小、区域分散、扶持资金效率低等问题，为着力提高小规模养殖户在获取技术、信息和抗风险方面的能力，贵州省正在探索和发展以"小规模、大群体"为核心的草地畜牧业园区发展模式，加快推进适度规模化养殖，提高种草养畜产业的比较经济效益。

致谢

调研工作得到贵州省扶贫办有关领导、贵州省农业科学院院长刘作易教授、贵州省草业研究所有关领导和专家、国家牧草产业技术体系黔南综合试验站站长莫本田研究员等的大力支持和无私帮助，在此一并致谢！

调研六　四川省西充县种草养畜调研报告

　　种草养畜在调整农业产业结构、缓解人畜争粮矛盾，促进畜牧业的可持续发展中具有重要意义。四川省南充市西充县为肉牛、肉羊、肉兔等草食牲畜养殖大县，种草养畜为群众增收做出了较大的贡献。为全面了解该县的种草养畜状况，2012 年 5 月 7 日至 9 日，项目专题调研组现场考察了西充县义新镇、双江镇的肉牛养殖大户，西充县龙兴农业科技有限公司、百科现代农业公司，听取了养殖户和公司的情况介绍，并与西充县农业局、畜牧局领导、技术人员及种养殖大户进行了座谈。与此同时，调研组还考察了南充市高坪区玛思特公司，并与高坪区农业局、畜牧局领导和技术人员等进行了座谈。现将调研情况报告如下。

一、西充县概况

　　四川省西充县位于四川盆地中部偏北部，嘉陵江与涪江两江之间的脊梁地带，属浅丘地貌，平均海拔 380m，谷沟纵横，丘陵密布。地势西北高，东南低，由西北向东南缓缓倾斜，丘体呈南北走向，背面略高，多河流。属亚热带湿润季风气候，四季分明，雨水丰沛，大陆季风气候显著，年平均温度为 18℃，年日照时数 1473.9h，无霜期为 344 天，年降水量 659～1400mm，降雨大部分集中在 7、8、9 三个月，适合各种作物生长。该县东西长 44.7km，南北宽 42.4km，面积 1108km^2，其中耕地面积 3.38 万 hm^2，林地面积 3.07 万 hm^2，森林覆盖率 38.4%。全县有 44 个乡镇、21 个居民委员会、595 个行政村、5616 个村民小组，总人口 66 万，其中农业人口 53 万。

二、种养业基本情况

（一）种植业

　　西充县属农业大县，种植业主要以粮食作物为主，主产水稻、小麦和玉米；此外，红苕产量高，具有"苕国"之称，还盛产柑橘、梨等水果。2011

年全县农作物播种面积 11.33 万 hm²，其中粮食面积 7.35 万 hm²，总产 38.2 万 t，人均粮食占有量 578.8kg。除此之外，该县当年还种植油料作物 1.44 万 hm²，总产 4 万 t；蔬菜 1.2 万 hm²，总产 30 万 t；经济作物（棉花、海椒）11 万亩；饲料饲草作物 0.67 万 hm²；其他 333.33hm²。

（二）养殖业

2009 年，全县生猪存栏 62 万头，出栏 80.1 万头；家禽存栏 639 万只，出栏 750 万只；肉牛存栏 2.1 万头，出栏 1.22 万头；肉兔存栏 30 万只，出栏 69.4 万只；山羊存栏 13 万只，出栏 11.2 万只。肉、蛋、奶总产量分别为 7.8 万 t、2.3 万 t 和 7729t。当年全县畜牧业产值 16.54 亿元，占农业总产值的 60%，农民人均畜牧业纯收入 7800 元，占农民纯收入的 60%。目前，畜牧业虽已成为西充县发展农村经济的主体和农民增收致富的重要支柱产业，但节粮型畜牧业的比重偏小，仍处于发展的初级阶段。

1. 典型肉牛养殖场发展现状

近年来，西充县规模饲养业开始起步，许多乡镇建立了规模养殖场。我们走访了位于双江乡和义新镇的两家专门从事肉牛育肥的规模养殖大户。双江乡肉牛养殖大户李润生，现存栏肉牛 100 余头，已修建好的牛舍还可容纳肉牛 200 余头。以 300kg 重的肉牛为例，每天饲喂精料 1.5～2kg、酒糟 5kg、谷草 1～1.5kg；粗料则是冬春季饲喂黑麦草 10～15kg/d，夏秋不宜种植黑麦草就以青贮玉米 15kg/d 替代鲜草，牛日增重 1～1.5kg。该养殖大户所需酒糟多向当地酿酒作坊购买，粗饲料来源以基地自产为主，租用农户土地约 6.67hm² 以种植饲草，租期 20 年，租金以每年一亩良田 250kg 稻谷、一亩旱地 200kg 小麦计算。冬春季种植黑麦草，春夏季种植青贮玉米 3.33hm²，每亩玉米秆产量可达 2.5t，青贮后能达到 1.5t，6 月底至 7 月初收获玉米秸秆青贮，发酵 1 个月左右开始饲喂。另还需向当地农民收购玉米秸秆约 600t 以增大青贮量，保证全年饲草料的供应。养殖场的粪便免费提供给当地农民，由农民运往农地作肥料。

义新镇盐水垭村肉牛养殖大户张文兵，现存栏肉牛 130 多头，2011 年出栏 50 多头。根据牛品种的不同，购买 1 头 6～7 月龄的犊牛需 3000～4000元，饲喂 10～12 个月出栏，其中良种黄牛育肥快，8 个月即可出栏，体重达400kg。以 300kg 重的肉牛为例，每天饲喂精料 1～1.5kg、酒糟 10kg、鲜草 3～4kg、谷草 1～1.5kg，牛日增重 1～1.5kg。张文兵的饲料来源与双江乡李润生相同，同样租用其他农户的土地 2hm²，租期 20 年，冬春季种植黑麦草，夏季种植高丹草以提供新鲜饲草料。同时，收割自家农田里的玉米秸秆和谷草作粗饲草，不足部分向其他农户收购，购买价格 0.2～0.4 元/kg。在无青饲料供应的季节饲喂青贮玉米秸秆，每头牛日饲喂 15kg。以此计算，每月每头牛的饲草饲料费用平均约 250 元，而牛肉售价较猪肉波动幅度小，在 2011 年出栏的 50 多头肉牛中有 40 余头销售收入可达 7000 元/头，其余销售收入达13 000 元/头，不计用工成本平均每头牛可获利 1000～2000 元。

另外，调研组还走访了高坪区规模化养殖企业玛思特农业公司。该公司现存栏肉牛 300 余头，饲喂方式为每头牛日饲喂精料 1～1.5kg、酒糟 10kg、青贮玉米秸秆 7.5kg、谷草 1～1.5kg。粗饲料以公司基地自产为主。酒糟大多向附近乡镇酿酒作坊购买，但每年 8 月酿酒作坊因天气炎热而停止生产，因此规模较大的养殖场常出现酒糟供应不足的状况，此时肉牛的饲喂主要以青贮玉米秸秆为主，同时饲喂新鲜玉米秆、谷草及精料，恢复酒糟供应之后即可减少青贮玉米秸秆饲喂量。通过土地流转，该公司建立了 10hm² 的饲草种植基地，4 月初开始种植青贮玉米，7 月收割秸秆进行青贮，大约能制作 450t青贮饲草料，同时收购当地老百姓的玉米秸秆和谷草，增大粗饲料贮量。由于大批青壮年进城务工，农村劳动力缺乏，加之丘陵地区交通不便，使得收购玉米秸秆和稻草的劳动力成本大大增加。养殖场粪便以作肥料为主，仍然免费为当地农民提供。

2. 典型生猪养殖场发展现状

近年来，西充县生猪养殖业逐渐向规模化方向发展。2006 年 5 月，由成都兴美佳食品有限公司投资 5600 万元，在常林乡兴办的龙兴公司是一个集种植、养殖、加工、销售、技术推广为一体的现代农业科技有限公司。该公司租用农户土地共 66.67hm²，养殖母猪 3600 头，种公猪 100 头，育肥猪 10 万头，主要为 DLY、PIC 外三杂肉猪。猪饲养于圈舍内，分组分栏群饲，饲料包括以粮食为主的精料及青饲料。平均每天每头猪需饲喂精料 1.5～2.0kg，青料 2.0～2.5kg，青料以莴笋、红苕藤为主。但由于种植青饲料的人工成本高，而收购小区外的蔬菜及下脚料又容易出现污染等问题，使得养殖小区青饲料供应严重不足。在这种情况下，饲喂方式主要是在精料中添加一定的复合维生素来替代缺乏的青饲料。由此计算，每天每头猪饲料成本大约为 6.0 元。生猪饲养周期一般为 5 个月，体重达 110kg 即可出栏。110kg 生猪的市场价约 1300 元，耗费粮食 225～300kg，青料 300～375kg，除去饲料成本 900 元，不计用工成本每头生猪可获利 400 元，与每头肉牛获利 1000～2000 元相比，收益还有一定差距。而且，用复合维生素代替青饲料虽然成本较低，饲喂方便，但也产生了许多的问题，如公猪精液少、质量差，母猪不发情、产子后缺奶等现象。对此，据农户种植实例表明，种植 1 亩质优量高的青饲料，如紫花苜蓿、白三叶、紫云英等，可满足 40 头猪的全年青饲料供应，代替 50%～60% 的精饲料，且青贮后可全年平衡供应。更为重要的是，在日常饲喂中添加优质青饲料可提高猪的生产性能。目前，公司面临的主要困难是优质青饲料供应严重不足，同时在适宜草种的选择上也存在一定的问题。

3．草食畜牧业发展现状

根据区域特点与畜牧产业发展需求，为提高经济效益，增加农民收入，西充县注重发展以肉牛、肉羊、肉兔为主的节粮型畜牧业。根据规划肉羊养殖集中于观凤乡、中岭乡等乡（镇），养殖品种多为波杂山羊、南江黄羊；肉牛及奶牛养殖集中于太平镇、古楼镇等乡（镇），养殖品种多为鲁西黄牛、西门塔尔牛；肉兔养殖集中于多扶镇、仙林镇等乡（镇），养殖品种多为齐卡肉兔、新西兰肉兔、日本大白兔。养殖方式以大户规模化舍饲为主、农户散养为补充。规模化养殖场饲养肉牛规模为 30～300 头，肉羊养殖规模为数十只到上千只。农户散养以天然草山放牧为主，半舍饲为辅。养殖场粪便主要用作肥料，免费提供给当地农民，由农民负责运输，作为有机肥直接施用。西充县节粮型畜牧业从一家一户散养逐步向规模化、集约化、产业化发展，从传统饲喂走向标准化饲喂，并且已逐渐向优势区域集中。

三、饲草料资源及饲用作物开发利用现状

饲草饲料是发展草食畜牧业的物质基础，其数量和质量在很大程度上决定畜牧业的发展规模。目前，西充县的饲草料资源主要由四部分组成：一是草山草坡及疏林灌木的野生牧草；二是农作物秸秆；三是酒糟；四是人工种草。

（一）草山草坡

该县草山草坡 1.75 万 hm^2，占土地面积 15%。其中，山地疏林草丛草地 1.13 万 hm^2，林木主要有马尾松、柏树等阔叶类树种；山地灌木草丛草地 $240hm^2$，灌木以马桑树、黄荆树等杂灌类为主；草丛草地 $86.67hm^2$，以扭黄茅、白茅、金黄毛等为主；农闲草地 0.59 万 hm^2，以禾草、杂草、豆类草为主。野生牧草以狗牙根、鹅秧草、早熟禾、双穗雀稗、扭黄茅为主。

（二）农作物秸秆

农作物以玉米、小麦和水稻为主，有丰富的秸秆资源。全县每年实际利用的稻草、玉米秆、红苕藤、豌豆秆、蚕豆秆、油菜秆和其他副产物 4000 余 t，用于发展草食畜牧业的饲草料来源。

（三）酒糟

酒糟为酿制谷物酒（如糯米酒、高粱酒）后的残余物，营养丰富，含有曲香，适口性较好，是饲喂肉牛的主要饲料。因此，养殖场附近众多的酿酒作坊产出的酒糟成为肉牛育肥主要饲料的来源之一。

（四）人工种草

近几年来，西充县年种植黑麦草、高丹草、墨西哥玉米等优质牧草 $6700hm^2$，单产鲜草 5～10t/亩。人工种草以养殖大户通过土地流转的方式进行连片规模化种植为主、散养户零星种植为辅。

四、种草养畜存在的主要问题

调研组在调研期间,通过与养牛户、养羊户、农牧局分管领导、畜牧技术人员座谈,总结了当前西充县种草养畜存在的问题,主要包括以下几个方面。

(一)规模化养殖比重不高,标准化饲养水平较低

西充县大部分草食牲畜养殖户的养殖规模较小,缺乏草食牲畜大型养殖企业和龙头企业的支撑与带动,标准化程度低,饲料利用率低,竞争力较弱,加之信息闭塞,对市场变化反应迟钝,致使抵御市场风险的能力弱。此外,由于部分养殖大户和散养户养殖区域较为分散,合作化程度较低,相关设施落后,粪便尿液处理简单随意,多采用回田处理,因此造成田中粪便过剩和环境污染等问题。

(二)组织协作化程度低,缺乏畜产品加工企业,养殖效益低

西充县养殖大户和散养户间组织化程度低,一方面信息和技术服务体系薄弱,导致养殖企业(户)缺乏市场竞争力,抵御风险能力弱;另一方面,牛、羊养殖成本投入高,资金周转期长,用工价格飙升,加之缺乏畜产品加工企业及种草养畜龙头企业的带动,未能在本地区形成良好的产业链,养殖效益低。

(三)饲草品种单一,季节性缺口突出,深加工意识不够

西充县肉牛饲喂粗料以酒糟为主,辅以青饲及青贮玉米秸秆和稻草。酒糟的供应受酿酒作坊规模和生产状况影响,夏天酿酒作坊停止生产,酒糟供应不足就要加大青饲料和谷草的饲喂量。目前,西充县种植面积最大的饲草是黑麦草和高丹草,此外有一定面积的饲草玉米,其他草种仍然较少,存在饲草品种单一的问题。另外,饲草种植受到季节的限制,致使季节性供草不平衡,且散养户种植饲草的土地零星散落,不能有效利用耕作收获机械,在劳动力日渐缺乏的农村增加了很大一部分用工成本。此外,饲草种植户迫切

需要能够弥补季节性缺口的突破性饲草品种，由于劳动力缺乏和价格上涨的影响，耐轻简栽培管理的饲草品种的需求尤其显得迫切。饲草玉米在产量上具有较大的优势，但直接饲喂适口性、消化率和营养价值都较低，而且不便储存，青贮后品质会有较大提升，但配套的青贮加工技术亟须解决，目前的状况要实现青饲料的全年供给还很困难。养殖户饲料基地自产青贮玉米不足，需收购当地农户的玉米秸秆和谷草以增大粗饲料储量，养殖成本急剧增加。农作物秸秆也是西充县重要的饲草料资源，秸秆产量大，但利用率低、品质差，养殖户还没有要对其进行深加工的意识，利用不充分。优质饲草虽有种植，但总量仍有缺口，西充县目前亟须解决饲草量季节供应不平衡和品质不高且单一的问题。

（四）生产加工技术落后，饲草种收机械化程度低

目前，种植户缺少饲草和青贮玉米收割与加工设备，草业生产整体上科技含量低，在一定程度上制约了养殖业的规模发展。饲草种植大户基本上以人工方式进行饲草种植，特别是在饲草的收获和转运环节，劳动力开支已接近饲草生产成本的 1/3。目前，养殖户还缺乏相应的饲草料加工技术，没有掌握科学的青贮方法，使得饲草料的营养没有得到充分利用。西充县 80% 的农作物秸秆因缺乏机械化收割设备，一方面优质饲草料供应不足；另一方面，因为劳动力成本高，农民为了抢农时等原因致使农作物秸秆无人回收，放火焚烧，导致资源不能合理利用。

（五）养殖技术、兽医技术等力量薄弱，缺乏资金投入和政策支持

种草养畜需要种植养殖大户有较高的种养技术，而西充县的现状是对规模化的种养技术知之甚少，农户基本上还延续着传统的饲喂方法，一般的科学饲养方法与技术、疫病防控与安全生产知识和技术也较为缺乏。此外，因草食动物疫病防治专业人员少，队伍极不稳定，造成养殖产量与质量不高，经济效益低下，养殖风险性大。随着草食牲畜数量的逐年增长，基层乡（镇）为草食牲畜养殖服务的兽医人员相比生猪养殖的更为缺乏。

近年来，虽然国家在政策扶持力度上有所增加，但多集中在养殖大户和大型养殖企业，对散养户的培训、技术指导和经费支持力度相对较小。此外，由于资金投入少，良种在一些散养户中的引进推广尤为缓慢，肉牛、肉羊等生产处于落后局面，同时因未能形成品牌效应，市场竞争力差。在补贴政策方面，与生猪养殖相比，肉牛、肉羊养殖相关的政策支持较少，且养殖周期长，效益低，养殖户经济效益难以保障。

致谢

调研工作得到西充县和高坪区农业局、畜牧局，以及相关种养企业和部分农户的大力支持，在此一并致谢！

调研七　四川省家兔养殖饲草料调研报告

家兔是一种节粮型草食小家畜，其养殖具有"短、平、快"的特点，易学易懂，投资少，见效快，不需要太大的场地和劳动强度。四川盆地中部和盆周山地得天独厚的自然地理条件，为养兔业的发展奠定了良好的基础。近十年来，四川省家兔年出栏量稳居全国第一，在我国兔业中占有举足轻重的地位。家兔养殖在四川畜牧业结构调整和农民持续增收中，发挥着越来越重要的作用。然而，与家兔养殖的快速增长和发展壮大相比，相应的饲草料供应却相对滞后，每年因饲草料质量问题诱发的家兔大规模死亡时有发生。为调查研究四川省当前家兔养殖饲草料开发利用现状、存在问题等，探索研发新的饲草料资源，缓解饲草料短缺状况，促进草食型小家畜的持续、健康发展，2012 年 4 月 13 日～15 日、10 月 29 日～30 日和 11 月 12 日，以及 2013 年 11 月 9 日，项目专题调研组先后 4 次赴四川省家兔养殖优势区，重点对乐至县的皮肉兼用獭兔、洪雅县的长毛兔、荣县的肉兔养殖情况进行了深入的调研，并就相关问题与四川省畜牧科学院及部分畜牧主管部门领导、专家进行了详细的座谈。同时，为更深入了解当前家兔饲料生产、销售状况，专题调研组人员还对四川省两家大型家兔饲料生产企业眉山市海龙饲料有限公司和成都市新津金阳饲料有限公司进行了专题调研。现将调研结果总结如下。

一、家兔养殖概况

自"十五"以来，四川省家兔饲养量稳居全国第一，所占比重呈稳中有升的态势。2008 年年底，全省家兔存栏 6552.08 万只，其中肉兔、毛兔和獭兔分别占 83.2%、10.4%和 6.4%；家兔出栏 1.53 亿只，其中肉兔、毛兔和獭兔分别占 93.7%、0.4%和 5.9%。同年，全省生产兔肉 20.32 万 t，兔毛 6800t。据四川省畜牧科学院有关专家介绍，四川 2012 年家兔实际存栏量和出栏量已接近全国 1/3。近年来，四川省家兔养殖呈现出规模稳中有升，生产布局日趋合理，产业链不断延伸，品牌化战略初显成效的特点。

目前，四川家兔养殖以散养为主，但"公司＋合作社＋农户"模式快速兴起，规模化养殖比重日渐增加，已形成多个优势产区。随着龙头企业的不断发展，围绕龙头企业建立了一大批家兔生产基地，并依托基地纷纷成立了农民专合组织，包括荥经毛兔行业协会、仪陇养兔产业协会、哈哥兔业合作社等百余个兔业合作组织。据 2008 年统计资料，四川省 21 个市（州）均养殖家兔，但主要分布在农区 17 个市，集中于成绵、成乐、成渝、成南四条线的四川盆地及盆周山区，初步形成了以成都-德阳-绵阳、成都-眉山-乐山、成都-资阳-内江-自贡-宜宾、成都-遂宁-南充-广安等大中城市为主的肉兔产区，以广元、洪雅为主的盆周山区毛兔产区，以江油、仪陇、南部、江安、新津为代表的丘陵山区獭兔产区。主要分布区家兔出栏量占全省 99.7%。

四川不仅是家兔养殖最大的省，也是消费最大的省。2008 年四川人均消费兔肉 2.34kg，同期全国人均仅为 0.48kg。四川兔肉产量已接近该省肉产量的 3%，而全国仅 1%。兔肉除少部分深加工成肉制品外销外，大部分自产自销。为满足本省对兔肉的旺盛需求，每年还从山东、山西、河北等地调进兔肉。最近几年，四川涌现了以四川哈哥兔业和成都西奥集团为代表的一批龙头企业。

为促进四川兔业的快速发展，四川省将 2010 年定为兔标准化养殖推进年。另据四川省"十二五"规划，将建省肉兔原种场 1 个，扩繁场 10 个，毛兔一级扩繁场 8 个，改扩建四川省獭兔原种场、一级扩繁场 5 个，并进一步加大家兔养殖的财政支持力度，改善科研条件，加强科技力量，四川家兔养殖呈现出一片欣欣向荣的景象。

二、家兔养殖及饲料生产典型调研

（一）中和兔业专业合作社

中和兔业专业合作社位于乐至县中和场镇，2008 年注册成立，当年发展 52 户合作社员，出栏商品獭兔 2 万只，盈利 50 余万元。2011 年，该专业合作社在中和场镇金种老河村、魏家坝村、印和村等发展 150 余户散养户，同时还在该县良安、大佛、凉水、放生等乡镇发展规模养殖户 30 余户，出栏獭兔 10 余万只，纯利润 300 万元。2012 年，合作社争取到四川省政府"标准化獭兔养殖小区"项目建设资金 600 万元。项目实施后，可建设 5～6 个标准养殖小区，每个养殖小区以 4～5 户为单位，占地 20 亩，建设 1 万个兔笼。届时，养殖总面积将达 2.4 万 m²，实现年出笼獭兔 20 余万只。

合作社社员陈明荣，现年 38 岁，家住乐至县中和场镇金种老河村，全家 5 口人，父母均已接近 70 岁，有一 5 岁儿子。有耕地 4.5 亩，种植稻谷 2.5 亩，玉米 2 亩，喂养猪 2 头，鸡 10 只，鸭 15 只，平时主要由老人耕作和照管。一直外出打工的陈明荣夫妇 2006 年返乡开始养殖獭兔，目前已完成兔舍建设累计投入 15 万元，养殖 2500 只基础母兔。据陈明荣介绍，每只母兔可年产约 25 只仔兔，养殖 5 个月长至 2.5～3.0kg 出栏，可产精肉约 1.5kg，按当地市场价可销售 30 元，另兔皮可销售 40 元，扣除 12.5kg 饲料成本 40 元，在不计劳动力投入情况下，出栏每只獭兔的利润约 30 元。商品獭兔一般只饲喂配合饲料，饲喂青草会引起皮毛稀疏、光泽度差，导致质量下降。种兔日需 0.1kg 青草以补充维生素，增加母兔奶水量，提高公兔发情，青草太少会便秘，太多又会影响母兔乳汁质量。

饲喂獭兔的饲料以往是自己加工，每 50kg 饲料需稻草 15kg（自产不计费用）、玉米 17.5kg（2.4 元/kg）、麦麸 10kg（2.0 元/kg），豆粕 7.5kg（3.6 元/kg），自行加工饲料的成本为 3.2 元/kg。目前市售商品兔料为 3～3.2 元/kg，因此已改为直接购买商品饲料。獭兔粪便可用做农家肥或饲喂猪、羊等，内脏作为鱼饲料。该农户自繁、自养、自销的养殖模式，每年出栏獭兔 1 万只，在不计劳务支付的情况下，年盈利达 30 余万元。陈明荣计划再建设 1000m² 兔舍，需投资 30 万元。目前面临的主要问题是道路交通、资金和规模养殖后的销售市场。

（二）斌闳兔业专业合作社

斌闳兔业专业合作社位于四川省洪雅县中堡镇史华村。

中堡镇史华村现有居民 380 户，人口 1350 人，其中长期在外务工人员

500 余人，短期务工人员 200 余人。史华村有耕地 38.67hm²，退耕还林地 6.67hm²，种植粮食作物 8hm²。大春水稻产量 550kg/亩，可产 350kg 稻米，毛收入 1400 元，除去种子、农药、收获（机器收获）等费用 800 元，每亩可盈利 600 元；小春油菜平均产量 125kg/亩，除去种子等费用，每亩可收入 400 元，种植粮油作物每亩累计纯收入 1000 元。

自 20 世纪 90 年代，该村就开始养殖长毛兔，现存栏长毛兔 5 万~6 万只，几乎家家都养殖长毛兔。规模在 500 只左右的农户 100 余户，1000 只左右的 10 户，多数在 50 只左右，一般为农村留守老人养殖。毛兔养殖劳动强度不大，据该村支书杨贵芬介绍，1 个 70 岁的老人可独立饲养 100 只左右毛兔，年可实现纯利 1 万元。为解决长毛兔养殖所需饲草，该村针对人多地少的客观实际，创造性地将有着 50 余年传统优势的种桑养蚕，同新兴产业种草养兔有机结合，研制出新的"带状立体复合种植"技术。具体为每年 4~9 月桑树与青贮玉米或红苕间作，10 月采摘完桑叶后，于 11 月在桑树和种植玉米的宽带播种黑麦草、萝卜作为长毛兔养殖的青饲料。目前全村依靠此种模式种植黑麦草 24hm²，亩产鲜草可达 2.5t，基本上解决了长毛兔养殖所需饲草。兔粪生产沼气后，又作为肥料。

经过 20 余年的毛兔养殖实践，史华村农户在养殖大户史小兵的带领下，于 2009 年注册成立斌闳兔业专业合作社，主要从事毛兔养殖及销售。合作社基地占地 5.6 亩，其中养殖用地 3.1 亩，建有兔笼 5000 个，存栏毛兔 3800 只，其中种兔 1800 只，产毛兔 2000 只，年产种兔 1 万只，兔毛 5t，年总产值 210 万元。据该合作社社长史小兵介绍，长毛兔以饲喂商品配合饲料为主，每只成年产毛兔日饲喂配合饲料 0.14kg 和青草 0.1kg，可年产兔毛 1kg，按目前市价，可销售 250 元左右，除去 60kg 配合饲料成本 150 元，每只长毛兔的年纯利在 100 元左右。

合作社现有社员 272 家，共养殖毛兔 5.25 万只，年产兔毛 6.5 万 kg，兔毛销售收入 1500 万元，纯利 600 万元。由于目前养殖规模小，兔毛销售以合作社提供信息，社员自行销售为主。合作社采取"合作社＋基地＋农户"的抱团养殖模式，引种、防疫、饲料统一管理。合作社每年春、秋两季免费为社员养殖毛兔各防疫一次。合作社计划下一步免费提供 300 只种兔，发放给中保镇范围内有养殖能力和养殖热情的弱势群体，以发展为新的社员。合作社另计划建造 5000 只毛兔养殖厂房和兔毛收购房、加工厂，实现养殖规模 1 万只，引种优良种兔 500 只，完善草场设施。

（三）旭旺畜牧养殖有限公司

旭旺畜牧养殖有限公司位于四川省荣县，成立于 2008 年 7 月，注册资金 2088.88 万元，是一家从事生猪、家兔养殖、兔屠宰、兔肉精深加工及蔬菜种植的市级农业产业化重点龙头企业，现有固定资产 5325.23 万元。公司正在建设的四川省规模最大、标准最高的家兔屠宰及精深加工厂即将投产，设计年加工 5000 万只肉兔。2012 年，公司收购成都九刀兔食品有限公司，拟增资 1000 万元组建四川九刀兔食品有限公司。公司拥有"旭旺"、"旭味轩"、"品山"商标和授权使用的 4 项兔肉精深加工国家发明专利技术。该公司现有标准化养殖场 5 个，蔬菜种植基地 500 亩，其中年出栏 120 万只种兔基地被四川省畜牧食品局认定为无公害畜产品产地，蔬菜基地被四川省农业厅认定为无公害农产品产地。

公司养殖的商品肉兔一般仅饲喂配合饲料，最大日饲喂量为 0.1kg，在出栏前的集中育肥期适当增加饲料中蛋白的含量。母兔仅在泌乳期日增加 0.15kg 青饲料以增加食欲，如饲喂太多则会影响到乳汁的品质。公兔每晚增加饲喂 0.1kg 左右青草。据了解，肉兔饲料粗纤维素含量在 18%～19%，若太低则会出现拉稀、胀气等病症，太高则生长慢、育肥期加长。按此种养殖方式，每只种兔年可繁殖 30～40 只仔兔。每只仔兔经 30 天左右哺乳期长至约 1.2kg 后，另需 35～40 天集中育肥，长到约 2kg 后可销售 44 元，除去饲料成本 16 元，在不计劳动力的情况下，出栏每只肉兔可盈利 20 元，另每只母兔可销售 100 元。

（四）眉山市海龙饲料有限公司

眉山市海龙饲料有限公司位于四川省彭山县，于 2006 年 3 月建成投产，总投资 1000 万元，占地近 1000m^2，是集家兔饲料研发、生产销售、技术服务为一体的专业化企业，主要生产各类型的家兔配合饲料，目前月销售额 3000 余 t，占四川省市场份额的 20%左右。

　　该公司生产的配合饲料中，粗饲料含量占 35%左右，所需粗饲料主要为苜蓿、羊草，以及玉米、大豆、花生等作物秸秆，90%以上依靠进口或国内的甘肃、黑龙江、宁夏等省（自治区）调运。苜蓿、羊草到厂价分别为 2500元/t、1800 元/t。近年来，由于各种干草的价格日益上涨，外调粗饲料的质量也很难保证，该公司尝试用当地作物秸秆等粗饲料资源取代外调干草，于2012 年投资 300 余万元建成了四川省唯一的干草生产线。该生产线每小时耗100kg 煤、50 度电，经粉碎、压榨、杀青、烘干等生产流程可生产 1t 干草。其中，最为关键的技术是机械压榨，此步可去掉青鲜饲料中 70%的水分，烘干剩余水分也不需太多能量。据初步估算，用当地玉米秆等加工干草，比外购苜蓿干草每吨可节省 100 元。该公司用野生牧草、黑麦草、玉米秆、墨西哥玉米等加工干草作为粗饲料的试验研究，已取得初步成功。

三、家兔养殖饲草料现状及存在的主要问题

（一）配合饲料已逐步成为家兔养殖的主导饲料

　　根据调研组对长毛兔、獭兔、肉兔 3 种类型家兔饲料构成的调研结果，除毛兔对青草需求稍高以及獭兔、肉兔的种兔在特定阶段需补充适量青草外，其余均饲喂配合饲料，其使用量已占饲料总量的 95%以上。因此，大量商品饲料的工厂化生产是家兔规模化养殖的前提和基础。因为家兔饲喂配合饲料，既适应今后规模化养殖的需要，又便于标准化生产和饲喂，可较大程度地降低养殖的人工成本，提高饲养水平和养殖效益，所以配合饲料已逐步取代传统的青料，成为当前四川家兔养殖的主导饲料。

（二）干草资源匮乏是制约兔业发展的瓶颈

　　据调研，配合饲料成本已占家兔养殖成本的 70%左右，其中的苜蓿等粗饲料又占配合饲料生产成本的 30%～35%。据相关资料，在重庆市、河北省

沧州市、河南省许昌市和四川省成都市 4 个地区中，以成都市商品种兔料的价格最高，并且成都市商品种兔料的价格在 2010 年、2011 年分别较 2009 年上涨了 15.2%、8.0%，育肥料上涨了 25.7%、11.4%。四川省配合饲料价格的快速上涨以及高于国内其他地区的状况，直接导致该省家兔养殖效益下滑和市场竞争力降低，致使薄利的家兔养殖业难以承受，严重影响家兔养殖业的健康发展。

　　家兔是草食性小家畜，配合饲料中必须添加 35% 左右粗饲料。从四川部分家兔饲料生产企业的调研中了解到，造成该省配合饲料价格高的一个重要因素是粗饲料的匮乏，如前所述，粗饲料成本已逼近配合饲料成本的 35%。由于四川气候条件不适宜生产干草，全省绝大多数家兔饲料生产企业所需干草几乎全部依靠进口或购自北方的内蒙古、甘肃、宁夏等省份。近年来，由于受多种因素的影响，干草供应，尤其是苜蓿干草供应严重不足，价格持续上涨。以家兔粗饲料中利用最多的苜蓿为例，2008 年我国进口苜蓿到岸价格仅为 279.95 美元/t，而 2013 年（1～9 月）已飙升至 373.99 美元/t，上涨了 33.6%；进口量则由不足 2 万 t，增加至 52 万 t，增加了 26 余倍。相比之下，近几年内豆粕精料价格相对较稳定（表 1）。因此，部分饲料厂为节约成本已开始尝试用豆粕取代苜蓿中的蛋白质。不过，用豆粕虽能解决家兔所需的蛋白质，但家兔所需的纤维仍未能解决，于是在调研过程中，我们提出可用纤维替代性饲用作物的草粉取代苜蓿的纤维素。这样一来，按出栏每只家兔需配合饲料 12kg 计算，四川省目前每年需配合饲料 80 余万 t，其中的草粉缺口近 30 万 t。

表 1　四川省两市县近 4 年 43% 蛋白豆粕价格

年份	地点	价格/（元/kg）
2009	眉山市	3.36
2010	蒲江县	3.30
2011	眉山市	3.45
2012	眉山市	3.46

数据来源：网络资料整理，统计日期为每年的 3 月 20 日

依靠进口或外调干草，很难保证稳定的粗饲料供应，迫使家兔饲料生产

厂家不得不依据粗饲料来源，频频更换饲料配方，进而影响到家兔的标准化养殖。另外，由于外调粗饲料质量不稳，收购、运输过程中易出现质量问题，因发霉变质造成四川家兔大批量死亡的现象时有发生。粗饲料严重不足已成为制约四川家兔规模化养殖的瓶颈，开发和利用新的廉价粗饲料资源，减少对外调苜蓿等干草的依赖，已成为四川家兔产业持续、健康发展亟待解决的问题。

致谢

项目组真诚感谢四川省乐至县农业局、畜牧食品局，洪雅县农业局、畜牧局，荣县畜牧食品局有关领导和专家，四川省畜牧科学院唐良美研究员的支持和帮助。特别感谢自贡市旭旺畜牧养殖有限公司、眉山市海龙饲料有限公司、成都市新津金阳饲料有限公司，洪雅县中堡镇史华村村支书杨贵芬及养殖业主陈明荣、史小兵等对调研的大力配合！

调研八　西藏自治区种草养畜调研报告

　　畜牧业尤其是草食畜牧业的发展水平，是衡量一个国家农业现代化水平的重要标志。近 20 年来，我国草食畜牧业虽发展较快，但仍不能满足人们物质生活水平提高对牛羊肉奶等高蛋白食品的需求。西藏自治区位于祖国西南边陲，地处青藏高原腹地，为我国乃至亚洲许多重要江河发源地，是重要的生态安全屏障，其独特的区位条件决定了该区农牧业的发展必须依靠不同于内地的发展模式。该区 95% 以上常住人口为藏族和其他少数民族，他们常吃牛羊肉，喜喝酥油茶，对草畜产品的需求一直很旺盛。自 2000 年西藏粮油肉自给目标实现后，自治区农牧业的发展、农牧民的增收也随之出现了新的情况。为总结西藏发展草食畜牧业的成功经验，了解存在问题，项目专题调研组于 2012 年 9 月 9 日～27 日对西藏自治区种草养畜的一些典型市（县）进行了调研。调研组先后对中国科学院拉萨高原生态综合试验站、白郎县圣雄养殖厂、西藏农牧科学院白郎县白雪试验站、西藏农牧科学院农作所试验基地、贡嘎县饲草玉米种植基地等进行了详细的考察，并与西藏自治区农牧科学院部分种草养畜的专家进行了深入的座谈。现将调研考察结果报告如下。

一、西藏自治区概况

　　西藏自治区国土面积 120 余万 km^2，约占全国国土面积的 1/8。地貌类型属山原、台原和高山峡谷，平均海拔 4000m 以上，可大体分为三个不同的自然区：藏北高原区，占全区面积的 2/3，自然条件恶劣，大部分地区年均气温低于 0℃，全年有冰冻，不适合农业生产；藏东南低谷区，即墨脱、察隅一带喜马拉雅山南侧低谷地区，是西藏温度条件最好地区，年均气温 15℃，立体气候明显，以林业为主；藏南谷地，即雅鲁藏布江中游地区，年均气温 5～8℃，全年无霜期 120～150 天，>10℃ 积温 2000℃，自然条件较好，是西藏农牧业发展的主体，农作物一年一熟，主要种植冬小麦、青稞、油菜等。全区气候资源的总体特征是气候多变、空气稀薄、日照充足、气温较低、降水较少。

自治区辖 7 地（市），74 县（市、区）。截至 2010 年底，全区常住人口 300.2 万人，其中 95%以上为藏族和其他少数民族。自治区经济属典型的农业经济，农业人口超过全区人口的 80%。农牧业是西藏农区经济的基础和支柱产业。2011 年，全区国民生产总值 507.5 亿元，其中农林牧渔业总产值 108.8 亿元，占国民生产总值的 21.4%。

二、种养业基本情况

2011 年，全区农业产值 46.1 亿元，牧业产值 48.9 亿元，农、牧业产值大致相等。全区耕地面积 23 万 hm²，主要种植青稞、小麦、油菜、豌豆、蔬菜等作物，其中青稞 11.63 万 hm²，小麦 4.15 万 hm²，油料作物 2.41 万 hm²，蔬菜类 1.9 万 hm²。粮食、油菜籽和蔬菜常年产量分别在 92.4 万 t、5.5 万 t 和 45.0 万 t。目前，全区年人均粮食 400kg。西藏自治区主要保灌区农作物良种率 87%以上，大部分粮食主产区已推广应用机耕播种、种子包衣、化肥施用等农业技术。在主要河谷区已建立了规模较大、设施完善、技术先进的设施园艺生产基地。该区的农产品加工已从过去的糌粑、酥油、青稞酒老三样，发展到各式各样的加工产品。

西藏畜牧业以牦牛、羊等草食动物为主。2011 年牲畜存栏总数 2185 万头（只、匹），其中牛 645 万头，羊 1459 万只。全年猪牛羊肉产量 27.7 万 t，奶类产量 31.4 万 t。动物防疫、人工授精等技术已逐步推广和应用。牧区主要依靠天然草场，全年放牧，存在草地超载，草场沙化、退化严重的问题。农区和半农半牧区，夏季主要利用放牧和田间野生牧草养殖牲畜；冬季主要依靠青稞、小麦等作物秸秆。全区普遍存在草畜矛盾突出、饲草资源匮乏的问题，常受饲草料供应结构与来源的影响，牛羊养殖出现夏饱、秋肥、冬瘦、春死的恶性循环。经过西藏农牧科技人员的努力，目前，饲用玉米、饲用油菜等新型饲用作物已有一定面积推广，并初步得到了农牧民的认可。

西藏农牧业已开始从粗放型向集约型转变，但总体上仍属于一种生产型而非经营型的产业，小而全、自给自足的生产经营方式没有得到根本改观。农牧产品的商品化率非常低，农区不卖粮、牧区不卖畜的传统观念仍占主导地位，牧区商品牲畜多是冬前淘汰的病老牲畜。肉奶商品率 10%～20%，粮食商品率仅有 7%～10%。

三、饲草料资源及饲用作物开发利用现状

饲草料资源极度匮乏是西藏当前畜牧业的真实写照，也是制约西藏草食畜牧业发展的瓶颈。目前，西藏饲草料资源主要由三部分构成：一是草山、草坡等天然草场；二是青稞、小麦等农作物秸秆；三是以饲用玉米、饲用甜菜、饲用燕麦等为代表的新型饲用作物。

（一）草山、草坡等天然草场资源

西藏共有各类天然草场 8200 万 hm^2，生长有饲用植物 2672 种，分属 83 科，557 属。饲用植物中，以菊科种类最多，有 352 种，占全区饲用植物总数的 13.2%；其次是禾本科饲用植物，有 306 种，占全区饲用植物总数的 11.5%。种的数量在 100～150 之间的饲用植物有豆科、莎草科等 6 科，计 723 种。草地牧草中优势科饲用植物是禾本科、莎草科、菊科和蓼科类。禾草类饲用植物有紫花针茅、长芒草、白草、藏布三芒草等；莎草类饲用植物有高山嵩草、矮生嵩草、白尖苔草等；杂草类草饲用植物有圆穗蓼、珠芽蓼、钉柱委陵菜等；蒿属半灌木类饲用植物有藏沙蒿、冻原白蒿等。

西藏大部分草场分布在海拔 4300m 以上的亚寒带和寒带气候区。由于受自然条件与人为活动的影响，草地生态环境极其脆弱，草地沙化、碱化、荒漠化严重。根据《西藏自治区天然草地退牧还草规划（2003～2010）》资料，在西藏面积最大也是最为重要的藏北地区牧场中，那曲地区草地退化面积达 1337.70 万 hm^2，占地区草地总面积的 47.8%；阿里地区草地退化面积达 753.97 万 hm^2，占地区草地总面积的 36.4%。主要天然草地牧草低矮、稀疏，产量低，平均亩产青干草 25.6kg，为全国最低水平。更为严重的是草地超载十分普遍。2006 年，中国科学院地理科学与资源研究所郑度院士就指出，那曲地

区理论载畜量为 700 万个绵羊单位，但事实上却承载了 2000 万个。2011 年农业部全国草原检测报告指出，西藏草地的超载率已达 32%，为全国最高。严重的超载更加剧了草场的退化。

（二）青稞、小麦等农作物秸秆

西藏农区以种植业为主，青稞、小麦等麦类作物秸秆是最主要的农作物副产物，也是当前农区畜牧业发展的主要粗饲料。据西藏农牧科学院金涛研究员调研结果，2011 年林周县、墨竹工卡县和贡嘎县 70% 以上饲草是质量和营养都很差的麦类作物秸秆。规模较大的奶牛养殖户平时均通过大量收购麦秆作为主要饲草，小规模农户也是依靠自产农作物秸秆和一些野生牧草作饲料。2011 年西藏"一江两河"农区，麦秆价格为 1.2～2.0 元/kg，而同期当地青稞价格才 3.0～4.4 元/kg。秸秆利用方式主要是收获后直接饲喂，只有少数农户将秸秆铡成小段或浸泡后饲喂。农作物收获后的残茬多留做放牧。2012 年 9 月 13 日，专题调研组在波密县以东的玉普乡米堆村看到，村民将青稞收获后留在地里的残茬秸秆连根拔起，晒干作为冬季饲草。西藏地区秸秆的利用率接近 100%，为全国最高水平。当地农民反映，他们最喜欢的麦类作物是株高在 90cm 以上的中高秆品种，就是为了收获更多的秸秆作为饲草。目前，西藏全区麦类作物秸秆资源总量约 102 万 t，其中绝大多数为小麦秸秆和春青稞秸秆。在昌都地区的部分县，由于受温度、水分等条件的限制，青稞或小麦无法正常成熟，因此一些农民将扬花后不久的青稞收割，直接晾晒青干草作为冬季饲料。此外，西藏农区还有夏季青刈青稞饲喂牲畜的习惯。

（三）饲用玉米等新型饲用作物

相对于天然草场的牧草，饲用作物具有更高的营养价值和经济产量。2004 年全区种植饲用作物为 1 万 hm²，2008 年 1.9 万 hm²，2010 年达 2 万 hm²，呈逐年上升的趋势。已有越来越多的农户开始有意识地"引草入田、种植饲草"以及"种草养畜、出售畜产品"。当前，西藏饲用作物除了传统的蚕豆、豌豆、野燕麦、雪莎、然巴草外，已从国内外引进饲用玉米等新型饲用作物，并且已筛选出适宜主要河谷农区种植的品种箭筈豌豆、饲用玉米、苜蓿、饲用燕麦、饲用甜菜、早熟毛苕子、紫花苜蓿、草木犀等多个品种，其中饲用玉米、紫花苜蓿、箭筈豌豆、饲用燕麦、饲用甜菜等高产优质饲用作物，在西藏农区畜牧业发展和种植业结构调整中潜力巨大。西藏农牧科学院技术人员先后开展了饲用玉米、饲用甜菜的高产栽培、标准化生产、储藏加工和饲喂配比等技术研究，并进行了一定面积的示范推广。这都为农区大规模种植饲用作物奠定了良好的基础。

　　位于日喀则市白郎县的圣雄养殖场，现有奶牛 130 头。在西藏农牧科学院科技人员的帮助下，该养殖场 2012 年种植饲草 23.33hm²，其中饲用玉米 13.33hm²，紫花苜蓿 10hm²。紫花苜蓿 1 年刈割 2 次，每亩可收 3t 左右鲜草。饲用玉米品种为'辽源 1 号'，每年 5 月初播种，播后机器地膜覆盖，9 月中下旬收割机收获，每亩可产 5t 左右鲜草，同时利用青贮加工机进行青贮加工。除此之外，还以 0.5 元/kg 的价格，收购附近村民的饲用玉米，以增加冬季饲草储备。据该养殖场尼玛场长介绍，与以前单独饲喂作物秸秆相比，自饲喂青贮玉米后，奶牛日产奶量增加 10%左右，奶品质也有较大提高。目前每头奶牛日产奶 20kg 左右，牛奶加工成酥油和奶渣后再销售。由于奶产品质量好，市场销售价格高，而且供不应求，他计划将养殖规模扩大到 500～600 头，并成立奶牛合作社，带动附近村民养牛，建立酸奶厂对奶产品进行深加工。

　　2012 年，西藏农牧科学院从四川农业大学玉米研究所引进多年生饲草玉米 F80，并尝试在温室内种植饲草玉米，以探索解决该区冬季饲草料严重不足的新方法。据项目实施人金涛研究员介绍，在拉萨市温室内，F80 种植一次，可连续刈割 2 年以上，每年可刈割 2～3 次，每次鲜草产量一般为 5～8kg/株，至抽雄期单株（含分蘖）鲜草产量达 10～14kg，折合每次可产鲜草 3t/亩，第一次刈割鲜草最高产量可达 6t/亩。据养殖户反映，这种多年生饲草鲜嫩多汁，适口性极好，种植 1 亩饲草即可喂养 1 头高产奶牛。每亩每次刈割的鲜草，可制作 1t 青贮料（只保留 30%左右的含水量），按照拉萨市青贮饲料 0.5 元/kg 的价格计算，温室内种植多年生饲草玉米 F80，每年经济效益在 5000 元/亩。温室种植高产多年生饲草试验成功，为解决西藏冬季牧草短缺提供了新的思路和技术支撑。

位于山南地区贡嘎县的杭中村,自 2003 年开始利用多余耕地种植多年生紫花苜蓿,经几年的快速发展,全村 20%以上的耕地已用来种植紫花苜蓿,年均种植面积 800hm^2。该村农户已总结出"自家刈割 2 次后,最后一茬还能出售的现金收入与牲畜饲喂两全的技术模式"。据估算,最后一茬销售收入一般可达 800 元/亩。目前,该村紫花苜蓿年均鲜草产量 3500~4500kg/亩。日喀则市曲美乡拉琼村村长次仁多布杰一家,2008 年种植饲用燕麦 34.5 亩,收获种子 4.5t,青干草 15t,出售燕麦种子 250kg,青干草 1500kg,现金收入 7500元,全家 8 口人均增收 937.5 元,通过种植饲用燕麦实现了增收致富。2008年,该村人均收入 2700 元,其中 1/3 来自饲用燕麦收益,饲用燕麦销售收入已占家庭现金收入 80%以上。该村地处旱区,饲草严重缺乏,往年该村户均需外购约 1500kg 作物秸秆等饲草,花费 2400~2700 元。自从种植饲用燕麦后,该村农民不仅解决了自身的冬季饲草供给,还对外出售优质饲草,不但"节支",而且还实现了"增收"。

四、种草养畜存在的主要问题

(一)传统观念及交通、信息、技术等因素制约草食畜牧业发展

长期以来,西藏广大农牧民养畜靠的是放牧或作物秸秆,这种根深蒂固的"自给自足"的传统观念在很大程度上制约了草食畜牧业的发展。大部分农牧民对草尤其是饲用作物的认识程度不够,重粮轻草是普遍存在的问题,舍不得将良田种植饲用作物。另外,在与当地农牧民交谈中,他们大多反映十分缺乏播种、施肥、灌溉、病虫害防治等种植饲用作物的栽培技术。

西藏地广人稀,绝大多数农村交通不便,信息闭塞,经济发展相对滞后。饲草生产基本上属于自产自用,难以形成规模化和专业化饲草生产体系。加之种植规模小,农户分散,难以有效地调整粮经饲结构、发展饲用作物。西藏种草养畜技术人员反映,不少地区的农民一直靠政府送种子、地膜、肥料等农资,才得以维持一定的种草面积。

（二）农区养殖家畜过度依赖作物秸秆

自古以来，西藏的饲料和粮食生产都是结合在一起，农区养殖靠的是农作物副产物秸秆。因此，几乎没有将饲草作为商品生产，基本上是"有啥喂啥"，粮草兼顾成为西藏农区传统种植业的典型特征。农民喜好的农作物也是中高秆品种，在获得粮食的同时，也满足了家畜饲料的需要。西藏农作物秸秆采食率接近 100%，不但收获后的秸秆作为冬季饲草，而且地里的残茬也要留做放牧。2012 年 9 月 17 日，调研人员在郎卡子县调研中看到农民为了最大限度地利用青稞秸秆，采取连根拔起的方式收获青稞。据西藏农牧科学院边巴老师介绍，2011 年部分农民用剪刀去收获饲用玉米高产实验田中留茬不到 10cm 高的秸秆，作为冬季饲草。在整个冬春季，80%左右的饲草都是秸秆。这种传统的粮草兼顾方式，过度依赖作物秸秆，虽可在一定程度上降低家畜的养殖成本，但仅仅是低水平的维持和运转。

（三）饲用作物和人工草地种植面积小，不能满足草食畜牧业 发展的需求

在天然草场超载严重、退化加剧的情况下，单靠品质较差的作物秸秆以及生产能力普遍降低 20%~40%的天然草场，已很难满足全区现有牲畜对饲草的需求。由于自然条件、地理环境和市场发育等客观因素的影响，加之受传统观念、科技素质、技术因素等的限制，目前西藏农区饲草种植行政命令多于自觉行为，只有少部分农民真正认识到了饲用作物的优越性与巨大潜力，人工草地的产草量一般比天然草场提高 2~10 倍，甚至高达十几倍或几十倍。西藏人工草地发展滞后，人工草地仅 7.10 万 hm^2，是天然草地的 0.087%，加上青饲料种植仅为天然草地的 0.12%，不足以支撑草食畜牧业发展。据测算，西藏全区年饲草总需求量大约 4500 万 t，而 2010 年青饲料的总面积才 30 万亩，青草总产量尚不足 200 万 t，远远不能满足对饲草的需求。

（四）饲草储藏、加工粗放，缺乏饲草深加工技术

在与西藏农牧科学院种草养畜的专家座谈中，他们均认为西藏地区饲草

的储藏、加工大多停留在较粗放的层面，草的储藏仍以传统露天堆藏为主。在收获青稞或小麦后的田中，调研人员确实看到最多的就是露天堆放的秸秆。农户层面的草捆、（青贮）窖藏等先进储藏技术仍处于空白。饲草的加工设备尤为缺乏，在农区除能看到 20 世纪 80 年代推广的铡刀，其他稍微现代的饲草加工设备难觅踪影。

致谢

真诚感谢西藏农牧科学院有关领导，白朗县白雪试验站站长禹代林老师、边巴老师，西藏农牧科学院蔬菜研究所曾秀丽博士及其他老师对调研和座谈的大力支持和无私帮助！感谢中国科学院成都生物研究所龙海博士为我们在西藏农牧科学院调研所提供的帮助！

调研九　重庆市云阳县种草养畜调研报告

由三峡工程截流带来的耕地减少、移民安置及移民城镇建设等一系列问题，对库区种养业结构和功能的改变产生着深刻影响。库区农业的发展将面对"不求粮食自给，但求保护与改善库区生态环境"的新形势，探索"由粗放型农业向生态效益型农业转型"之路已是当务之急，更是长远之计，战略意义重大。鉴于此，项目专题调研组于 2012 年先后两次赴巫山、云阳、万州三峡库区腹心地带县（区），重点对云阳县的养殖业和种植业发展状况进行了深入调研，实地考察了绿源牧业有限公司黄石肉牛繁育场、江口镇优质肉用山羊养殖基地、云阳县农坝镇富农山羊养殖专业合作社、云阳县春辉山羊养殖场、农坝周边牛羊养殖散户、亿口鲜种羊场、重庆市良种肉牛繁育场等畜牧养殖场（社、户），并召开了座谈会进行交流。现将调研结果总结如下。

一、云阳县概况

云阳县位于重庆市东北部、三峡库区腹心地带，东邻奉节，西界万州，南连湖北省利川，北接巫溪、开县。云阳县、万州区、开县和奉节县为重庆 4 个连片的百万人口大县（区），云阳处于四县的中心，水路线和陆路线均居于重庆和宜昌的中点，是三峡库区生态经济区沿江经济走廊承东启西、南引北联的重要枢纽。该县地理坐标介于东经 108°24′32″～109°14′51″、北纬 30°35′06″～31°26′36″之间，南北长 99.5km，东西宽 70.2km，长江从西向东流经该县。云阳属喀斯特地貌，岭谷相间，山高坡陡，平坝较少，是典型的丘陵向山区过渡地带。境内海拔最高 1809m（农坝镇云峰山野猪槽包），最低 139m（长江出境处），海拔高低悬殊 1670m。云阳地处北回归线以北的东南中亚热带湿润气候区，年平均降水量 1100.1mm，初夏雨量充沛，盛夏炎热多伏旱，秋多绵雨。年平均气温 18.4℃，其中 1 月平均气温 7.2℃，7 月平均气温 29.1℃，年平均日照数 1484.8h，冬少日照，无霜期 304 天。云阳县辖 42 个乡（镇），人口 134.21 万，其中农业人口 114.23 万。土地总面积 1058 万 hm²，统计农耕地 4.7 万 hm²，人均耕地只有 0.62 亩。云阳县常年粮食产量 44 万 t，人均粮食占有量 327.8kg。

二、种养业发展现状

（一）种植业

云阳县是典型的山区农业大县，主要种植水稻、玉米、甘薯、马铃薯、油菜等农作物。2009～2012 年，全县粮、经、饲主要作物种植情况如表 1 所示。从表 1 可见，近年来该县的粮食作物种植面积占作物总面积比例变幅为 70.9%～74.7%，粮食作物种植面积占有较大比例，经济作物种植面积所占比例为 23.2%～24.5%，而饲用作物才 2.1%～4.8%。自三峡水库兴建以来，随着低洼浅丘耕地淹没，以及为了保护库区生态环境，山区坡陡地需要退耕还林还草，耕地面积将进一步大幅度减少，人地矛盾更加突出，迫切需要优化种植业结构，提高农业综合效益。

表 1　2009～2012 年云阳县粮、经、饲主要作物种植情况

作物种类	2009 年		2010 年		2011 年		2012 年	
	面积/万 hm²	比例/%	面积/万 hm²	比例/%	面积/万 hm²	比例/%	面积/万 hm²	比例/%
粮食作物	9.75	71.5	10.17	74.7	9.94	70.9	10.25	71.5
经济作物	3.23	23.7	3.17	23.2	3.44	24.5	3.51	24.5
饲用作物	0.65	4.8	0.29	2.1	0.64	4.6	0.57	4.0
合　计	13.63	100	13.63	100	14.02	100	14.33	100

注：粮食作物主要指水稻、玉米、薯类、小麦、豆类等；经济作物主要指油料、药材、蔬菜等；饲用作物主要指紫花苜蓿、白三叶、红三叶、黑麦草、鸭茅、甜高粱、苏丹草、青贮玉米。

（二）养殖业

1. 牛羊产业及发展趋势

2007 年，云阳县饲养肉牛 14.53 万头，肉羊 84.89 万只，畜牧业总产值 13 亿元，占农业总产值的 48.2%，对农民家庭经营收入的贡献率为 28%。云

阳县从 2009 年起连续三年出台发展牛羊产业扶持政策，每年从县财政拨出 2000 万元扶持牛羊产业。经过几年的发展，该县牛羊养殖生产方式已逐步由传统粗放型向集约商品型转变，规模养殖场（小区）蓬勃发展，全县涌现了一大批牛羊养殖大户，至 2011 年，该县畜禽养殖情况如表 2 所示。从表 2 可见，2011 年底，羊存栏 42.61 万只，出栏 65.17 万只，产值 3.37 亿元；肉牛存栏 13.59 万头，出栏 9.07 万头，产值 2.66 亿元；生猪存栏 86.18 万头，出栏 97.38 万头，产值 12.64 亿元。目前，云阳县牛羊产业已呈现以下发展趋势：一是草食畜牧业产量稳定增长，内部结构逐渐优化，发展后劲增强，肉牛养殖总量由 2007 年的 14.53 万头上升到 2011 年的 22.66 万头，上升了 56 个百分点，肉羊养殖总量由 2007 年的 84.89 万头上升到 2011 年的 107.78 万头，上升了 27 个百分点；二是畜禽生产方式逐步转变，畜牧业正在从分户散养向规模养殖方向转变，传统饲养向标准化方向转变，规模养殖和标准化生产步伐加快，全县牛羊规模养殖户达到了 2900 多户；三是牛羊养殖效益突显，特别是规模养羊户，凡出栏达 50 只羊以上的纯收入都在 3 万元以上。

2．养殖业结构

云阳县拥有巴山黄牛和川东白山羊两个优良地方品种，早在 20 世纪 50 年代就被列为全国山羊板皮基地县，山羊板皮多次荣获国家优质产品称号。在云阳县早期畜牧业产值中，草食牲畜占 30%，猪占 60%，其他畜禽养殖比例约 10%。近年来，该县畜牧业坚持"稳定生猪传统产业、狠抓牛羊主导产业、突出禽兔特色产业"发展战略，着力打造"牛羊大县"，草食畜牧业为农业部规划的全国山羊优势产区、山羊基地县以及重庆市百万草食畜牧业发展大县。目前，该县畜牧业产值中草食牲畜占 24%，猪占 49%，其他畜禽养殖比例增大为 27%（表 2）。相比之下，节粮型草食畜牧业的比重仍然相对较小。

表 2　2011 年云阳县畜禽养殖情况

种类	现存栏数/万头（只）	年出栏数/万头（只）	产值/亿元	比例/%
奶牛	118（只）			
肉牛	13.59	9.07	2.66	10.4

续表

种类	现存栏数 /万头（只）	年出栏数 /万头（只）	产值 /亿元	比例 /%
羊	42.61	65.17	3.37	13.2
猪	86.18	97.38	12.64	49.4
鸡	455.05	1244.85	5.85	22.9
鸭	77.97	119.68	0.56	2.1
鹅	49.31	105.34	0.50	2.0
合计			25.58	100.0

3．专业合作社发展模式

云阳县通过农坝镇和清水土家族自治乡等乡（镇）多年的实践，总结出适合当地实际情况的"小规模、大群体"肉羊优势产业发展模式，即每个肉羊基地乡镇发展 5 个肉羊专业合作社，每个肉羊专业合作社发展 50 户肉羊养殖大户，每个肉羊养殖大户建 1 栋标准化羊舍，饲养 20 只能繁母羊，种植 3 亩优质牧草，年出栏 50 只肉山羊。这种"小规模、大群体"的饲养模式，已在农坝镇、清水土家族自治乡、普安乡、堰坪乡等 10 余个肉羊基地乡镇示范推广，深受广大肉羊养殖户欢迎，而且取得了很好的经济效益。其中，农坝镇龙堰村在肉羊专业合作社的带动下，肉羊养殖户在自愿的基础上组合在一起，实行统一管理，统一购种，统一建圈，统一防病治病，统一销售，走"龙头企业＋专业合作社＋农户"的发展道路，并逐步形成协会＋合作社＋农户＋市场的经营模式。并且，该县通过农坝镇和清水土家族自治乡等乡镇多年的试点探索，还总结出"借羊还羊"、"卖羊还本"和"寄养"等运作方式，即公司投入资金用于购买种畜，然后送交农户饲养，卖羊后返还公司的成本，公司统防统治，与养殖户签订协议，公司负责按不低于市场价回收农户饲养的肉羊。这种模式为该县肉羊产业的发展树立了典范，取得了很好的社会、经济效益，并已逐步推广到全县其他地方。

4．企业发展情况

云阳县是牛羊养殖大县，为了使规模养殖户和养殖企业获得较高的养殖效益，政府在畜牧业发展规划及配套政策、基地建设与规模发展、良繁体系与疫病防控等方面给予支持，并大力引进龙头企业。在引进的企业中，最具带动作用的是重庆亿口鲜实业有限公司。该公司是重庆市农业产业化龙头企业，成立于 2004 年，注册资金 1010 万元，目前已在云阳工业园区建成具有年屠宰加工肉羊 100 万只、肉牛 10 万头、生产牛羊肉制品 2 万 t 能力的生产线各一条，并已先后投入使用，成功地延长了种草养畜产业链。此外，他们还采用"公司＋基地＋农户"的模式在云阳县建立了 5 个牛羊养殖示范基地。到目前为止，该县已有亿口鲜、中韵、宏霖、明惠、绿原、春辉、宝台等多个大型畜牧龙头企业，有力地带动了种草养畜产业的发展。

5．牛羊养殖户

调研组对云阳县部分山羊、肉牛养殖户进行了重点调研。经归纳整理，这些养殖户的基本情况分别由表 3、表 4 列出。

表 3　山羊养殖户基本情况

姓名	地址	规模/只	饲喂模式、饲草料和经济效益	反映存在的问题	提出的建议
陈东林	石门乡清溪村	450	以圈养模式饲养，饲喂青草＋精料（预混料＋玉米＋麦麸），每天成本约为 1.3 元/（只·头）。去年出栏 200 只，价格是 16～17 元/斤[①]，销售额为 18 万元，除去饲料 9.36 万元、兽药 1400 元、人工成本 3 万元（雇佣技术员），每只羊平均利润 275 元。	1．饲养规模大，没有统一的规划，冬季缺草严重；2．没有科学系统的养殖技术，去年冬季冻死山羊 60 余只；3．养殖场主投入精力不够，管理不善，过于依赖雇佣的技术员。	1．希望有关部门能够帮忙，系统规划养殖计划，培训场内技术人员，提高养殖水平；2．争取一些养殖大户政策扶持资金。
吴玉天	云阳镇广场社区	240	全部山上放养，待产母羊补充 1 元/（只·天）的精料（玉米＋麦麸），商品羊不补喂精料，20～40 斤母羊卖 800 元/只，50 斤以上商品羊卖 18～20 元/斤。去年出栏 300 只羊，总利润是 12 万元，平均利润 400 元/只。	1．缺少系统的种植、养殖技术和疾病防控技术；2．缺少市场行情预警，对山羊市场行情波动不了解，有盲目性。	1．增加种植、养殖技术培训，增强养殖户疾病防控能力，提高养殖水平；2．希望给养殖户进行市场引导，防止盲目性生产。
陈义进	桑坪镇木南村	70	山上放养，补饲精料（预混料＋玉米）价值约 1.4 元/（只·天）。去年出栏 50 只，价格为 15～16 元/斤不等，销售额为 5 万元，除去饲料成本和其他物资成本，利润 370 元/只。	缺少系统的种植、养殖技术和疾病防控技术。	增加养殖技术培训，增强养殖户疾病防控能力，提高养殖水平。

注：①1 斤＝500g。

表4　肉牛养殖户基本情况

姓名	地址	规模/头	饲喂模式、饲草料和经济效益	反映存在的问题	提出的建议
王美林	栖霞镇栖霞村8组	70	以秸秆、牧草、麦麸为主要饲料，饲养成本8元/天。去年出栏60头，良种牛价格是13.5元/斤，本地牛价格是12.5元/斤，除去人工、圈舍折旧等成本后利润达1700元/头，经济效益较好。	1. 模大，饲草问题缺口较大，特别是冬春缺草严重；2. 有正规的肉牛交易市场和交易规则，被收购者压价，摸不透市场行情，无法预测风险；3. 有系统科学的养殖技术，全靠经验养殖。	1. 望相关部门能够规范肉牛交易，提高养殖户的效益；2. 望得到科学的养殖技术和疾病防控技术的培训。
沈加竹	江口镇小水村8组	42	以野生牧草、秸秆、酒糟、麦麸为主要饲料，成本较低，饲养成本在6.5元/天。去年出栏10头，一部分销售，一部分自己屠宰卖牛肉，除去人工、圈舍折旧等成本后利润达2500元/头，经济效益好。	1. 繁母畜都是本地黄牛，因为饲养良种母牛配种的成功率太低；2. 少资金，缺乏饲草，无法扩大养殖规模；3. 少疾病防治技术的培训、普及。	1. 望政府能够提供更多的资金扶持政策，解决资金问题；2. 望得到更多的技术培训。
吴中文	泥溪乡鱼鳞村3组	8	以麦麸、白菜为主要饲料，饲料成本在5元/天，成本低。去年出栏3头，由牛贩子肉眼评估，共卖了4万元，除去人工、圈舍折旧等成本后平均利润达1100元，经济效益一般。	1. 少资金，缺乏饲草料，无法扩大养殖规模；2. 投资时间长，摸不透市场行情，认为养牛风险大；3. 少科学养殖技术和疾病防控技术。	1. 望政府能够科学指导种植、养殖，控制风险；2. 望能够通过合理的方式，解决资金缺乏问题，扩大生产；3. 能够得到科学系统的技术培训。

6．不同养殖类型的成本收益

根据调研结果，可将云阳县现有牛羊养殖类型归纳为三类：散养户、养殖大户、规模养殖场。不同养殖类型的规模、饲草料结构和成本收益各不相同。

（1）散养户成本收益。散养户一般养羊十几至二十几只，养牛几只，基本不存在缺草料的问题。这部分群体主要是不能外出务工而在家务农，他们把养殖作为一种副业，畜粪用作肥料。由于牛羊市场行情好，价格高，除去人工和添加精料，一只母羊年提供3只商品小羊，可获利2000元左右，一只肉羊年可获利350～500元，十几至二十几只羊年可获利1万元左右。喂一头架子牛年培重150～200kg，可获利600～1000元左右。

（2）养殖大户成本收益。养殖大户养羊一般在50～100只，养牛10～30头。这部分群体要兼顾能在家照顾老人和孩子，主要靠养殖挣钱，专人负责饲草养殖。养殖方式半舍饲半放牧养羊，年收入在 2 万～5 万元，养牛全舍饲年收入 3 万～5 万元。

（3）规模养殖场成本收益。规模养殖场养羊在 100 只以上，养牛在 50 头以上，养牛都用舍饲。这部分群体有两类：一类是由养殖大户发展壮大而成，他们自己承包山地种植部分多年生牧草——皇竹草，辅助收储一定的青干草和酒糟，有经验有技术，管理技术到位，年收入在 10 万～20 万元；另一类是民间资本合作投资，饲料饲草基本靠买，雇用专人养殖看护，养殖基本处于亏损状况。调研组在调研时看见很多修得又大又好的圈舍，仅养有很少的羊只或干脆空置着。

三、饲草料资源开发利用现状

（一）饲草料资源

1．草山草坡

云阳县拥有草山草坡 14.73 万 hm^2，资源丰富。但由于受人口分布、劳动力、交通等各种原因的影响，偏远地区海拔 700m 以上的草地基本未能利用，真正可以利用的仅占 1/3，而可利用部分因不合理放牧石漠化日益加重，生态环境脆弱。至于农户集中居住点附近的零星草地，则已利用过度。

2．人工改良草地

近年来，该县试行优质牧草种子补贴政策，鼓励农民利用秋闲地、冬闲地和荒地，结合退耕还林、退耕还草项目种植人工饲草，建立人工草地和改良草地 0.93 万 hm^2。但是，人工草场不是天然草地，利用时间不长，恢复维护还很困难，需要大量的人工管理、维护，每年政府都必须在人工草场建设上投入很多资金。目前，存在的问题是人工改良草场项目在实施过程中成了一种"利益"的博弈，有项目资金时开建容易，但草畜配套建设及运行机制不完善，国家不可能长期投入，项目资金用完之日，也就是人工改良草场的建设和维护结束之时。

3．农作物秸秆

云阳县每年的农作物秸秆产量大约 60 万 t，按 85%利用率计算，可载畜 31.2 万个黄牛单位，但目前秸秆饲料利用率还不到 5%，折算养牛不到 2 万头。秸秆利用率低的主要原因，一是缺乏秸秆储备和饲喂方式研究，二是缺乏就地粗加工技术与方法，三是劳动力成本高和交通运输难。于是，大量的秸秆只用作生活燃料或在田间地头焚烧用作肥料，不仅是饲料资源的浪费，而且还对环境造成污染，不利于农村清洁工程的实施。

4．人工种植饲用作物

随着牛羊养殖规模的扩大，除了利用野生牧草、秸秆外，部分养殖企业或大户也开始人工种植饲用作物，主要种植的饲草品种为一年生黑麦草、鸭茅草、甜高粱、多年生皇竹草和豆科牧草（白三叶和紫花苜蓿）。目前，该县人工种植饲草料产业发展落后于养殖业的快速发展，在农业、畜牧有关部门的努力下，曾试图加大黑麦草、高丹草、皇竹草、青贮玉米等饲草的推广力度，但由于机械化程度低，人工种植、收割、运输等费用较高，导致种草成本增加，种草效益很低，要加快推广速度仍很困难。调研组调研时，绿源牧业有限公司负责人谈到，该公司租赁 100 多亩土地种植饲用作物（玉米、黑麦草和皇竹草），就种草的效益而言，每亩的净收益还不到 200 元，如果不结合养殖，纯种植饲草毫无效益可言。

5．谷类加工副产物

谷类加工副产物主要有酒糟、糠麸等。云阳县每年可提供约 5 万 t 酒糟和糠麸，是当地肉牛饲料的重要来源之一。

（二）饲草料的来源与利用情况

云阳县部分牛羊养殖企业（户）的养殖情况如上述表 3、表 4 所示，饲草料的来源由表 5 列出。经初步分析，云阳县养殖饲草料的来源与利用情况可归纳为以下几种类型。

表5　牛羊养殖企业（户）饲草料的来源

调查单位	养殖规模/头（只）		饲草料来源所占比例/%		
	牛	羊	饲草	秸秆（干草）	野草
绿源牧业有机循环养殖基地	300		70	20	10
蓬勃畜禽养殖专业合作社		300	5	25	70
春辉山羊养殖场		40	10	30	60
金峡牧业有限公司	350		40	45	15
母本碧山羊养殖户		50	5	15	80
白森祥养牛户	10			80	20

1. 一般农户以放牧为主

养牛、羊方式是沿草山草坡、河边、沟边路旁放牧，或者采取栓系、牵牧等方法放牧。草料除自产的红苕藤、玉米壳叶、豌豆秆和稻草外，饲草主要为野生牧草，不储存青干草，储存些干稻草和红苕藤越冬。一般少补精料。若要补饲精料，则羊年补饲精料 50kg 左右，牛在冬春季补饲，年补饲精料100kg 左右。基本不搞青贮，夏秋以放牧为主，冬季以饲喂农作物秸秆搭配青菜萝卜为主。

2. 较大型养殖户采用舍牧结合的养殖方式

主要是利用野生牧草和冬春补充秸秆饲料。羊年补饲精料 50kg 左右，牛夏秋以放牧为主，在冬春季补饲，年补饲精料 100kg 左右。草料除自产的饲草、蔬菜、红苕藤、玉米壳叶、豌豆秆和稻草外，利用部分野生牧草，冬季以青贮，农作物秸秆搭配青菜萝卜为主。

3. 规模化养殖企业为舍饲方式

基本上外购饲料，主要是利用秸秆与人工种植的饲用作物，辅以收购少量野生牧草，冬季则是青贮，农作物秸秆搭配和外调干草。

四、种养业发展中存在的问题

（一）种植业结构不合理，粮经饲比例失调

三峡工程的建成，淹没了该县境内土质较肥沃、粮食产量高和生产条件

相对优越的农田，人地矛盾进一步突显。另外，受传统"植谷为农"、"重农轻牧"农耕思想的影响，长期以来云阳种植业是以粮食作物和经济作物为主的"二元结构"。据统计资料（表1），该县近4年粮食作物种植比例均高于70%，而饲用作物低于5%，粮-经-饲比例失调。作为一个以保护生态为主，大力发展草食牲畜特色产业的库区腹心地带县——云阳，面对着人多地少的突出矛盾，肩负着既要生态保护，又要满足日益增大的饲草料需求的双重巨大压力，而目前的种植业结构不合理，种植业结构调整已刻不容缓。

（二）养殖产业链未形成，经济效益不高

云阳县牛羊养殖产业发展的现状是：一是没能发挥"自身"品种优势，一些可以作为种用的山羊也不得不以商品羊低价出售；二是缺乏种养结合的草产业支持，畜牧业生产几乎限于传统经营方式；三是缺乏独具特色的肉羊肉牛深加工产品，加工仍处于整个养殖产业链的低端；四是餐饮等服务行业没有形成自己的特色文化，致使肉羊、肉牛及其产品规模化和品牌化不够，在市场上缺乏竞争力，价格上不去。完整的牛羊养殖产业链还未形成，经济效益不高。

（三）饲草料生产缺乏人工种草调剂，供给不能耦合

云阳县饲草料的主要来源包括野生牧草、秸秆和少量的人工种植饲草，饲草料生产、供给是一种无序的结合。虽然该县草山草坡资源丰富，但真正可以利用的仅占1/3，并且野生牧草质量差，生产力低，特别是冬季枯草后，草质粗硬，牲畜不愿采食，失去饲用价值。只有少部分规模养殖企业人工种植饲草，而大多数小型企业和养殖户靠野生牧草和秸秆饲草料。作物及其副产物量虽然较多，但由于交通、技术、人工等原因，产出的秸秆作为饲草料的转化利用率还不到5%。多年来，由于缺乏人工种草和草产业调剂，饲草料生产、供给不能产生耦合效应，导致冬春严重缺草，加之畜棚建设跟不上，形成了夏肥、秋壮、冬瘦、春萧条的恶性循环，众多养殖户出栏几乎限于单季的传统经营方式，畜牧业生产受季节影响较大。

（四）种养分离，环境污染严重

畜牧业是三峡库区农村经济中最具生机的产业，也是脱贫致富的支柱产业。随着规模化养殖的快速发展，大型养殖户和养殖企业增多，但是由于资金不足，设施有限，粪便尿液处理简单，畜禽粪便及污物对环境造成污染且有蔓延发展的趋势。调研组在调研时发现，除了个别大型养殖企业对畜禽粪污进行干湿分离成有机肥或对其进行发酵处理外，多数养殖户粪便尿液处理简单，甚至根本不处理任其排放，造成的环境污染有蔓延之势。养殖废弃物处理简单或弃之不顾的原因，除了受资金成本限制外，一个重要的原因是受劳动力缺乏、土地以及成本等因素的影响，种养分离，养殖者不种地，而种地者不愿意施用畜禽有机肥（因为使用无机肥高效、方便快捷、省时省工），导致粪便废物不能及时有效处理，环境污染严重。

（五）政策扶持不够，资金投入总体不足

规模化种草养畜基础设施建设需要投入大量资金，而农民收入水平不高，投入能力不强，规模化难以形成。虽然各级政府采取了一些措施，激励金融资本、民间资本投入畜牧业生产，但资金投入量与其他行业相比，与畜牧业发展的实际需要相比，还有很大差距。目前，养殖企业、专业合作社、规模养殖户等流转主体大多处于起步阶段，饲养专业技术人员和基层畜牧兽医站工作人员缺乏，技术力量薄弱，普遍存在缺资金、缺技术、缺管理、缺信息等问题。作为更适合这种"小规模、大群体"饲养模式的丘陵山区，政府导向资金投入、政策扶持却又多集中在大型的企业，政府导向与真正的养殖群体发展需要脱节，二者均处于两难境地。草食畜牧繁殖较养猪困难，饲养周期也较养猪时间长，种草和草食畜牧养殖缺乏像种粮和养猪产业那样的固定政策补贴，加之市场风险机制还未建立，种草养畜的经济效益难以保证。

致谢

调研工作得到云阳县畜牧局和农业局，万州三峡农科院、农业局和畜牧局，巫山县、奉节县畜牧局和农业局有关领导、专家以及相关的种养业农户和企业的大力支持，在此一并致谢！

调研十　云南省石林县种草养畜调研报告

牛羊肉是云南省石林县重点发展的特色农产品，其生产、加工、销售还是该县具有民族旅游品牌优势的特色产业。近年来，该县按照"发展优势产业、着力打造生态旅游名牌"的方针，积极推动生态养殖产业快速发展，为农民增收做出了较大贡献。为全面了解该县的种草养畜状况，2013 年 5 月，项目专题调研组对该县进行了深入调研，考察了昆明万家欢集团石林农业科技有限公司、生龙生态农业科技有限公司和石林梦达尔集团公司，认真听取了养殖户与公司的情况介绍，并与该县农业、畜牧部门领导，以及技术人员和种养殖大户进行了座谈。现将调研情况总结如下。

一、石林县概况

石林县地处云南省东部、昆明市东南部，东部和南部与红河哈尼族彝族自治州的泸西、弥勒县接壤，北部与曲靖市陆良县相邻，西北部与昆明市宜良县毗邻，是滇东南 3 地（州）18 县进入昆明的必经门户。石林是首批国家重点风景名胜区、国家 5A 级旅游景区、全国文明风景旅游区，列为国家地质公园、世界地质公园、世界自然遗产之一。2011 年，景区接待游客达 320 万人次，全县接待游客突破 400 万人次，旅游直接收入突破 5 亿元。

石林县辖 1 街道 3 镇 1 乡，89 个村民委员会，4 个社区居民委员会，459 个村民小组和 49 个居民小组，387 个自然村，户籍人口 24.65 万人（常住人口 24.8 万人），其中农业人口 21.4 万人，占 88.3%。全县共有汉族、彝族、白族、哈尼族、壮族、傣族、苗族、回族等 26 个民族，少数民族人口 8.5 万，占全县总人口的 33.56%。其中，彝族人口 8 万，占全县总人口的 32.34%，占少数民族总人口的 96.37%，是少数民族中人数最多的民族。

该县国土面积 1719km²，其中山区、半山区占 69%，丘陵占 15.2%，坝区占 14.7%，河谷占 1.1%。最高海拔圭山 2601m，最低海拔巴江出境处 1500m，平均海拔 1737m，县城海拔 1679m。年平均气温 15.6℃，夏季最高气温 33.6℃，冬季最低气温－8.9℃，多年平均降水量 967.9mm，6～9 月为湿润期，12 月至次年 4 月为干旱期。森林覆盖率 43.65%。耕地 5.09 万 hm²，其中水田 0.92 万 hm²，旱地 4.17 万 hm²，农民人均耕地 3.67 亩。历年来，粮食总产量稳定在 12 万 t 左右，人均粮食占有量 500kg 左右，连续多年人均粮食产量居全省县(市)区前列。

二、种养业发展现状

（一）种植业

石林县属昆明市近郊农业县，主要粮食作物有水稻、玉米、小麦、蚕豆、马铃薯、豆类等，山区以种植玉米、马铃薯、豆类为主，坝区以种植水稻、玉米、小麦、蚕豆为主。近年来，石林县高度重视粮食生产，不断增加农业投入，充分发挥农业资源优势，以主攻单产、增加总产为目标，以项目实施为带动，积极推广先进实用配套技术，努力提高粮食综合生产能力。2008 年 4 月召开的"全国玉米高产创建技术培训与交流会议"，将石林县作为参观现场。2009 年，该县被列为全国农技推广示范县。

2010 年，粮食总产达 12.36 万 t，比 1995 年的 9.75 万 t 增加了 2.61 万 t，年递增 1.59%，被评为全国粮食生产先进县。2011 年，在大春遭受严重干旱灾害的情况下，通过产业结构调整，增加救灾投入，大力推广抗旱品种，采用调整播期、增施农肥、地膜覆盖、育苗移栽等科技措施，粮食不但没减产，而且还比上年增产 0.04%，被云南省人民政府评为全省粮食生产工作先进单位，获三等奖。2012 年全县粮食作物播种面积为 3.09 万 hm²，其中小春作物 1.21 万 hm²，大春作物 1.88 万 hm²；粮食总产 13.5 万 t，其中小春作物 1.93 万 t，大春作物 11.57 万 t。

石林县是全国烤烟基地县、滇中现代烟草农业综合示范区。烤烟是石林县县域经济的支柱产业，2011 年全县种植烤烟 0.82 万 hm²，收购烟叶 1.6 万 t，均价 18.03 元/kg，烟农直接收入 3.05 亿元。

（二）养殖业

近年来，石林县畜牧业产值及畜牧业收入大幅增长。2011 年，全县畜牧业产值达 7.92 亿元，占农业总产值 21.65 亿元的 36.6%；农民畜牧业人均收入 1270 元，比 2005 年的 640 元增 98.4%，在畜牧业总产值中，猪、禽、羊、牛及其他分别占畜牧业总产值的 67.7%、12.4%、11%、3.8%、5.1%，形成石林"头猪、二禽、三羊、四牛"的畜牧业发展格局。

1．养猪业取得长足进步，稳居主导产业位置

养猪业是石林县畜牧业的主导产业，以满足县内消费需求并部分供应昆明市场。2011 年生猪存栏 17.86 万头，肥猪出栏 24.34 万头，比"十五"末分别增 9.4%、27.8%。养猪业比较典型的特点是良种繁育体系相对健全，形成了以神农集团为主体的 PIC 猪良种繁殖体系，以万赢、世凯隆、青泽 LY 二元母猪饲养农户为主体的良种繁殖体系，以昆明云金牧业有限公司为主体的地方猪良种繁殖体系。上述三种良繁体系，已基本保证了全县商品仔猪的供应。另外，规模饲养已有相当程度的发展。至 2011 年底，生猪存栏 200～500 头的养殖户达 16 户，700～1000 头的 5 户，1500 头以上的 3 户，50 头左右的农户遍及全县。养猪业科技推广除上述良种的应用之外，还包括配合饲料、添加剂、预混料及规范的免疫程序的应用等，从而确保了养猪业能在一个较为理想的层面上持续发展。

2．养禽业异军突起

自 2007 年石林县引进广东温氏集团在石林成立石林温氏畜禽养殖公司以来，大力发展肉鸡生产，借助公司完善的营销网络，产品销往全国各地，现已成为云南肉鸡出栏的第一大县。到 2011 年，肉鸡出栏 1138 万只，是 2005 年的 70 万只的 15 倍。此外，石林县畜禽业以农户养殖为骨干，全县规模养殖大户 1300 余户。

3．养羊业历史悠久，已形成独特的奶肉结合发展格局

养羊业是石林县畜牧业的传统优势产业。据史料记载，元代时当地的彝

族即已开始饲养奶山羊，到明末清初乳饼就已成为石林名优特产，用山羊奶制成乳饼已有 300 多年的历史。1957 年引入西农萨能羊对本地羊进行改良，1978 年建立县种羊场，1979 年被列为全国奶山羊基地。该基地开展了相应基础设施建设、优良牧草种植、圭山山羊保种选育及杂交改良等业务工作，使奶山羊得到较快发展，走出一条种草、养羊和乳饼加工相结合的路子。石林县利用草山草坡饲喂山羊具有悠久的历史和独特的生境条件，当地一位负责人介绍说，这里的成品羊品质优良，奇货可居。对此，1990 年全国第三次奶山羊生产学术会议赞誉为"路南模式"。继后，2006 年圭山山羊列为国家品种保护名录。至 2011 年末，存栏山羊 18.2 万只，出栏肉羊 9.6 万只，羊奶产量 11.6 万 t，比"十五"末分别增 9.0%、39.1%、31.8%。

近年来，养羊业呈现专业户和企业同步发展的局面。至 2011 年底，全县有养羊户 4840 户，其中饲养 10～20 只的 504 户，21～50 只的 2089 户，51～100 只的 2060 户，100 只以上的 76 户，其他为零星散养户；有 3 家企业被认定为省级农业产业化龙头企业，即以圭山山羊为主体品种、以纯繁为基本特征的昆明万家欢集团石林农业科技有限公司，以引入品种努比羊为主进行杂交、以提高羊肉产量为目标的生龙生态农业科技有限公司，以萨能羊进行杂交改良以提高产奶水平的石林梦达尔集团公司。另外，在科研生产方面取得相应的进步。以奶用为目标，圭山山羊泌乳期 7 个月，平均产奶量 210～260kg，杂交改良羊泌乳期 8 个月，产奶量 300～400kg；以肉用为目的圭山山羊的胴体重约 18.7（中等水平）～24.2（上等水平）kg，杂交羊体重可在本地羊生产水平的基础上提高 40%。在科技推广方面取得的突出成效是，2001 年开始以提高优良母羊利用率为基本特征的羊胚胎制成及胚胎移植工作，截至 2008 年累计开展同期发情处理供体母羊及受体母羊 863 次/只，超排处理供体羊 535 只，引进新西兰、澳大利亚冷冻胚胎 400 枚，移植 834 只，产羊 428 只，加速了良种羊的良种化进程。

4. 养牛业起步较晚，但发展迅速

由于运输机械的普及，马属动物饲养量锐减，牛的数量却稳中有升，2008

年以来增长速度尤其快。到 2011 年，大牲畜存栏 7.39 万头（匹），比 2005 年 7.20 万头（匹）增 2.6%；大牲畜出栏 1.39 万头（匹），比 2005 年的 0.72 万头（匹）增 93.4%；牛奶产量为 3645.1t，比 2005 年的 507.1t 增 6.2 倍。

养牛业的基本特点是标准化规模养殖开始起步，并进行了一些成功的探索。例如，石林县肉牛饲养大户近些年已探索总结出玉米青贮＋稻草＋精料舍饲养牛等成功做法。至 2011 年底，实现年出栏 50 头以上的大户有 9 家，目前饲养规模最大的一家存栏肉牛 1500 余头。此外，彝族一年一度的传统"斗牛"赛有力推动了对牛的选育，全县范围内普遍重视优良牛品种的选育工作。

三、饲草料资源开发利用现状

（一）草山草坡

石林县拥有草山草坡 5.82 万 hm^2，但是由于受人口分布、劳动力、交通和生态环境保护等原因的影响，其中 0.77 万 hm^2 为禁牧区，可以利用的为 5.07 万 hm^2，如表 1 所示。即便如此，近年来，在现有可以利用部分的草山草坡中，因不合理放牧和气候干旱影响等原因，草山草坡退化和石漠化日益加重，农户集中居住点附近的零星草地已被过度利用。

表 1　石林县草山草坡资源利用现状　　　　　　　　单位：万 hm^2

乡（镇）		草原承包面积	禁牧面积	草畜平衡面积
鹿阜街道办事处	鹿阜片区	0.47	0.06	0.41
	石林片区	0.9	0.12	0.78
	板桥片区	0.34	0.04	0.29
大可乡		0.21	0.03	0.18
西街口镇		0.97	0.13	0.85
长湖镇		1.2	0.16	1.04
圭山镇		1.74	0.23	1.52
合计		5.83	0.77	5.07

（二）农作物秸秆

石林县曾获"全国粮食生产先进县"称号，主产水稻、玉米、小麦、蚕豆、马铃薯、豆类等主要粮食作物，每年有大量的农作物秸秆可用作粗饲料，但目前秸秆饲料利用率很低。究其原因，一是缺乏秸秆储备和饲喂方式研究；二是缺乏就地粗加工技术与方法；三是劳动力成本高和交通运输难。于是，大量的秸秆只好用作生活燃料或在田间地头焚烧用作肥料。这不仅是饲料资源的浪费，而且还将对本身脆弱的生态环境造成污染。

（三）人工种植饲用作物

随着牛羊养殖规模的扩大，除了利用野生牧草和秸秆外，部分养殖企业或大户也开始人工种植饲用作物。主要种植的饲草品种为一年生黑麦草、鸭茅、一年生光叶紫花苕（绿肥）、多年生紫花苜蓿和青贮玉米。一年生黑麦草主要在该县的巴江流域、鱼龙坝、板桥等地种植，目的是解决冬季饲草不足。黑麦草一般9月末播种，第二年5月初还地翻耕，一个月刈割一次，累计亩产达到11t，收购价0.14元/kg，效益高于种植冬小麦。多年生紫花苜蓿主要在麦地庄区域种植。苜蓿多年生，种一次可利用5年，一般在8月播种，两个月刈割一次，可刈割5～6次，累计年亩产量4～5t。此外，该县每年还种植光叶紫花苕（绿肥）4万～9万亩。光叶紫花苕不但改良土壤，而且更是目前解决山区冬季饲料不足的最好品种。

（四）花卉边角料

康乃馨鲜花和蔬菜市场每天产生大量的边角料，当地把这些边角料作为肉牛肉羊饲草料利用。以生龙生态羊场为例，每天利用的花卉边角料就有80～90t。

四、种草养畜典型调研

专题调研组先后分别与雪兰奶牛场、生龙生态羊场、云昊养殖有限公司、石林县农林局农业技术推广站、石林县农林局畜牧兽医站、长湖镇农业综合服务中心和养殖业主等，召开了两次座谈会。参加座谈会的人员有：养殖企业（公司）负责人及技术人员，石林县农林局农业技术推广站站长王邦海，石林县农林局高级农艺师、畜牧兽医站副站长杨志平，石林县农林局畜牧兽医站工作人员赵富，长湖镇农业综合服务中心副主任张红芬和养殖业主等。

通过座谈会，对石林县的种草养畜进行了较为深入的调研。

（一）种植业发展情况

石林县属卡斯特地貌，旱地农业的制约因素是水的问题。石林县土地普查统计耕地面积 3.33 万 hm^2，粮食作物年种植面积（含复种面积）3.2 万～3.67 万 hm^2，其中大春作物 2.13 万 hm^2，小春作物 1.07 万～1.54 万 hm^2。目前，石林县种植业出现以下新情况及发展趋势。

（1）农村劳动力向城市流动，种植业土地流转向规模化发展已是大势所趋。石林创建了台湾农民创业园，当地政府把农民流转出来的土地交给园区统一规模化经营，农民外出打工，土地出让或得到一定补偿或分得每年土地租金，这是个双赢的措施。

（2）农业机械化势在必行。目前，人工费用已很昂贵，农户养殖的耕牛明显减少，部分养牛也是出于石林县特殊的斗牛节需要。因此，农业机械化势在必行。

（3）虽然规模化养殖缺饲草料，但秸秆利用率总体较低，并且企业还不收纯玉米秸秆，必须收带苞的玉米。

（二）牛、羊产业发展情况

1．牛产业

全县共有以下肉牛企业 9 家。①板桥碧落甸云昊养殖有限公司，养殖肉牛 1800 头。②放马沟秦氏养殖场（秦永华），养殖 300 头。③松子园嘉健养殖场，养殖 100 头。④林口铺鑫养殖场，养殖 80～100 头。⑤嘉兴农家园，养殖 100 头。⑥板桥养殖场养殖 80 头。⑦板桥矣马伴平香旺养殖场，养殖 80～100 头。⑧板桥杨老大农产品有限公司，养殖 90 余头。⑨亩竹箐航瑞养殖场，养殖 80 头。这些养殖公司（场）养殖的标准肉牛，每天需要 25kg 干、青、精、粗饲料，粗料一般为稻草，主要是刺激胃肠消化。肉牛喟食含能量食物高一些。

全县共有以下奶牛企业 2 家。①雪兰奶牛场，养殖奶牛 1910 头。②映山养殖场建于 2002 年，现存栏 1196 头，产奶 1000 余 t。

2．羊产业

全县共有以下标准化羊养殖场 7 家。①生龙生态养殖场，养殖 3000 只，主要品种为努比亚。②梦达尔养殖场，养殖 1000 只，主要品种为莎能。③万家欢养殖场，养殖 800 只，主要品种为圭山山羊和努比亚山羊。④绿水塘村千顺养殖场，养殖 200 只，主要品种为圭山山羊和奶山羊。⑤茂舍祖李谷牙养殖场，养殖 200 只。⑥花沟养殖场，养殖 170 只。⑦戈衣黑养殖场刚起步。小尖山村全村共 84 户，50 余户零星圈养山羊，是全县零星圈养山羊最好的一个村。2006 年，圭山山羊被列入国家品种名录。当前，圭山山羊保种最纯的是板桥冒水洞村和圭山当甸村。此外，江苏省从石林县引圭山山羊已获成功，肉羊主要是以圭山山羊为母本、努比亚为父本的杂交种，奶羊主要以圭山山羊为母本、以莎能为父本的杂交种。

3．国家对种草养畜的补助

从 2011 年始，中央拨付 190 万元资金，资助种养殖业，其中用于草原和农民种草补贴 48.8 万元。为了搞好这项工作，石林县专门成立县级草原补贴领导小组，负责落实中央财政资助工作。国家补助方面，不同项目补助标准不一样。例如，对污染环境治理的项目，以有机肥、发酵池、圈舍的规模化、标准化建设的补助为主；石漠化项目的补助，只要属石漠化区域范围，现养羊 30 只以上，土地不涉及争议，羊圈为高床圈养，面积不低于 $100m^2$（能养羊 80 只），配 $30m^2$ 运动场，$30m^2$ 的青贮窖，即可享受国家补助建舍资金 4.8 万元，价值 5850 元铡草机一台。石林县 2012 年有 4 户、2013 年有 19 户享受了国家相关养殖业经费补助。

（三）饲草料资源与利用

1．当前牧草种植利用情况

石林县农牧局杨站长介绍，牲畜生长需要水、矿物质、维生素、能量、蛋白质、纤维几大类物质。饲养所需饲料，精粗、干青饲草料要有一定的搭配，结合精料和粗料，黑麦草主要是提供维生素、能量，农作物秸秆提供能量和纤维，紫花苜蓿主要补充蛋白。

2004 年前，该县推广过皇竹草、俄罗斯饲料菜，2004 年后推广一年生黑麦草。一般在头年 9 月 30 日前后种植，来年 5 月 1 日还地。一个月刈割一次，累计亩产量达到 11t。黑麦草种植区分布在巴江流域、水库边、鱼龙坝、板桥等地，主要是解决冬季饲草不足，收购价 0.14 元/kg 都比种小麦划算。

多年生紫花苜蓿，蛋白含量高，一只成年羊一天只需饲喂 0.5kg。多年生紫花苜蓿分布在麦地庄，一般在 8 月种植，直到次年 5 月，来年浇水，平时主要是施肥。2 个月刈割一次，可刈割 6 次，累计亩产量 4～5t。种一次可用 5 年，休眠期 2 个月。多年生鸭茅，一般在 5 月种，亩用草籽 1.2～1.5kg，35 元/kg。此外，石林县还种植一年生光叶紫花苕（绿肥）0.27 万～0.6 万 hm²。种植光叶紫花苕不但改良土壤，而且更是山区解决冬季饲料不足的最好品种。2006 年，石林县在冒水、万家欢、亩竹箐等地推广种植墨西哥玉米，5～6 月种，年累计亩产量 20t，但 2 年以后自然淘汰。这是因为：①与当地玉米秆接近；②占地；③刈割嫩时，水分含量高，不易储藏，刈割老时，木质素含量高，饲喂差。高丹草与墨西哥草同样如此。

2．企业饲草料来源

雪兰奶牛场养殖 3000 多头奶牛，每年仅能从周边收购玉米秆 7000t，不带苞 0.22 元/kg，带苞 0.38 元/kg，其余草料只能从外地调运。生龙生态羊场是一个大型种羊场，缺乏草料一直是瓶颈问题。但石林发展种植鲜花后，就地取材利用花卉边角料（主要是康乃馨废料）做饲草料，每天消耗花卉边角料 8～9t，既减少了污染，又获得了经济效益。云昊肉牛场养殖肉牛 3200 头，种草面积仅 30 亩，从周边收购玉米秆 6500t，冬天和春天必须花大价钱外调羊草、苜蓿等饲草。

五、种草养畜存在的问题

（一）畜牧产业化程度不高，畜牧业产值在农业总产值中比例偏低

石林县草食畜牧业仍以放牧散养、靠天养畜的传统粗放生产方式为主，

畜牧产业规模化程度不高。在该县境范围内，规模较大的畜牧企业仅有神农集团公司的养猪场、温氏集团的养鸡场，以及梦达尔、万家欢、生龙三家羊场，还有近年来新发展的肉牛、奶牛养殖场，其余多为小规模饲养农户，且数量不多。由于多数企业成立时间短，生产规模不大，大多仅涉及产前环节的原料型生产或种源生产，精深加工的畜产品数量少，商品化程度低，从而导致经济效益低。另外，该县未能充分发挥传统养羊业的优势并做大、做强，标准化水平低，没有良好的市场占有力。以上原因导致石林县畜牧业产值在农业总产值中所占比例偏低，如2011年畜牧业产值仅占农业总产值的36.6%。石林县农林局杨站长用"重视不够、重农轻养、重畜轻草"总结了石林目前畜牧产业存在的问题。

（二）养殖业发展与环境保护存在矛盾

养殖业属于收益较高的产业，在农民增收致富中发挥着日益重要的作用，也是繁荣农村经济的重要产业之一。但是，因为石林县独特的喀斯特地貌，又是我国重点风景名胜区和世界地质公园，发展畜牧业势必带来污染，所以养殖业在该县处于限制发展的态势。如何科学地协调好发展养殖业和随之而来的污染问题，是目前面临和急需解决的难题。

（三）饲草料供给不平衡，季节性缺草严重

发展畜牧业需要充足的饲草料以提供支持，而石林县当前最主要的畜牧业生产方式还是利用草山草坡放牧散养，靠天养畜，不能保证牲畜基本的饲草料需求。一方面，该县人工种植优质牧草尚未得到充分的开发，没有深入调查当地的地理环境和农民实际需求，以推广适宜的牧草品种，而且养殖户习惯了传统养殖方式，对人工种植牧草的优势认识不足，导致人工种植牧草没有大面积展开；另一方面，该地区现有的农作物秸秆资源未能得到充分利用，而且没有专门的加工技术，直接饲喂营养价值、适口性和消化率都很低；再则，农作物秸秆利用和人工种植饲用作物均存在机械化程度低，人工种植、收割、运输等费用高，费时费工，要加快种植饲用作物推广速度以及提高秸秆利用率仍很困难。以上种种原因导致饲草供给不平衡，季节性缺草严重，

冬春季饲草短缺尤为明显。

（四）科技、资金支撑不足，管理服务体系建设滞后

石林县各级政府虽然采取了一些措施，激励金融资本、民间资本投入种草养畜产业，但是资金投入量与其他行业相比，与畜牧业发展的实际需要相比，还有很大差距。另外，科研、社会化服务基层队伍力量薄弱。一是全县乡镇（街道办）每万头（只）畜禽（饲养量）配备的技术人员仅为 0.18 人，其中有 25% 还是乡镇机构改革中因人员富余进入的非专业人员，其余大部分为 20 世纪 70～80 年代从社会招聘的人员；二是县畜牧兽医总站名义上是县政府畜牧兽医行政主管部门，实际上，人、财、物均由其所在乡（镇）管理，县总站对各乡（镇）只有业务关系，没有必要的制约和奖惩权，形成了"管人的不管事，管事的不管人"的局面。由于乡（镇）科技力量长期得不到加强，加上管理体制不顺，很多科技推广和服务工作难于全面落实，制约着该县种草养畜产业的发展。

六、几点建议

（一）首推发展养羊产业

养牛和养猪的污染都较大，考虑到石林县特殊的环境保护要求，羊产业应是石林县首推发展的养殖产业。一般说来，饲养规模 20～30 只羊并不会造成污染，再加上有意识的控制散养和放养，通过各种方式将小规模养殖户组织起来，统一进行规划和管理，形成"小群体、大规模"的养羊业发展模式，可以确保不会对环境形成压力。而且，圭山山羊是石林的优良特色品种，需要大力扶持和推广，羊品种要提纯复壮，保种与改良相结合，依靠国家政策和资金补助，将圭山山羊培育成为云南羊产业中的领头羊。

（二）提高秸秆利用效率，增种优质牧草

石林县作为昆明市农作物主产区，历届领导对粮食生产都非常重视，所以至少在可预见的一段时间内，在大春作物中专门规划区域种草可能性较小。作为农作物主产区，作物秸秆资源十分丰富。因此，一方面大力提高农作物

秸秆利用率，可望较好解决饲草料短缺的问题；另一方面，引进适合该地区环境和实际需求的优质牧草品种，根据不同季节通过复种、间作等方式适当种植饲用作物，能够解决冬季饲草困难的问题。

（三）引进龙头企业，延长产业链

石林县涉及畜牧业的企业较少，规模较小，且多数企业仅从事产前生产，未形成"产-加-销"的产业链条，养畜经济效益得不到有效提升。因此，需引进龙头企业和深加工企-业，延长畜牧业产业链条，提高生产水平和产品质量，增加综合经济效益。

致谢

调研得到云南省石林县农林局、畜牧局、长湖镇领导和专家，以及相关种养业农户和企业的大力支持，在此一并致谢！